喀斯特山区耕地地力评价与利用——贵阳市花溪区

蔡雄飞 等 著

科学出版社
北京

内 容 简 介

本书紧紧围绕贵阳市花溪区耕地地力情况进行研究，主要从花溪区耕地地力调查、作物适宜性评价两方面展开。在前期研究工作的基础上，通过实地采样，对花溪区耕地土壤 pH、有机质、碱解氮、有效磷、速效钾等进行分析测试，并根据耕地地力情况进行水稻、玉米和辣椒的适宜性评价，以期为花溪区各乡镇耕种及施肥提供理论依据。

本书适合从事农作物科学研究的科技工作者、大专院校师生和具有同等水平的专业人士阅读参考。

图书在版编目（CIP）数据

喀斯特山区耕地地力评价与利用. 贵阳市花溪区 / 蔡雄飞等著. 北京：科学出版社，2025. 6. -- ISBN 978-7-03-082490-5

Ⅰ. S159.273.1；S158

中国国家版本馆 CIP 数据核字第 2025HB9956 号

责任编辑：刘　琳 / 责任校对：彭　映
责任印制：罗　科 / 封面设计：墨创文化

科学出版社 出版
北京东黄城根北街 16 号
邮政编码：100717
http://www.sciencep.com

成都锦瑞印刷有限公司印刷
科学出版社发行　各地新华书店经销

*

2025 年 6 月第 一 版　　开本：787×1092　1/16
2025 年 6 月第一次印刷　　印张：14 1/2
字数：340 000
定价：148.00 元
（如有印装质量问题，我社负责调换）

《喀斯特山区耕地地力评价与利用——贵阳市花溪区》编委会

主　任：蔡雄飞　蔡景行　陆　海　王　济

副主任：雷　丽　罗　锐　吴道明　贾　田

顾　问：周忠发　郭　锐　杨建红　杨广斌　赵翠薇　赵宇鸾

委　员（按姓氏汉语拼音排序）：

安吉平　蔡金云　陈开富　段志斌　冯丽娟　顾志英

贺仲兵　胡丰青　李　丁　李海波　梁　璐　刘慧龙

龙启芬　穆志国　秦　岭　曲德鹏　王凯旋　王世佳

徐　蝶　余肖静　郁鑫杰　张　帅　张　洋　张露寒

曾小力　赵　帅　赵士杰　周国富　邹新华

前　言

本书紧紧围绕贵阳市花溪区耕地地力情况进行研究，主要从花溪区耕地地力调查、作物适宜性评价两方面展开。在前期研究工作的基础上，通过实地采样，对花溪区耕地土壤 pH、有机质、碱解氮、有效磷、速效钾等指标进行分析测试，并根据耕地地力情况进行水稻、玉米和辣椒的适宜性评价，以期为花溪区各乡镇耕种及施肥提供理论依据。

全书共分为 13 章。第 1 章介绍当前耕地地力的研究现状；第 2 章介绍花溪区自然与农业生产概况；第 3 章对耕地地力调查中样点的布设、分析及数据库的建立进行概述；第 4 章介绍花溪区耕地立地条件与农田基础设施建设情况；第 5 章～第 7 章对土壤肥力状况进行说明与评价，并根据肥力状况提出相关对策；第 8 章～第 12 章介绍花溪区耕地地力与种植业布局，并对水稻、玉米和辣椒进行适宜性评价；第 13 章概述笔者对花溪区农业发展的对策与建议。

本书对区域农业资源的利用与保护具有重要意义，可为合理利用农业资源、维持粮食安全生产、维护土地资源的可持续利用、防治面源污染、提高农产品质量提供基础数据。

本书出版得到了贵州师范大学"环境科学与工程（硕）学术学位授权点"建设项目、贵州省国内一流学科建设项目"贵州师范大学"（黔教科研发〔2017〕85 号）、地理学国家一流专业建设项目的资助，在此表示谢意。

目 录

第1章 绪论 ·· 1
  1.1 耕地地力及耕地地力评价的概念 ·· 1
  1.2 耕地地力评价的必要性 ·· 1
  1.3 耕地地力评价研究进展 ·· 3
    1.3.1 国外研究动态 ··· 3
    1.3.2 国内研究动态 ··· 4

第2章 自然与农业生产概况 ··· 6
  2.1 自然与经济概况 ·· 6
    2.1.1 地理位置与行政区划 ·· 6
    2.1.2 土地资源概况 ··· 6
    2.1.3 自然条件 ··· 7
  2.2 农业生产概况 ··· 9
  2.3 耕地利用与保养管理回顾 ·· 10
    2.3.1 农业生产施肥现状 ·· 10
    2.3.2 历史施用化肥数量、粮食产量的变化趋势 ··················· 12
    2.3.3 施肥实践中存在的主要问题 ······································· 13
    2.3.4 耕地利用程度与耕作制度 ·· 14
    2.3.5 耕地保养管理的简要回顾 ·· 15

第3章 耕地地力调查与数据库建立 ··· 17
  3.1 调查取样内容与方法 ·· 17
    3.1.1 取样布点 ··· 17
    3.1.2 调查采样 ··· 18
  3.2 样品分析与质量控制 ·· 18
    3.2.1 样品分析 ··· 18
    3.2.2 质量控制 ··· 19
  3.3 耕地资源信息数据库 ·· 22
    3.3.1 数据库建立标准 ·· 22
    3.3.2 数据库建立方法 ·· 22
    3.3.3 评价单元的确定及各评价因素的录入 ························· 22
    3.3.4 数据库的质量控制 ··· 23
    3.3.5 数据库图件编制 ·· 24

第 4 章 耕地立地条件与农田基础设施建设 ·················· 25
4.1 立地条件状况 ·················· 25
4.1.1 地形地貌 ·················· 25
4.1.2 海拔 ·················· 25
4.1.3 坡度 ·················· 26
4.1.4 降水量 ·················· 26
4.1.5 积温 ·················· 27
4.1.6 成土母质 ·················· 27
4.2 农田基础设施 ·················· 29
4.2.1 水利设施 ·················· 29
4.2.2 农业设施 ·················· 29
4.2.3 生态环境建设 ·················· 29
4.2.4 水土保持 ·················· 30
4.2.5 退耕还林 ·················· 30

第 5 章 耕地地力评价 ·················· 31
5.1 耕地地力评价依据 ·················· 31
5.2 耕地地力评价原理与方法 ·················· 32
5.2.1 耕地地力评价的基本原理 ·················· 32
5.2.2 技术路线 ·················· 33
5.2.3 指标 ·················· 33
5.2.4 参评指标权重的确定 ·················· 36
5.2.5 单因素评价指标的隶属度计算 ·················· 37
5.2.6 耕地地力评价等级划分 ·················· 41
5.3 耕地地力评价结果及地力等级概述 ·················· 41
5.3.1 耕地地力评价结果 ·················· 42
5.3.2 耕地不同耕地地力等级概述 ·················· 42
5.3.3 花溪区耕地地力等级归入国家耕地地力等级体系 ·················· 46
5.4 各地力等级耕地描述 ·················· 46
5.4.1 一等级耕地 ·················· 46
5.4.2 二等级耕地 ·················· 53
5.4.3 三等级耕地 ·················· 60
5.4.4 四等级耕地 ·················· 69
5.4.5 五等级耕地 ·················· 77
5.4.6 六等级耕地 ·················· 85
5.5 耕地不同土壤肥力土壤面积及分布 ·················· 93
5.5.1 耕地土壤肥力等级的确定 ·················· 93

  5.5.2 各等级土壤肥力耕地面积 ………………………………………………… 93
  5.5.3 不同土壤肥力等级耕地在各乡镇分布 …………………………………… 94
  5.5.4 各乡镇不同土壤肥力等级耕地分布 ……………………………………… 95

第6章 花溪区耕地地力与改良利用分区 ……………………………………………… 99
6.1 花溪区概况 ……………………………………………………………………… 99
  6.1.1 耕地土壤利用现状 ………………………………………………………… 99
  6.1.2 耕地土壤养分现状 ………………………………………………………… 101
6.2 耕地利用障碍因素 ……………………………………………………………… 102
6.3 改良利用分区 …………………………………………………………………… 103
  6.3.1 区划原则及依据 …………………………………………………………… 103
  6.3.2 分区概述 …………………………………………………………………… 103
6.4 对策及建议 ……………………………………………………………………… 109
  6.4.1 科学制定耕地地力建设与土壤改良规划 ………………………………… 109
  6.4.2 提高农民改良利用耕地意识 ……………………………………………… 110
  6.4.3 加强农田基础设施建设 …………………………………………………… 110
  6.4.4 增施有机肥，改善土壤理化性状 ………………………………………… 110
  6.4.5 合理施肥，平衡土壤养分 ………………………………………………… 110
  6.4.6 采取适宜的耕作措施，加快土壤熟化 …………………………………… 110
  6.4.7 深耕改土与免耕栽培 ……………………………………………………… 111
  6.4.8 搞好区域布局，合理配置耕地资源 ……………………………………… 111
  6.4.9 加强耕地地力培肥机制建设 ……………………………………………… 111
  6.4.10 加强耕地质量动态监测管理 …………………………………………… 111

第7章 花溪区耕地地力与施肥分区 …………………………………………………… 112
7.1 耕地基本概况 …………………………………………………………………… 112
  7.1.1 耕地地力概况 ……………………………………………………………… 112
  7.1.2 耕地土壤养分概况 ………………………………………………………… 112
7.2 施肥分区评价依据、原则和方法 ……………………………………………… 115
  7.2.1 分区依据 …………………………………………………………………… 115
  7.2.2 分区原则 …………………………………………………………………… 116
  7.2.3 分区方法 …………………………………………………………………… 116
  7.2.4 施肥标准 …………………………………………………………………… 116
7.3 施肥分区结果 …………………………………………………………………… 118
7.4 施肥分区概述与施肥建议 ……………………………………………………… 119
  7.4.1 中西部控氮稳磷控钾区 …………………………………………………… 119
  7.4.2 东部稳氮稳磷稳钾区 ……………………………………………………… 122
  7.4.3 黔陶稳氮补磷补钾区 ……………………………………………………… 125

第8章 花溪区耕地地力与种植业布局 ·· 129
8.1 种植业发展历史及现状 ·· 129
8.1.1 农业自然条件 ··· 129
8.2 种植业布局 ·· 131
8.2.1 布局原则和依据 ··· 131
8.2.2 种植业分区 ··· 131
8.3 对策与建议 ·· 135
8.3.1 依托市场，制定切实可行的布局调整方向 ··· 135
8.3.2 积极培育壮大农业市场主体，提高农业产业化水平 ····························· 135
8.3.3 加强农田基础设施建设，提高耕地地力 ··· 135
8.3.4 大力改造中低产田 ··· 136
8.3.5 完善体系，推进农业标准化建设 ··· 136
8.3.6 改革不合理的耕作制度，实行科学种田 ··· 136
8.3.7 加强农技队伍建设，推广先进适用技术 ··· 136

第9章 花溪区土壤养分与耕地土壤肥力 ·· 137
9.1 自然条件 ·· 137
9.2 耕地土壤类型及分布 ·· 137
9.2.1 耕地土壤类型 ··· 137
9.2.2 土壤类型分布 ··· 139
9.3 花溪区第二次土壤普查土壤养分状况 ·· 140
9.3.1 耕地土壤有机质含量 ··· 140
9.3.2 耕地土壤碱解氮含量 ··· 140
9.3.3 土壤有效磷含量 ··· 141
9.3.4 土壤速效钾含量 ··· 141
9.4 耕地各土壤类型养分含量现状 ·· 142
9.4.1 耕地各土壤类型的酸碱度（pH）的情况 ·· 142
9.4.2 耕地各土壤类型的有机质含量的情况 ··· 143
9.4.3 耕地各土壤类型的碱解氮含量的情况 ··· 143
9.4.4 耕地各土壤类型的有效磷含量的情况 ··· 143
9.4.5 耕地各土壤类型的速效钾含量的情况 ··· 143
9.5 土壤养分评价标准与方法 ·· 143
9.5.1 评价标准 ··· 143
9.5.2 评价方法 ··· 144
9.6 土壤养分评价结果 ·· 144
9.6.1 土壤养分要素等级概况及分布 ··· 144
9.6.2 土壤养分要素与花溪区第二次土壤普查（1984年）结果对比情况 ············ 148

9.7 耕地土壤肥力 ··· 150
第10章　花溪区水稻适宜性评价 ··· 151
10.1 水稻基本概况 ··· 151
　　10.1.1 特征形态 ··· 151
　　10.1.2 基本特性 ··· 151
　　10.1.3 种植技术 ··· 151
　　10.1.4 水稻病虫害 ··· 152
10.2 花溪区水稻种植现状 ··· 154
　　10.2.1 水稻种植品种 ··· 154
　　10.2.2 水稻种植面积 ··· 154
10.3 评价指标选择的原则 ··· 155
10.4 参评指标的选择及权重的确定 ··· 155
　　10.4.1 参评指标的选择 ··· 155
　　10.4.2 参评指标权重的确定 ··· 155
　　10.4.3 单因素评价指标的隶属度计算 ······························· 155
　　10.4.4 水田水稻适宜性评价等级划分 ······························· 155
10.5 水稻适宜性评价结果 ··· 156
　　10.5.1 水田水稻适宜性评价结果 ······································· 156
　　10.5.2 水田水稻适宜性特性 ··· 156
　　10.5.3 水田水稻适宜性区域分布概况 ······························· 157
10.6 各乡镇水稻适宜性分布 ··· 160
10.7 水稻发展方向及区域布局 ··· 163
　　10.7.1 发展方向 ··· 163
　　10.7.2 区域布局 ··· 163
第11章　花溪区玉米适宜性评价 ··· 164
11.1 玉米基本概况 ··· 164
　　11.1.1 特征形态 ··· 164
　　11.1.2 基本特性 ··· 164
　　11.1.3 种植技术 ··· 164
　　11.1.4 病虫害 ··· 165
11.2 花溪区玉米种植现状 ··· 166
　　11.2.1 玉米种植品种 ··· 166
　　11.2.2 玉米种植面积 ··· 167
11.3 评价指标选择的原则 ··· 167
11.4 参评指标的选择及权重的确定 ··· 168
　　11.4.1 参评指标的选择 ··· 168

11.4.2　参评指标权重的确定 ……………………………………… 168
　　11.4.3　单因素评价指标的隶属度计算 …………………………… 169
　　11.4.4　适宜性评价方法 …………………………………………… 169
11.5　耕地玉米适宜性评价 …………………………………………………… 174
　　11.5.1　耕地玉米适宜性评价结果 …………………………………… 174
　　11.5.2　耕地玉米适宜特性 …………………………………………… 174
　　11.5.3　耕地玉米适宜性区域分布概况 ……………………………… 176
11.6　各乡（镇、街道）玉米适宜性概况 …………………………………… 179
11.7　玉米发展方向及区域布局 ……………………………………………… 181
　　11.7.1　发展方向 ……………………………………………………… 181
　　11.7.2　区域布局 ……………………………………………………… 181

第12章　花溪区辣椒适宜性评价 …………………………………………… 183
12.1　辣椒基本概况 …………………………………………………………… 183
　　12.1.1　特征形态 ……………………………………………………… 183
　　12.1.2　基本特性 ……………………………………………………… 183
　　12.1.3　种植技术 ……………………………………………………… 185
　　12.1.4　病虫害 ………………………………………………………… 187
12.2　花溪区辣椒种植现状 …………………………………………………… 188
　　12.2.1　辣椒种植品种 ………………………………………………… 188
　　12.2.2　辣椒种植面积 ………………………………………………… 188
12.3　评价指标选择的原则 …………………………………………………… 189
12.4　参评指标的选择及权重的确定 ………………………………………… 189
　　12.4.1　参评指标的选择 ……………………………………………… 189
　　12.4.2　参评指标权重的确定 ………………………………………… 190
　　12.4.3　单因素评价指标的隶属度计算 ……………………………… 191
　　12.4.4　适宜性评价方法 ……………………………………………… 191
12.5　耕地辣椒适宜性评价结果 ……………………………………………… 197
　　12.5.1　耕地辣椒适宜性评价结果 …………………………………… 197
　　12.5.2　耕地辣椒适宜性特性 ………………………………………… 197
　　12.5.3　耕地辣椒适宜性区域分布概况 ……………………………… 199
12.6　各乡（镇、街道）辣椒适宜性概况 …………………………………… 202
12.7　辣椒发展方向及区域布局 ……………………………………………… 204
　　12.7.1　发展方向 ……………………………………………………… 204
　　12.7.2　区域布局 ……………………………………………………… 204

第13章　对策与建议 ………………………………………………………… 206
13.1　加强农田基础设施建设 ………………………………………………… 206

	13.1.1	完善排灌渠道建设	206
	13.1.2	完善配套田间道路	206
13.2	因地制宜加大土壤改良措施		207
13.3	科学施肥		208
	13.3.1	控制氮肥	209
	13.3.2	稳施磷肥	209
	13.3.3	稳施钾肥	209
	13.3.4	增施有机肥	209
13.4	合理配置耕地资源加快农业产业结构调整		210
	13.4.1	耕地资源合理配置	210
	13.4.2	搞好区域布局，合理配置耕地资源	210
	13.4.3	实行集约化经营	210
13.5	耕地资源合理配置与高效农业发展		211
	13.5.1	高度重视农业信息化建设	211
	13.5.2	以农业机械化作为重要保障	211
	13.5.3	依靠科技进步与创新	212
	13.5.4	发挥资源优势，培育和壮大主导产业	212
	13.5.5	优化种植结构，改进品质，因地制宜，选用良种	213
13.6	加强耕地质量管理		213
	13.6.1	科学制定耕地地力建设与土壤改良规划	213
	13.6.2	加强耕地管理法律法规体系建设，健全耕地质量管理法规	213
	13.6.3	加强耕地质量动态监测管理	214
	13.6.4	加大土地用途管制力度	214
	13.6.5	加强基础设施建设，改善农业生产条件	214
	13.6.6	强化农业生态环境保护和治理	214

参考文献 215

第 1 章 绪 论

1.1 耕地地力及耕地地力评价的概念

耕地地力是构成耕地的各种自然条件和环境因素状况的总和,表现在土壤生产能力、产品质量高低和耕地环境状况优劣三个方面[1]。耕地地力不仅受气候、地形和土壤等自然因素影响,还受农田灌排设施和水土保持设施等众多社会设施的影响[2]。

耕地地力和耕地地力评价是农业科学中的两个重要概念,它们对于农业生产和土地管理具有重要意义。耕地地力是指土地的自然生产力,即在不施加外部物质的情况下,土地在其自然状态下所能提供的植物生长和农业生产的潜力。耕地地力评价则是通过一系列科学方法和标准,对耕地的地力状况进行定量或定性分析和评估,以确定其农业生产潜力和可持续利用性。耕地地力,顾名思义,指的是耕地所具备的生产力。这种生产力受到多种因素的影响,包括土壤的物理性质、化学性质、生物学性质,以及气候条件等。具体而言,土壤的有机质含量、氮磷钾等养分水平、质地、酸碱度(pH)、保水保肥能力、通气性、生物活性等因素都会直接影响耕地地力。

耕地地力评价是基于对耕地的各种自然条件和人为管理措施的分析,确定其生产潜力和可持续利用能力的一种综合性评价方法。它通过对土壤、气候、作物品种、耕作制度、施肥水平等多个因素的综合考量,来确定耕地的地力水平,并提供科学依据以指导农业生产。耕地地力评价的主要目的是明确土地的生产潜力,为土地合理开发、利用与保护提供科学依据。通过评价,农业生产者可以了解耕地的优劣势,优化种植结构和管理措施,从而提高土地的生产效率和可持续性。对政府部门而言,耕地地力评价是制定农业政策、规划土地利用以及实施土地保护措施的重要参考依据。因此,耕地地力评价在农业的可持续发展、粮食安全及生产效益中显得尤为重要。研究县域耕地生产力水平、按照统一标准对耕地地力进行综合评价和分等定级,对了解养分状况、科学配方施肥、提高耕地利用效率、促进县域农业发展有着十分重要的意义。

1.2 耕地地力评价的必要性

在农业生产中,土地资源的需求显得尤为显著,尤其是对耕地资源的依赖[3]。随着现代社会的迅猛发展和人口的急剧增长,全球对粮食的需求不断攀升,迫切需要更大面积的耕地以及更高质量的耕地来保障粮食供给[4]。这不仅关乎粮食安全,也直接影响国家的经济发展和社会稳定。耕地是农业生产的基础,它直接影响到粮食产量的高低和农业效益的实现。农用耕地占全球陆地面积的 10%左右,作为农业生产中最重要的资源之一,耕地不仅对粮食生产安全具有举足轻重的作用,而且在保障生态环境安全和推动可持续发展方面也发挥着关键作用[5]。耕地资源的数量和质量，直接关系一个国家的粮食自给能力和社会稳定。因此，在全球范围内，如何有效利用和保护耕地资源，成为各国政府和学术界关注的焦点。

根据2022年的数据，我国的耕地面积为19.14亿亩，虽然在数量上看似庞大，但在质量和可持续性方面仍然存在诸多问题。首先，耕地质量偏低，部分地区的土壤肥力较差，难以满足高强度农业生产的需求。此外，土地的可持续性较差，部分耕地因为过度利用或不合理的管理措施，导致土壤退化和生态环境恶化，影响了耕地的长远利用和农业的可持续发展[6]。在粮食产出方面，我国的粮食生产效率和质量也存在一定的问题。尽管我国粮食总产量有所提高，但由于耕地的生产潜力未能充分发挥，粮食产出的质量仍然偏低。此外，耕地保护政策的实施效果不尽如人意，部分地区存在"占优补劣"的现象，即优质耕地被占用，而用于补充的耕地质量较差，导致耕地资源的整体质量下降。随着我国经济的快速发展，工业化和城市化进程不断加快，对土地资源的需求也日益增加。在这种背景下，农业用地尤其是优质耕地，面临着前所未有的压力[7]。大量的建筑设施和工业项目占用了优质的耕地，而余下的耕地大多质量较差，难以满足高产高效农业生产的需求。这不仅影响了粮食生产，也对生态环境造成了不利影响。此外，消费水平的提升和人们生活方式的改变，使得农产品的需求结构发生了变化。为了满足国内日益增长的高质量农产品需求，我国农产品的进口量逐渐增加，而出口量则相对减少。这种"进口多、出口少"的现象，进一步加剧了国内农业生产的压力，也反映了我国在农业生产效率和国际竞争力方面存在的不足。

当前，我国农业生产效益相对较低，农村劳动力逐渐流失，加之土地流转不畅，导致了大面积耕地撂荒。耕地撂荒不仅意味着土地资源的浪费，还对农业生产和粮食安全构成了威胁。农村人口向城市的大量迁移，使许多耕地无人耕种或管理不善，进而导致地力下降，进一步削弱了这些耕地的生产潜力。此外，由于土地流转机制不完善，许多有意愿从事农业生产的经营者难以获得适宜的土地，从而限制了农业生产的发展[8]。

为保障粮食自给自足，耕地保护逐渐成为国家和社会关注的重点。然而，在实际操作中，由于政策执行不力和各地情况的复杂性，耕地保护的效果往往不尽如人意。尤其是优质耕地的大量流失和低质量耕地的增多，使得耕地资源的利用效率和可持续性都受到了严重挑战。在此背景下，开展耕地地力评价显得尤为重要[9]。耕地地力评价不仅是一项科学工作，也是指导农业生产和土地利用的重要基础。通过对耕地地力的系统评价，可以准确评估耕地的生产潜力，揭示土地资源的实际价值，为合理规划和利用土地资源提供科学依据。

首先，耕地地力评价能够揭示耕地的作物生产力水平，确定其在不同行业、不同用途中的最佳利用方式。通过评价，农业生产者可以了解耕地的优势和不足，从而合理安排种植结构，选择适宜的作物品种和生产方式，提高土地的利用效率和产出水平。其次，耕地地力评价有助于保障农业生产的可持续性。在评价过程中，能够识别出易于退化或已经退化的耕地，从而采取必要的保护和修复措施，避免土地资源进一步损失。通过科学的土地管理，能延长耕地的使用寿命，保持土壤的肥力和生态环境的平衡。再次，耕地地力评价为政府制定土地利用和农业政策提供了重要依据。通过科学的评价结果，政府可以更好地规划土地资源的配置，合理制定耕地保护措施，防止优质耕地的流失。此外，耕地地力评价也可以为土地补偿政策提供数据支持，确保"占一补一"的政策落到实处，避免"占优补劣"的情况再次发生。总的来说，耕地地力评价是保障农业生产和土地资源可持续利用的基础性工作。在全球粮食需求不断增长和土地资源日益紧张的背景下，科学地评估耕地地力，合理规划和管理土地资源，显得尤为重要。这不仅有助于提高农业生产效率和粮食安全水平，还能有效保护生态环境，推动经济和社会的可持续发展。因此，各级政府和相关部门应高度重视耕地地力评价工作，结合实际情况制定和实施科学的土地利用和保护政策，确保耕地资源的合理利用并长久发挥其最大效益。

1.3 耕地地力评价研究进展

1.3.1 国外研究动态

耕地地力评价的起源可以追溯到 19 世纪末的俄国。1877 年，俄国著名土壤地理学家道库恰耶夫在对黑钙土地区进行考察期间，首次提出了基于土地收益的土地评价概念。这一评价方法标志着人们开始从科学角度认识土地生产力，为后来的土地评价研究奠定了基础。随着 20 世纪初土地合理利用和农业发展的需求日益迫切，土地评价逐渐从简单的土壤考察发展为系统的农用地评价研究[10]。这一阶段的研究主要集中在土地资源的清查和合理利用，旨在为农业生产提供科学依据。随着农业生产的发展和土地利用需求的增加，世界各国开始重视农用地的评价研究。从这一时期开始，各国逐渐从土地清查转向系统化的农用地评价，并逐步制定了各自的土地评价体系。这些评价体系不仅考虑了土地的自然条件，还引入了土地的经济效益和社会价值的评估方法，为农业发展提供了更加全面的决策依据。1976 年，联合国粮食及农业组织（Food and Agriculture Organization of the United Nations，FAO）正式颁布了《土地评价纲要》（*A Framework for Land Evaluation*）。这一纲要是国际上最具影响力的土地评价方案之一，它为全球土地评价研究提供了标准化的框架[11]。《土地评价纲要》不仅在形式上规范了各国的土地评价方法，还为土地资源的分析和优化配置提供了科学依据。通过这一纲要，全球土地评价研究进入了一个新的阶段，各国在土地利用决策中逐渐采用标准化的评价体系，提升了土地资源的管理效率。进入 20 世纪 80 年代，美国农业部土壤保持局在对土地潜力进行分类的基础上，提出了"土地评价和立地评价"系统（land evaluation and site assessment，LESA）。这一系统特别强调了农田立地条件对土地利用的影响，旨在为土地规划和管理提供科学依据。LESA 系统不仅关注土地的自然条件，还考虑了土地利用的社会和经济效益。这一评价系统在美国得到了广泛应用，为合理的土地利用决策提供了有力支持[12]。进入 20 世纪 90 年代，全球可持续发展战略逐渐成为各国关注的重点，土地资源的可持续利用也成为土地研究的核心议题[13]。土地资源可持续评价逐渐成为土地评价研究的新热点，研究者们开始更加注重土地利用的长远影响和可持续性。1993 年，FAO 颁布了《可持续土地管理评价纲要》（*Framework for Evaluating Sustainable Land Management*），提出了土地可持续利用的基本原则、程序和评价标准。该纲要明确了五项评价标准：土地的生产性、土地的安全性或稳定性、水土资源保护性、经济可行性和社会接受性。这些标准成为全球土地可持续利用管理的重要指导方针，并被广泛应用于各国的土地评价和管理实践中[14]。这一纲要的颁布，标志着土地评价研究进入了一个更加系统化和科学化的阶段。研究者们在进行土地评价时，不仅关注土地的当前利用效率，还考虑了土地的长远可持续发展。这一转变使得土地评价研究不仅服务于农业生产，还为生态环境保护和社会经济发展提供了科学依据。

1.3.2 国内研究动态

我国耕地地力评价的研究具有悠久的历史，早在两千年前就开始了基于不同土壤性质的肥力区分和分类研究。这可以说是世界上最早的耕地评价实践之一[15]。随着历史的发展和新中国的成立，我国的耕地地力评价工作得到了进一步的发展和深化，特别是在解决粮食问题和推动经济发展的背景下，耕地评价成为国家的重要任务之一。新中国成立后，为了应对粮食短缺和推动经济发展，国家迅速开展了全国性的土壤肥料工作。20世纪50年代，国家召开了第一次全国性的土壤肥料工作会议，强调了垦荒和土壤改良的重要性，这一决策直接推动了全国范围内的耕地评价工作[16]。通过大规模的土壤调查和分类研究，我国初步掌握了各地土壤的肥力情况，为农业生产提供了宝贵的数据支持。

1958年，我国开展了第一次全国土壤普查工作，这是耕地地力评价的重要里程碑。普查系统地收集了全国土地资源的类型、数量、分布和土壤的基本性状信息。这一普查奠定了我国耕地资源基础数据的初步框架，明确了各地区土壤的基本状况。1979年，国家启动了第二次全国土壤普查工作。这次普查更加全面和深入，特别是在普查之后，进一步开展了土壤类型资源性调查，明确了土壤的分布特点和基本性质[17]。1994年，相关部门基于这两次普查的数据，编写了《中国土壤》《中国土种志》《中国土壤普查数据》等重要文献，并绘制了包括1∶100万的土壤比例图、1∶400万的土壤改良分区图和土壤养分图在内的多种图表。这些研究成果为我国耕地资源的合理利用和农业发展的推动奠定了坚实的科学基础[18]。

随着科学技术的飞速发展，特别是地理信息系统（GIS）、全球定位系统（GPS）、遥感（RS）技术等高科技手段的广泛应用，我国的耕地地力评价工作在数据更新、动态评价和评价精度上取得了显著进步。这些技术使复杂信息的分析和处理变得更加高效和准确，为大规模耕地地力评价提供了技术支持。自1984年以来，农业部门建立了200多个全国点位的耕地地力监测和评价数据库，这些数据库为全国耕地地力监测提供了丰富的数据来源，为耕地资源的管理和保护提供了科学依据。1986年，农牧渔业部土地管理局开始划分农用地的自然生产力级别，为不同区域的土地利用和农业规划提供了科学分类依据。这一工作为后续的耕地地力评价奠定了基础。1995年，中国农业科学院对县级单位的耕地进行分区评价，并提出了相关耕地质量指数。这一研究成果为各地耕地的合理利用和改良提供了科学依据。1997年，农业部根据全国粮食单产水平，将全国耕地划分为七个耕地类型区,并对耕地地力等级进行了细致划分,确定了各类耕地的等级范围及相关地力要素指标体系。这一评价体系的建立,使得我国的耕地评价工作更加标准化和科学化,为耕地资源的优化配置和科学管理提供了坚实基础。2002—2003年,农业部进一步开展了耕地地力评价体系的建设工作,涉及30个省(自治区、直辖市)。此项工作的重点是建立国家耕地分级数据库和管理信息系统,全面摸查全国耕地质量的时空演变状况,并识别出耕地利用中的关键问题。这一系统为国家层面的耕地保护、耕地质量建设、测土配方施肥提供了科学指导。

近年来,随着现代化技术的深入应用,我国的耕地地力评价已经迈入数字化、智能化的新阶段,耕地地力评价工作变得更加精准和高效。这不仅提高了耕地资源的利用效率,也为应对气候变化、保护生态环境提供了有力支持。未来,耕地地力评价工作将继续深化,重点关注以下几个方面:一是进一步提升评价精度,结合更多的高科技手段进行数据分析和处理;二是加强对耕地质量时空演变的动态监测,及时发现问题并采取相应措施;三是推动耕地保护政策的实施,加强耕地资源的合理利用和可持续发展。

第 2 章　自然与农业生产概况

2.1　自然与经济概况

2.1.1　地理位置与行政区划

1. 地理位置

花溪区位于贵州高原中部，是省会贵阳市南郊的一个县级区。地处东经 106°27′～106°52′，北纬 26°11′～26°34′，隶属于贵州省贵阳市，地处黔中腹地，东邻黔南州龙里县，西接贵安新区，南连黔南州惠水县、长顺县，北与南明区、观山湖区接壤。东西和南北各宽约 40km，全区总面积为 964.16km²。

2. 行政区划

截至 2024 年 12 月，花溪区共有 19 个乡镇和街道：青岩镇、石板镇、麦坪镇、燕楼镇、久安乡、孟关苗族布依族乡、湖潮苗族布依族乡、马铃布依族苗族乡、黔陶布依族苗族乡、高坡苗族乡、贵筑街道、阳光街道、清溪街道、溪北街道、金筑街道、平桥街道、小孟街道、黄河路街道、党武街道，有 226 个村（社区）。

2.1.2　土地资源概况

1. 土地利用现状

截至 2024 年 12 月，花溪区（含经开、贵安）行政区域总面积为 96416.66hm²，耕地 35620.22hm²。

2. 土壤种类及分布特征

花溪区由于地处低纬度、高海拔的高原山区，土壤的形成受地貌、水文、气候、成土母质、植被条件及人类活动的综合影响，形成了类型多样、种类复杂的土壤资源。据 1980 年全区第二次土壤普查结果，全区土壤类型有黄壤、石灰土、水稻土、紫色土、潮土和沼泽土 6 大类，17 个亚类，33 个土属，75 个土种。自然土壤：以硅铝质黄壤、黄色石灰土分布最广，其次为硅质黄壤、黑色石灰土和紫色土，硅铁质黄壤面积较小。耕地：稻田以大眼泥、黄泥田、黄胶泥田为主，其次为潮泥田、紫泥田、冷烂锈田；旱地以大土泥、黄泥土、燧石砂土为主，其次为黄砂泥土、潮砂土等。

花溪区经纬度差异不大，仅跨经度 25′，纬度 23′，经纬方向处于同一生物气候带，土壤无水平分布规律。虽然海拔相对高差 600m，但高海拔地区冬温夏暖，未引起地带性土壤类型的明显变化，无明显的垂直分布规律。由于地形地貌复杂，区域性成土条件各异，土壤的区域分布规律明显。

2.1.3 自然条件

1. 地质地貌概况

花溪区地处贵州高原中部，苗岭山系的中段，位于长江水系清水江与珠江水系蒙江的分水岭地带。山脉水系的展布均受地质构造与现代地貌作用的控制，形成以低中山丘陵为主的丘原地貌。

花溪区地势起伏较大，地区之间表现出明显的差异性。地貌总的轮廓是：东西两侧山地、丘陵地势较高，海拔 1200m 以上；中部槽谷盆地地势较低，海拔 1100m 左右。以分水岭为界，西南至东南部为中山峡谷及台地，地势较高，海拔在 1300m 以上；西北、东北部海拔多在 1200～1300m。区内最低海拔 999m（马铃河出境处），最高海拔 1655.9m（黔陶乡皇帝坡顶峰），一般海拔 1100～1200m。

花溪区山脉、河流多为南北向，局部为北东向或东西向。以桐木岭分水岭为界，南部珠江水系河流为青岩河、老榜河、马铃河等，由北向南汇入涟江和蒙江；北部花溪河、陈亮河等，由南向北汇入南明河流入清水江。花溪区三叠系、二叠系、侏罗系、泥盆系、石炭系等地层受地质构造与现代地貌作用的影响，形成背斜呈山、向斜呈谷（或盆）的地形特点，主要有云龙（高坡）背斜、思京（谷增）背斜、久安背斜、党武背斜等。其中，以云龙背斜、思京背斜为典型，形成岩溶中山峡谷、峰丛洼地和谷地等，背向斜海拔相差 400～500m。贵阳向斜形成的花溪-中曹-陈亮-孟关-青岩槽谷盆地，海拔 1100m 左右，背向斜之间海拔相差仅几十米。

2. 气候条件

花溪区地处云贵高原的东斜坡上，是冬、夏季风必经之地。受东南季风和西伯利亚冷气团的双重影响，本区气候属亚热带季风湿润性气候，具有明显的高原气候特点，冬暖夏凉，春秋气候多变。水热资源丰富，光资源偏少，无霜期长，光、热、水同季，垂直气候差异明显。

花溪区年均日照时数为 1274.2h，日照百分率为 29%。月均日照时数以 7、8 月最长，大于 170h；1、2 月最短，小于 60h，春秋大致相同。日照时数最多年可超过 1400h，最少年仅有 1020h。

花溪区热量资源较好，气候温和，冬夏气温日际变化和年际变化不剧烈，除少数高山地区外，湿度水平空间变化小。年平均气温为 14.9℃。7 月最热，月平均气温为 23.3℃；1 月最冷，月平均气温为 4.7℃。极端最高气温为 34.7℃，极端最低气温为−9.7℃。历年日平均气温稳定≥0℃的平均日数为 335 天，积温 5100℃；≥5℃的平均日数为 282 天，积温 4856℃；≥10℃的平均日数为 220 天，积温 4190℃；≥15℃的平均日数为 135 天，积温 3194℃。无霜期平均为 275 天。

花溪区降水量丰沛，多年平均降水量为 1178.1mm，一年中 6 月降水量最多，其次是 5 月，再次是 7 月；1 月最少，其次是 2 月。年平均降水日数方面，降水量≥0.1mm 的日数为 177.9 天，≥5.0mm 的日数为 55.2 天，≥10.0mm 的日数为 34.7 天，≥25.0mm 的日数为 12.1 天，≥50.0mm 的日数为 3 天，≥100.0mm 的日数为 0.2 天。一日最大降水量历年极值为 190.0mm。年内降水量分布不均，春雨占 28%，夏雨占 46%，秋雨占 21%，冬雨只占 5%；夏半年降水量占全年的 78%，冬半年只占 22%。最长连续降水日数为 27 天，降水量为 382.4mm；最长连续无雨日数为 25 天。花溪区降水量分布特点是：地势较高地区降水量略偏多，南部多于北部，暴雨较多地区有磊庄、花溪、青岩等地。

3. 水文条件

花溪区处于长江、珠江两大流域的分水岭地带，从西南部的旧盘、掌克至桐木岭、孟关上板一线为分水岭。分水岭以北及高坡东部属长江流域乌江水系，占全区总面积的 59.2%；以南属珠江流域西江水系，占全区总面积的 40.8%。按河长大于 10km 或流域面积大于 20km² 的标准，全区共有 17 条河流，境内总河长 257km。其中，属长江流域的 9 条，总河长 147km；属珠江流域的 8 条，总河长 110km。在 1∶5 万地形图上量算的河流及小溪总长约 400km，境内平均河网密度约 0.4km/km²。

花溪区年均天然产水量为 5.878 亿 m³，年均天然径流深约为 600mm。年径流深的变差系数为 0.28，大于年降水量的变差系数。径流量的年内分布与降水量的年内分布相似，5—9 月为汛期，多年平均径流量约占全年的 70%。其中，6 月的径流量最大，约占全年的 21%；1—3 月的径流量最小，合计径流量仅占全年的 8%。

花溪区的地下水分为岩溶水、基岩裂隙水及松散层孔隙水三大类型，以岩溶水为主。全区有 130 个泉井，合计流量为 6.051m³/s，折合年地下水量为 1.568 亿 m³，占年均区内天然产水量的 26.7%。全区偏枯年的地下水资源量约为 1.4 亿 m³，占偏枯年境内天然产水量的 29.7%；特枯年的地下水资源量约为 1.2 亿 m³，占特枯年境内天然产水量的 34.7%。

4. 植被

花溪区的地带性植被为典型的中亚热带常绿阔叶林植被带。

自然植被：全区天然植被可分为针叶林、针阔叶混交林、阔叶林、疏林、灌丛草坡、草坡六大植被类型。针叶林类型较少，但分布面积大，主要树种有马尾松，其次为杉木等，主要分布区为黄壤丘陵山地，柏木林在区内各地石灰岩丘陵山地呈斑块状分布。阔叶林类型较多，但分布面积较小，主要类型有以贵州石楠为主的常绿阔叶林，以云南樟、云贵鹅耳枥、贵州石楠为主的常绿落叶混交林，以云贵鹅耳枥、化香树为主的落叶阔叶林，以亮叶桦、响叶杨为主的落叶阔叶林，以麻栎为主的落叶林。

灌丛草坡为典型的次生植被，在花溪区广泛分布，发育较为典型，为花溪区常见的植被。

人工植被：人工营造的用材林，主要有杉木林和马尾松。杉木林主要分布于燕楼、麦坪、久安、党武等地。马尾松的分布在石板、孟关、黔陶等地较为集中。经济林中，以油茶为主，其次为茶叶、油桐、板栗、核桃、生漆、棕榈等。油茶集中分布于湖潮、麦坪等地。茶叶主要分布于湖潮、黔陶、久安、青岩等地。人工直播的以红三叶草、白三叶草为主的人工牧草，主要分布于高坡、党武、小碧（2009年划规南明区）、青岩等地。

花溪区农田植被以一年两熟类型为主，以水稻、油菜、小麦、蚕豆为主的一年两熟水田植被在花溪区分布较为普遍，一般水源较好的河谷、坝子、山间盆地均有分布。以玉米、油菜或小麦为主的一年两熟旱地植被在区内分布也很普遍，多在水源较差的山地和丘陵地带。此外，以多种蔬菜为主的一年多熟菜地植被，主要分布在孟关、青岩、石板等地。

5. 社会经济概况

根据《花溪年鉴（2022）》统计结果，花溪区总人口100.26万人，全区有汉族、苗族、布依族等40个民族。

2022年，花溪区地区生产总值为761.04亿元，同比增长4.5%，总量位居全市第三、全省区县级第四；一般公共预算收入同口径增长8.74%；城镇和农村居民人均可支配收入分别增长5.6%、6.4%。

2.2 农业生产概况

花溪区位于黔中腹地，贵阳市南郊，距市中心17km。

2022年花溪区耕地面积为35620.22hm²，占花溪区面积的36.94%。

根据2022年花溪区统计年鉴数据，花溪区农业人口221322人，农村劳动力180634人。农村用电量8611.8万千瓦时，农用化肥施用量（按实物量计算）14063t，农用塑料薄膜使用量276.9t，农药使用量26.34t，农用柴油使用量600.77t。

2021年农田有效灌溉面积3955hm²，旱涝保收面积1660hm²，机电灌溉面积1794hm²，粮食播种面积5060hm²，年粮食产量达32531t。其中，水稻播种面积3131hm²，产量24534t；玉米播种面积1803hm²，产量7640t；马铃薯播种面积31hm²，产量103t；油菜播种面积765hm²，产量1281t；蔬菜播种面积16185hm²，产量376838t。

2022年实施水稻、玉米粮食增产工程，完成测土配方施肥面积40万亩，其中，水稻4.37万亩，玉米1.7万亩，油菜1.24万亩，蔬菜21.87万亩。

2022年农林牧渔业总产值33.65亿元，比上年增长4.2%。农村人均收入22619元，比上年增长6.4%。2007—2011年花溪区主要作物产量统计表见表2.1。

表2.1 2007—2011年花溪区主要作物产量统计表 （单位：t）

作物名称	2007年	2008年	2009年	2010年	2011年
水稻	58287	59079	55349	72482	31084

续表

作物名称	2007年	2008年	2009年	2010年	2011年
玉米	14840	16274	15269	15914	10888
小麦	3375	2487	4465	2700	1982
豆类	1645	1400	1531	1494	1688
薯类	1850	4109	4201	3653	3635
油料作物	3061	2175	3842	2824	4058
烟叶作物	168	152	122	230	79
蔬菜（含菜用瓜）	229643	266337	165010	268397	307043
瓜果类（果用瓜）	13429	13581	13194	11792	4712

2.3 耕地利用与保养管理回顾

2.3.1 农业生产施肥现状

2009—2011年，连续三年对200户农户进行了施肥情况跟踪调查，通过统计分析，基本可以看出花溪区农户施肥水平情况及存在的问题。

1. 有机肥施肥现状

水稻：调查农户中，85%的农户施用有机肥，一般有机肥（粪尿肥）施用量为1000kg/亩。有机肥品种主要为牛栏粪、农家肥、粪尿肥等，92%的农户将有机肥作为基肥一次性施入。

油菜：调查农户中，70%的农户施用有机肥，一般有机肥施用量为500kg/亩。有机肥品种主要为粪尿肥、秸秆还田、猪粪尿等，所有的农户都将有机肥作为基肥一次性施入。

玉米：调查农户中，70%的农户施用有机肥，一般有机肥施用量为1000kg/亩。有机肥品种主要为粪尿肥、牛栏粪、农家肥等，96%的农户将有机肥作为基肥一次性施入。

蔬菜：调查农户中，65%的农户施用有机肥，一般有机肥施用量为1200kg/亩。有机肥品种为粪尿肥、人粪尿、猪粪尿，95%的农户将有机肥作为基肥施入。

2. 化肥施用现状

1）氮肥

受调查的200户农户中，有91%的农户施用氮肥。其中，水稻氮肥亩均施用量（折纯N量，下同）为14.09kg左右，最高施用量为23.54kg，最低施用量为4.65kg；玉米亩均施用量为10.72kg，最高施用量为15.27kg，最低施用量为4.18kg；油菜氮肥亩均施用量为8.87kg，最高施用量为12.81kg，最低施用量为5.32kg；蔬菜氮肥亩均施用量为

15.36kg，最高施用量为25.81kg，最低施用量为6.15kg。

在受调查的农户中，水稻二次追施氮肥农户数132户，占调查农户数的66%，亩均施用量9.15kg；玉米二次追施氮肥农户数45户，约占调查农户数的23%，亩均施用量5.31kg；油菜二次追施氮肥农户数200户，占调查农户数的100%，亩均施用量8.43kg；蔬菜二次追施氮肥的农户数147户，约占调查农户数的74%，亩均施用量10.57kg。

氮肥品种以尿素为主，分次施用，基肥施用量占氮肥总用量的31.87%，追肥施用量占氮肥总用量的68.13%。水稻一般采用二次施肥，即底肥和分蘖肥，撒施；油菜采用三次施肥，即底肥、苗肥和腊肥，穴施；玉米一般采用二次施肥，即底肥、拔节肥，穴施。蔬菜采用三次施肥，即底肥、苗肥和腊肥，穴施。

2）磷肥

受调查的200户农户中，所有农户均施用磷肥。其中，水稻磷肥亩均施用量（P_2O_5量，下同）6.45kg，最高施用量10.53kg，最低施用量3.77kg；玉米磷肥亩均施用量4.74kg，最高施用量7.57kg，最低施用量3.18kg；油菜磷肥亩均施用量4.53kg，最高施用量5.98kg，最低施用量2.50kg；蔬菜磷肥亩均施用量4.83kg，最高施用量7.89kg，最低施用量2.82kg。

磷肥品种以普通过磷酸钙、钙镁磷肥为主，磷肥均作基肥一次性施用，油菜、玉米、蔬菜均穴施，水稻采用撒施。

3）钾肥

受调查的200户农户中，有63.25%的农户施用钾肥（含复混肥），其中水稻钾肥亩均施用量（K_2O量，下同）2.82kg，最高施用量4.85kg，最低施用量0.85kg；玉米亩均施用量1.81kg，最高施用量2.78kg，最低施用量0.50kg；油菜钾肥亩均施用量2.15kg，最高施用量3.45kg，最低施用量0.66kg；蔬菜钾肥亩均施用量6.00kg，最高施用量9.15kg，最低施用量1.74kg。

钾肥品种以复合（混）肥、硫酸钾、氯化钾为主，钾肥绝大部分均作基肥施用，油菜和蔬菜穴施，水稻撒施。

3. 其他肥料施用现状

1）中量元素肥

调查中的农户在水稻和油菜上均没有施用中量元素肥，如硫酸镁等。

2）微量元素肥

水稻施用微量元素肥以硫酸锌为主，特别是冷水田和烂泥田，本次调查的200户农户中有42户施用硫酸锌，占21%，平均亩施硫酸锌1.47kg，均作基肥施用。油菜施用微量元素肥以硼砂为主，本次调查的200户农户中有12户施用硼砂，占6%，平均亩施硼砂0.35kg，均作基肥施用。硼砂主要用于油菜基肥和叶面喷施，可与其他肥料混合穴施。

对200户农户的施肥情况进行调查，结果表明：对于水稻，在平均施用有机肥1000kg/亩的同时，平均施用氮、磷、钾的比例为$N：P_2O_5：K_2O = 14.09：6.45：2.82 = 1：0.46：0.20$；对于玉米，在平均施用有机肥1000kg/亩的同时，平均施用氮、磷、钾的比例为$N：P_2O_5：K_2O = 10.72：4.74：1.81 = 1：0.44：0.17$；对于油菜，在平均施用有机肥500kg/亩的同时，平均施用氮、磷、钾的比例为$N：P_2O_5：K_2O = 8.87：4.53：2.15 = 1：0.51：$

0.24；对于蔬菜，在平均施用有机肥 1200kg/亩的同时，平均施用氮、磷、钾的比例为 N：P_2O_5：K_2O = 15.36：4.83：6.00 = 1：0.31：0.39。

2.3.2 历史施用化肥数量、粮食产量的变化趋势

1. 历史施用化肥数量

据花溪区统计资料，2006—2011 年花溪区的全区农业化肥施用量（按折纯法计算）无论是化肥施用折纯量还是单位面积折纯施肥量，均基本呈现逐步下降趋势。变化见表 2.2 和图 2.1。

表 2.2　花溪区耕地施肥情况（据统计年鉴）

年份	化肥施用折纯量/t	粮食作物总播面积/hm²	单位面积折纯施肥量/(kg/hm²)
2006	8618	29363	293.50
2007	8627	29498	292.46
2008	8521	30150	282.62
2009	7941	28956	274.24
2010	7856	29413	267.09
2011	7530	30079	250.34

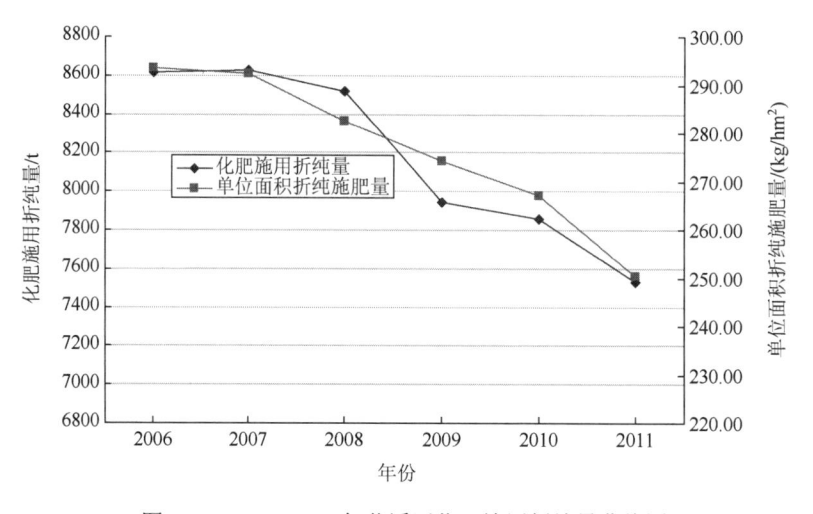

图 2.1　2006—2011 年花溪区化肥施用折纯量曲线图

2. 粮食产量的变化趋势

据统计数据，2006—2011 年花溪区 2006 年后全区粮食总产量呈先增产后减产的变化趋势，在 2008 年达到最大值，年产粮 84039t，单位面积粮食产量为 6425.49kg/hm²；2011 年为这 6 年中的最低值，年产粮 49277t，单位面积粮食产量为 3883.14kg/hm²。这主

要是由于2011年受到严重干旱天气的影响，7月、8月、9月的总降水量仅为186.3mm，水稻大面积减产。同时，花溪区大力推进粮经作物种植比例调整，2011年蔬菜种植面积比2010年增加了1030hm²，分布在城镇周边的大面积优质耕地被改种蔬菜。综合以上因素，花溪区2011年粮食总产量有所下降。变化见表2.3和图2.2。

表2.3 2006—2011年花溪区粮食单位面积产量统计表（据统计年鉴）

年份	单位面积折纯施肥量/(kg/hm²)	粮食总产量/t	粮食作物总播面积/hm²	单位面积粮食产量/(kg/hm²)
2006	293.50	84046	15275	5502.19
2007	292.46	83366	13167	6331.43
2008	282.62	84039	13079	6425.49
2009	274.24	80815	12731	6347.89
2010	267.09	77629	12877	6028.50
2011	250.34	49277	12690	3883.14

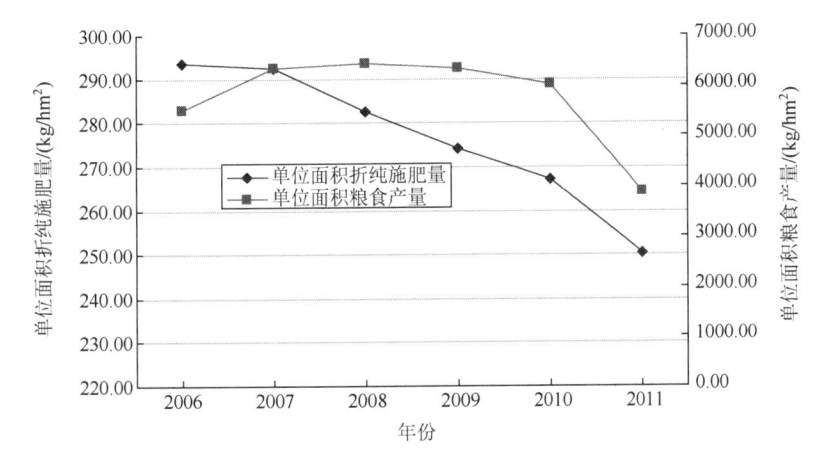

图2.2 2006—2011年花溪区粮食产量变化图

2.3.3 施肥实践中存在的主要问题

作为一个农业区，花溪区虽然化肥施用总量较大，但化肥的增产效果并不明显。归纳起来有以下几点原因。

1. 施肥不合理，氮、磷、钾比例失调

目前，有些农民仍按传统经验施肥，存在严重的盲目性和随机性。据本书调查统计，花溪区水稻的氮、磷、钾施肥比例为1∶0.46∶0.20；玉米的氮、磷、钾施肥比例为1∶0.44∶0.17；油菜的氮、磷、钾施肥比例为1∶0.51∶0.24；蔬菜的氮、磷、钾施肥比例为1∶0.31∶0.39。

2. 施肥方法不科学

农民往往重底肥的施入，很少进行追肥，这样一方面降低了肥料利用率，另一方面也会使作物生长后期出现脱肥现象，影响作物产量；种肥不分、施肥深度过浅也是施肥实践中存在的一个问题，这种施肥方法极易造成化肥的挥发和淋失。

3. 中、微量元素没有得到应有的重视

根据最小养分律，即使氮、磷、钾的施入比例合理，但像钙、硼、锌、锰等中、微量元素的缺乏也会影响作物的产量。

2.3.4 耕地利用程度与耕作制度

1. 耕地利用程度

花溪区因其特殊的地形地貌，耕地的利用程度较高，在保障粮食稳定增产的前提下，积极开展多种经营，种植蔬菜、油菜等优势作物。耕地利用程度一般用复种指数、粮食单产、集约化程度等来反映。而集约化程度又通常用单位面积折纯施肥量、农村从事农业生产人数、农村用电量等来表现（表2.4）。

表2.4 花溪区耕地利用程度统计表（据统计年鉴）

年份	农村从事农业生产人数/人	农村用电量/万千瓦时	农用柴油使用量/t	农用塑料薄膜使用量/t	农药使用量/t	有效灌溉面积/hm²	复种指数/%	单位面积折纯施肥量/(kg/hm²)	单位面积粮食产量/(kg/hm²)
2006	90447	2851.46	1491	361	47	3831	248.50	293.50	5502.19
2007	84846	4123.18	1381	467	67	3780	249.94	292.46	6331.43
2008	81771	4019.40	1566	633	76	4005	254.75	282.62	6425.49
2009	75953	4197.53	1450	643	67	3595	259.25	274.24	6347.89
2010	75165	4475.21	1485	564	62	4009	270.32	267.09	6028.50
2011	71103	4452.74	719	462	56	3955	277.71	250.34	3883.14

2. 耕作制度

花溪区农作物种植制度为一年一熟、一年两熟和一年三熟；根据作物的生态适应性与生产条件采用的种植方式，花溪区境内有单种、复种、间种、轮作等种植方式。

3. 不同类型耕地投入产出情况

对200户农户施肥情况的调查统计结果如下。

水稻：在平均施用有机肥1000kg/亩的同时，亩均施用氮肥（折纯，节内下同）

14.09kg、磷肥 6.45kg、钾肥 2.82kg，平均产量达到 548.47kg/亩，产值 1206.63 元（市场单价：2.2 元/kg），平均成本 635.70 元/亩（含种子、肥料、劳动力等成本，下同），投入产出比为 1∶1.90。

油菜：平均施用有机肥 500kg/亩的同时，亩均施用氮肥 8.87kg、磷肥 4.53kg、钾肥 2.15kg，平均产量达到 428.70kg/亩，产值 1028.88 元（市场单价：2.4 元/kg），平均成本 577.60 元/亩，投入产出比为 1∶1.78。

玉米：平均施用有机肥 1000kg/亩的同时，亩均施用氮肥 10.72kg、磷肥 4.74kg、钾肥 1.81kg，平均产量达到 102.95kg/亩，产值 617.73 元（市场单价：6.0 元/kg），平均成本 435.82 元/亩（含有机肥），投入产出比为 1∶1.42。

蔬菜：平均施用有机肥 1200kg/亩的同时，亩均施用氮肥 15.36kg，磷肥 4.83kg，钾肥 6.00kg，平均产量达到 2442.50kg/亩，产值 6106.25 元（市场单价：2.5 元/kg），平均成本 2530.34 元/亩（含有机肥），投入产出比为 1∶2.41。

2.3.5 耕地保养管理的简要回顾

1. 重大项目投入对耕地地力的影响

（1）2000—2011 年，花溪区共建成沼气池 11970 多口，各级财政共计投入 0.55 亿元；共计完成烟水配套工程 8 万 m³，累计投入 2300 万元；同时，本级财政还大力投入了大量资金，对安全饮水、集体帮扶、计生帮扶、乡村公路建设等创建工作进行整合，形成了扶持农村、反哺农业的"集聚效应"。

（2）2008 年省政府新增花溪区为草地生态畜牧业和石漠化治理扶贫对象，总投资 350 万元，种草养畜相结合，促进生态与畜牧业协调发展，提高耕地产出和经济效益。

（3）2008—2011 年，共筹资 8500 万元，兴修水利工程 1100 处，新修各类蓄水池 2500 口，疏通河道 15 公里，维修加固水库 45 座，新建乡镇供水工程 10 处，安装管道 80 余公里。这些水利工程的实施，使全区新增和恢复灌溉面积 3.5 万亩，新增水浇地 2500 亩，解决农村 21800 人的饮水问题。

（4）2008—2011 年，农业部、财政部测土配方施肥项目在花溪区落实。农业部、财政部累计下达给花溪区项目经费 195 万元。该项目实施 3 年来成效显著：水稻、玉米等农作物增产 1.85 万吨；为农民节本增效超 3500 万元。

（5）2008—2011 年，投入资金 450 万元，加大农业综合开发工程建设力度。其中土壤改良投资 145 万元，完成土壤改良 11200 亩，实现了"涝能排旱能灌，机耕作业田间串"。

2. 法律法规对耕地地力的影响

（1）《中华人民共和国水土保持法》规定，根据水土保持规划，组织有关行政主管部门和单位有计划地对水土流失进行治理，采取整治排水系统、修建梯田、蓄水保土耕作等水土保持措施。

（2）依据《中华人民共和国土地管理法》，切实贯彻"十分珍惜、合理利用土地和切实保护耕地"的基本国策，实行占用耕地补偿制度，严格执行土地利用总体规划和土地利用年度计划，确保花溪区内耕地总量不减少，并采取措施维护排灌工程设施，改良土壤，提高地力，防止土地荒漠化、石漠化、水土流失和污染土地。

（3）实施洼地排涝工程和"沃土工程"，对土壤肥力进行调查与监测，建立全区耕地质量动态监测和预警系统。

第 3 章 耕地地力调查与数据库建立

3.1 调查取样内容与方法

3.1.1 取样布点

1. 取样布点原则

1）土壤采集布点原则

花溪区根据该项目各年度采样数量、各镇（乡）耕地面积、地形地貌、土壤类型、肥力高低、作物种类等，在保证采样点具有典型性和代表性，同时兼顾空间分布均匀性等原则的基础上，以 150～200 亩为一个取样单元进行布点。

为保证分析数据的可靠性，按以下原则设置采样点：①采样点选择在较为集中连片的耕地地块；②选择不同立地条件的耕作土壤。

2）植株采集布点原则

肥料试验的作物植株采集，在每个试验区内按对角线、梅花形布点，采取 10 个点的样品组成一个混合样。每个点至少一株（穴），按不同作物［包含籽粒（果实）、茎秆、叶片、块茎等］进行整株（穴）采样。

水稻：由于不易落叶，可在蜡熟期后进行全株采集。

玉米：由于不易落叶，可在蜡熟期后进行全株采集。

蔬菜：在开花后期进行叶片的采集，取得新鲜植株样品，然后称鲜重，立即在烘箱中杀青、烘干；植株在蜡熟期后进行采集。

2. 采样组织方式

针对土样采集，花溪区农业局（现为花溪区农业农村局）成立了采样领导小组和采样实施小组。采样领导小组负责统一组织协调人员、车辆，开展技术培训、指导等；采样实施小组负责样品的采集、运送等。采样领导小组由分管土肥站的农业局副局长任组长，土肥站站长任副组长，土肥站人员为成员；采样实施小组由土肥站站长任组长，各镇（乡）农技站站长任副组长，农业局技术骨干和各镇（乡）技术人员为成员，每镇（乡）成立一个采样实施组进行样品采集。

3. 布点的步骤

布点的有关要求：项目规定花溪区采集的土壤样品数须达到 3000 个，在全区范围内进行采集，按平均每 150～200 亩耕地为一个采样单元采集 1 个土样，在一个采样单元中，选择有代表性的一块田块，采用对角线法、梅花形法、棋盘法、"X"形法、"S"形法等方式进行采样。

样点分配：根据花溪区各镇（乡）的耕地面积、各类作物耕种面积、土壤类型、种植作物种类进行平衡调整分配。

布设点位图：首先在室内根据花溪区土地利用现状图进行布点，将土地利用现状图与土样图套合，根据套合单元，确定采样点位置，以150~200亩为一个采样单元的原则进行布设，力求点位均匀分布。然后根据图上的点位到野外确定实际的采样点位置。当室内点位发生变更时要对原点位进行修正。

3.1.2 调查采样

1. 野外采样田块确定

每一采样实施组根据点位图，选定采样路线，到达点位所在的村庄后，首先向农民了解本村前季作物产量情况，将土壤类型、产量水平相近的区域，以150~200亩划分为一个采样单元。在采样单元内，确定具有代表性、面积大于1亩的田块为采样田块。

2. 采样

准备好GPS、铁铲、锄头、竹片等工具。首先用GPS定位，用铁铲或锄头挖开一个宽10~20cm、深0~20cm的界面，再用竹片将界面表层土壤削除，采用"S"形法、"X"形法或棋盘法等方式进行采样，均匀随机采取15~20个采样点的土壤。将这些采样点的土壤充分混合后，摊在塑料布上，将大块的样品碾碎、混匀，摊成圆形，在中间划"十"字将其分成四份，然后用对角线法去掉两份，重复多次，直至达到样品要求重量（试验、示范田基础样2kg，一般农化样1kg）即可。取样时要避开路边、田埂、沟边、肥堆等特殊区域；编号，并填写好采样登记簿及内外标签，检查三者的一致性，确认后再进行下一样品的采集。

3.2 样品分析与质量控制

3.2.1 样品分析

1. 样品预处理

样品采集后，及时送到土肥站前处理室，摊放于专门用于晾晒土样的风干盘中，剔除石子、草根等其他杂物，有序堆置于风干架上，风干待磨。对于不能及时送到前处理室的样品，应及时在通风、干燥、避光的地方摊开于塑料膜或簸箕上，风干后及时送到土肥站前处理室。对样品进行磨制：将风干后的样品平铺在制样板上，用木棍或塑料棍碾压，并将植物残体、石块等侵入体和新生体剔除干净，细小已断的植物须根可采用静电吸附的方法清除。压碎的土样要全部通过2mm孔径筛。未过筛的土粒必须重新碾压过筛，直至全部样品通过2mm孔径筛。过2mm孔径筛的土样可供pH、盐分、交换性能及有效养分项目的测定。

将通过 2mm 孔径筛的土样用四分法取出一部分继续碾磨，使之全部通过 0.25mm 孔径筛，供有机质、全氮、碳酸钙等项目的测定，对应好标签，将样品磨制好后，装入测土配方施肥专用样品袋，转入化验室的样品贮藏室，按各镇（乡）编号顺序有规律地摆放，待测。

2. 样品制备

①风干：将田间采集的土壤摊平，放在无污染的塑料薄膜上风干。剔除植物残体、砂砾石块等侵入体和新生体。干燥期间注意防尘，避免直接暴晒。②磨碎与过筛：用机械粉碎机制样，通过 0.25mm 孔径筛。③混匀：把通过 0.25mm 孔径筛的土壤样品全部置于无污染的搅拌器内（如混凝土搅拌机或 BB 肥混合器）搅拌，直至搅拌均匀，搅拌时间根据土样数量和搅拌器性能而定。将混匀的样品全部分装到塑料瓶中（样重约 1kg）备用。④定值：按检测要求将一定量的样品分发至 8 个以上条件良好的实验室，同一项检测用统一的方法进行测试分析，结果经整理统计后，得到平均值和标准差。

3. 样品化验分析

花溪区耕地地力项目仪器设备由贵州省农业农村厅以统一招投标方式采购，包括火焰分光光度计、原子吸收分光光度计、定氮仪、纯水机、电脑、冰箱、空调机、酸度计、分析天平和土样储藏柜。化验用器皿数十套，建成县级布局规范、设备仪器配套的土壤农化分析室一个，基本保证了项目化验所需，为花溪区耕地地力项目样品分析测试工作的开展打下良好基础。

按照《土壤农业化学分析方法》[①]中的化验方法，化验分析土壤样品的有机质、全氮、碱解氮、速效钾、有效磷、有效硼等化学指标。

3.2.2 质量控制

1. 实验室建设

1）实验室布局

实验室使用面积 420m^2，请专家设计并改造装修，由样品处理室、样品保存室、天平室、试剂室、恒温室、制水室、原子吸收室、极谱计室、消化室、电热室、分析室、浸提室、贮藏室等组成。其中样品处理室、恒温室、制水室、原子吸收室、极谱计室、消化室、电热室等均设有上下水管线，配置防溅洒防护装置，如洗眼器、淋浴喷头等，在恒温室、极谱计室、原子吸收室、分析室、浸提室均配有电脑和空调。

另外，在化验室外，设有土样风干室和制样室。土样风干室一般情况下采取自然通风，在冬季或雨季时采用远红外加热设备，但室温不超过 40℃。样品研磨时，进行强制通风、除尘。

---

① 鲁如坤，2000. 土壤农业化学分析方法. 北京：中国农业科技出版社.

样品保存室用于存放样品和参比样，对土壤样品进行长期保存。

分析室用于放置原子吸收分光光度计（强排风）、火焰光度计（强排风）、紫外-可见分光光度计、酸度计等仪器及分析操作使用。

浸提室用于样品浸提、稀释、显色等。

贮藏室是贮藏备用化学试剂和仪器设备、备件等的场所。普通物品的贮藏室可以布置在实验室旁，但需要独立为一间。危险品的贮藏室设于大楼以外，主要用于存放少量易燃、易爆和剧毒危险品并加强了防渗、防爆、防盗措施。

2）环境

实验室的标准温度为20℃，一般检测间及试验间的温度控制在（20±5）℃，线值计量标准间为（20±2）℃。

实验室内的相对湿度一般保持在50%～70%。

实验室的噪声、防震、防尘、防腐蚀、防磁与屏蔽等方面的环境条件，控制在符合在室内开展的检定项目的检定规程，计量标准器具及计量检测仪器设备对环境条件的要求内。室内采光根据不同检定工作和计量检测工作而进行实时调节。

实验室每天工作结束后要进行清理，定期擦拭仪器设备，仪器设备使用完后应将器具及其附件摆放整齐，盖上仪器罩或防尘布。一切用电的仪器设备使用完毕后均应切断电源。

非实验室人员未经同意不得进入实验室内。经同意进入的人员在人数上应严格控制，以免引起室内温度、湿度的波动变化。

实验室有专人负责本室内温、湿度情况的记录。在有空调和除湿设备的室内不随便开启门窗，指定专人负责操作空调设备或除湿机。室内温、湿度情况记录由各计量、实验室保存。

实验室样品检测的废液、废水等有害物质都应进行专门处理和回收，以免对周围环境产生不利影响。

3）仪器设备

实验室采购了下列仪器设备：火焰光度计、原子吸收分光光度计、定氮仪、纯水机、酸度计、分析天平、土样储藏柜、振荡机、电热干燥箱、电导仪和计算机等。

4）人员配置

组建测土配方施肥土壤测试中心后，在农业系统抽调了专业素质较高、责任心较强的干部，组建了测土配方施肥化验队伍。在开展化验前，组织化验人员在贵州大学学习专业化验知识，并多次从贵州大学请专业教师来花溪区对化验人员进行系统培训，提高了化验人员的业务能力和素质。经培训后，这支队伍已完全具备完成测土配方施肥样品化验的能力。

2. 实验室内部质量控制

1）标准溶液的配制与校准

标准溶液分为元素标准溶液和标准滴定溶液两类。严格按照国家有关标准进行配制、使用和保存。

2）空白试验

空白值的大小和分散程度，影响着方法的检测限和结果的精密度。影响空白值的主要因素有纯水质量、试剂纯度、试液配制质量、玻璃器皿的洁净度、精密仪器的灵敏度和精密度、实验室的清洁度、分析人员的操作水平和经验等。空白试验一般平行测定的相对差值不大于 50%，同时，通过大量的试验，逐步总结出各种空白值的合理范围。每个批次测试及重新配置药剂时都需重新增加空白试验。

3）精密度控制

精密度采用平行测定的允许差来控制。一般情况下，20%土壤样品做平行测试。在10个样品以下的测定，所有样品都要做平行测试。

平行测试结果符合规定的允许差，最终结果以其平均值报出，如果平行测试结果超过规定的允许差，需再加测一次，取符合规定允许差的测定值报出。如果多组平行测试结果超过规定的允许差，应考虑整批重做。

4）准确度控制

准确度一般采用标准样品作为控制手段。每批样品或每50个样品加测标准样品一个，其测试结果与标准样品标准值的差值，控制在标准偏差（S）范围内。

采用参比样品的控制与标准样品控制一样，但首先要与标准样品校准。在土壤测试中，一般用标准样品控制微量分析，用参比样品控制常量分析。如果标准样品（或参比样品）测试结果超差，则对整个测试过程进行检查，找出超差原因再重新工作。

5）干扰的消除或减弱

①利用氧化还原反应，使试液中的干扰物转化为不干扰的形态；②加入络合剂掩蔽干扰离子；③采用有机溶剂的萃取及反萃取消除干扰；④采用标准加入法消除干扰。

6）其他措施

（1）复现性控制。①室内互检：安排同一实验室不同人员进行双人比对；②室间外检：分送同一样品到不同实验室，按同一方法进行检测；③方法比对：对同一检测项目，选用具有可比性的不同方法进行比对。

（2）检测结果的合理性判断。①土壤元素（养分含量）的空间分布规律，主要是不同类型、不同区域的土壤背景值和土壤养分含量范围；②土壤元素（养分含量）的垂直分布规律，主要是土壤元素（养分含量）在不同海拔或不同剖面层次的分布规律；③土壤元素（养分含量）与成土母质的关系；④土壤元素（养分含量）与地形地貌的关系；⑤土壤元素（养分含量）与利用状况的关系。

检测结果的合理性判断，只能作为复验或外检的依据，而不能作为最终结果的判定依据。

3. 实验室间的质量控制

实验室间的质量控制是一种外部质量控制，可以发现系统误差和实验室间数据的可比性，还可以评价实验室间的测试系统和分析能力，是一种有效的质量控制方法。

实验室间质量控制是由土肥站统一发放质量控制样品，统一编号，确定分析项目、分析方法及注意事项等，各实验室按要求时间完成并报出结果，主管单位根据考核结果给出优秀、合格、不合格等能力验证结论。

3.3 耕地资源信息数据库

3.3.1 数据库建立标准

1. 属性数据采集标准

按照测土配方施肥数据字典建立属性数据的采集标准。采集标准包含对每个指标完整的命名、格式、类型、取值区间等定义。在建立属性数据库时要按数据字典要求，制订统一的基础数据编码规则，进行属性数据录入。

2. 空间数据采集标准

县级地图采用 1∶5 万地形图作为空间数学框架基础。
投影方式：高斯-克吕格投影，6 度分带。
坐标系及椭球参数：西安 80/克拉索夫斯基。
高程系统：1985 年国家高程基准。
野外调查 GPS 定位数据：初始数据采用经纬度，统一采用 WGS-84 坐标系，并在调查表格中记载；装入 GIS 系统与图件匹配时，再投影转换为上述直角坐标系坐标。

3.3.2 数据库建立方法

开展耕地地力评价依赖于大量的标准化数据，这些数据不仅来源于测土配方施肥的野外调查、农户调查、土壤测试和田间试验结果，还来源于第二次全国土地调查成果，以及近 20 年来各地开展的土壤养分调查、土壤监测、地力调查与质量评价、田间试验等，需对这些数据进行收集整理，并依据一定的规范建立标准化的属性数据库和空间数据库。

1. 属性数据库建立

属性数据库的内容包括田间试验示范数据、土壤与植物测试数据、田间基本情况及农户调查数据等。属性数据库的建立应独立于空间数据，按照数据字典要求在结构化查询语言（structured query language，SQL）、Microsoft Office Access 等数据库中建立。

2. 空间数据库建立

空间数据库的内容包括土壤图、地形图、土地利用现状图（第二次全国土地调查数据）、行政区划图（最新）、采样点位图等。应用 GIS 软件，采用扫描后屏幕数字化的方式录入。图件比例尺为 1∶5 万。

3.3.3 评价单元的确定及各评价因素的录入

1. 评价单元的确定

通过对土壤图、土地利用现状图（第二次全国土地调查数据）和行政区划图矢量化后，人工叠加相交生成耕地土壤评价单元图。花溪区 35620.22hm² 耕地，划分为 30233 个耕地土壤评价单元。

2. 土壤采样点的录入

根据花溪区土壤样品采集方案，全区土壤样品采集总数为 3000 个。由于 2012 年土壤样品采集分析时间最晚，本次耕地地力评价录入土壤样品总数为 2371 个。

3. 评价因素的录入

在评价单元图内统计采样点，如果一个单元内有一个采样点，则该单元的数值就用该点的数值。

如果一个单元内有多个采样点，则该单元的数值可采用多个采样点的平均值（数值型取平均值，文本型取多数同样本值或中间样本值，下同）。

如果某一单元内没有采样点，则该单元的值可用与该单元邻近同土种（贵州土种）的单元的值代替。

如果某一单元内没有采样点，并且没有同土种单元邻近，或邻近同土种单元也没有数据，则用该单元所在村的同土种有值的所有单元的平均值代替。如果该单元所在村也没有同土种的单元，则用该单元所在乡的同土种有值的所有单元的平均值代替。如果该单元所在乡也没有同土种的单元，则用花溪区的同土种有值的所有单元的平均值代替。

3.3.4 数据库的质量控制

1. 属性数据质量控制

数据录入前应仔细审核，数值型资料应注意量纲、上下限，地名应注意汉字多音字、繁简体、简全称等问题，审核定稿后再录入。为保证数据录入准确无误，录入后还应逐条检查。

2. 图件数据质量控制

扫描影像能够区分图中各要素，若有线条不清晰的情况，需重新扫描。

扫描影像数据经过角度纠正，纠正后的图幅下方两个内图廓点的连线与水平线的角度误差不超过 0.2°。

公里网格线交叉点为图形纠正控制点，每幅图应选取不少于 20 个控制点，纠正后控制点的点位绝对误差不超过 0.2mm（图面值）。

矢量化：要求图内各要素的采集无错漏现象，图层分类和命名符合统一的规范，各要素的采集与扫描数据相吻合，线划（点位）整体或部分偏移的距离不超过 0.3mm（图面值）。

所有数据层具有严格的拓扑结构。面状图形数据中没有碎片多边形。图形数据及属性数据的输入正确。

3. 图件输出质量要求

图须覆盖整个辖区，不得丢漏。

图中要素必有项目包括评价单元图斑、各评价要素图斑和调查点位数据、线状地物、注记。要素的颜色、图案、线型等表示符合规范要求。

图外要素必有项目包括图名、图例、坐标系及高程系说明、成图比例尺、制图单位全称、制图时间等。

3.3.5 数据库图件编制

此次测土配方施肥的耕地地力评价过程中，花溪区采集土壤样品3000个（用于耕地地力评价2371个），对每一个土壤样品进行了分析化验，化验项目包括pH、有机质、全氮、碱解氮、有效磷、速效钾、缓效钾，其中，pH、有机质、碱解氮、有效磷、速效钾为评价因子参与耕地地力评价；同时，还收集了最新的花溪区行政区划图、最新的土地利用现状图、第二次全国土地调查的县土壤图和1∶10000的地形图，在此基础上，将这些数据进行数字化，并建立了花溪区耕地资源管理信息系统。

第4章 耕地立地条件与农田基础设施建设

以第二次全国土地调查的土地利用现状图和2011年花溪区土地利用现状变更图为基础，经图件矢量化后，本次统计耕地面积为35620.22hm²，与第二次全国土地调查资料的耕地面积35122.33hm²和花溪区2011年统计年鉴耕地面积35565hm²相差较大。为能对应图斑，本次耕地地力评价采用第二次全国土地调查中的耕地统计面积，即35620.22hm²，作为统计及评价基础。

4.1 立地条件状况

4.1.1 地形地貌

根据表4.1统计所示。花溪区的耕地主要分布于丘陵和平坝，其中分布于丘陵的耕地面积为18658.36hm²，占总耕地面积的52.38%；分布于平坝的耕地面积为6910.79hm²，占总耕地面积的19.40%。所以，受地形地貌影响，花溪区自明代以来都是重要的粮食、蔬菜生产区。

表4.1 不同地形地貌区域土壤面积统计表

地形部位	面积/hm²	比例/%
丘陵	18658.36	52.38
平坝	6910.79	19.40
中山	3282.21	9.21
低中山丘陵	2675.61	7.51
低中山沟谷	2100.98	5.90
丘谷盆地	1016.48	2.86
台地	975.79	2.74
全区耕地总面积	35620.22	100.00

4.1.2 海拔

花溪区耕地分布于海拔1150～1300m区域的面积最大，其面积为22176.11hm²，占全区耕地面积的62.26%；分布于海拔小于或等于1150m区域的面积为8252.90hm²，占全区耕地面积的23.17%；分布于海拔1300～1450m区域的面积为3834.49hm²，占全区耕地面积的10.76%；分布于海拔1450～1600m区域的面积为1355.27hm²，占全区耕地面积的

3.80%；分布于海拔 1600m 以上区域的面积只有 1.45hm²。由此可见，花溪区耕地主要分布在 1000～1300m 这个中海拔区域。具体分布状况见表 4.2。

表 4.2　不同海拔区域土壤面积统计表

海拔/m	面积/hm²	比例/%
≤1000	0.00	0.00
1000～1150	8252.90	23.17
1150～1300	22176.11	62.26
1300～1450	3834.49	10.76
1450～1600	1355.27	3.80
>1600	1.45	0.00
全区耕地总面积	35620.22	99.99

4.1.3　坡度

花溪区山脉水系的展布均受地质构造与现代地貌作用的控制，形成以低中山丘陵为主的丘原地貌。全区以丘陵地貌和山地地貌为主，占全区总土地面积的 57.86%。

全区耕地大多数耕地处于坡度在 25°及以下的山地缓坡地带，面积为 34145.37hm²，占全区耕地总面积的 95.86%；其中分布在坡脚、坡腰部区域（坡度 6°～15°）的耕地较多，面积为 15374.61hm²，占全区耕地总面积的 43.16%；分布在平坝、槽谷、盆地区域（坡度 0°～6°）的耕地，面积为 11548.29hm²，占全区耕地总面积的 32.42%；分布在坡度 15°～25°区域的耕地较少，面积为 7222.47hm²，占全区耕地总面积的 20.28%。具体分布状况见表 4.3。

表 4.3　不同坡度区域耕地面积统计表

坡度	面积/hm²	比例/%
0°～2°	2507.73	7.04
2°～6°	9040.56	25.38
6°～15°	15374.61	43.16
15°～25°	7222.47	20.28
>25°	1474.85	4.14
全区耕地总面积	35620.22	100.00

4.1.4　降水量

根据表 4.4 统计可知，花溪区降水量丰沛，区内大多数耕地所处区域的年均降水量在

1100～1200mm。年均降水量在 1140～1180mm 区域的耕地面积为 23059.86hm², 占全区耕地总面积的 64.74%; 年均降水量在大于 1200mm 区域的耕地面积为 2044.08hm², 占全区耕地总面积的 5.74%。

花溪区降水量总量较充沛, 但存在时间和空间上的分配不均。花溪境内降水量分布特点是: 地势较高地区雨量略偏多, 南部多于北部, 暴雨较多地区有磊庄、花溪、青岩等地。

表 4.4 不同降水量区域耕地面积统计表

年均降水量/mm	面积/hm²	比例/%
≤1100	0.00	0.00
1100～1140	6672.92	18.73
1140～1160	12072.51	33.89
1160～1180	10987.35	30.85
1180～1200	3843.36	10.79
>1200	2044.08	5.74
全区耕地总面积	35620.22	100.00

4.1.5 积温

花溪区热量资源较好, 气候温和, 冬夏气温日际变化和年际变化不剧烈, 除少数高山地区外, 湿度水平空间变化小。不同积温区域耕地面积统计如表 4.5 所示。

表 4.5 不同积温区域耕地面积统计表

≥10℃年积温/℃	面积/hm²	比例/%
3400～3650	11856.45	33.29
3650～3900	13777.55	38.68
3900～4150	6087.71	17.09
>4150	898.52	10.94
全区耕地总面积	35620.22	100.00

4.1.6 成土母质

成土母质是土壤形成的物质基础, 是构成土壤的骨架, 也是植物矿质营养元素的来源之一。不同的母岩母质所形成的土壤类型不同, 而成土后的土壤化学组成和物理性质也不一样。

白云岩、石灰岩坡残积物成土母质: 花溪区的中下三叠纪地层在本土区分布最广,以灰岩、白云质灰岩及薄层灰岩为主,以花溪、石板、麦坪、青岩比较典型。花溪区东西两翼出露三叠纪地层的范围,包括石板、麦坪以南,党武、新楼以北至孟关边界。产状变化较大,走西北西至北东,倾角平缓一般在 20°以下,三叠纪地层在孟关至青岩新哨一带狭长地区有出露,与向斜西翼相应。全区共有白云岩、石灰岩坡残积物成土母质的耕地面积 17414.97hm^2,占全区耕地面积的 48.89%。

砂页岩坡残积物成土母质:花溪区的二叠纪煤系地层,以砂页岩为主,分布范围亦较广泛,出现在石板、麦坪以北,黔陶、燕楼及青岩挖煤冲以南,孟关以东的边沿地带,马铃北部,黔陶赵司至小河坡以北。全区共有砂页岩坡残积物成土母质的耕地面积 3017.28hm^2,占全区耕地面积的 8.47%。

老风化壳成土母质:老风化壳成土母质又称第四纪红色黏土母质,一般厚达数米。因形成母质年代久,原生矿物已风化形成次生矿物,因此质地黏重,酸性较强,在一米以下常见铁锰结核或铁盘,发育的土壤有硅铁质黄壤、黄泥田土等,这类母质发育的土壤有机质及矿质养分贫乏,自然肥力低。此类成土母质主要分布在丘陵地区,如花溪的桐木岭、砖瓦厂、尖山及湖潮一带,党武的果洛、茅草等地。全区共有老风化壳成土母质的耕地面积 12797.66hm^2,占全区耕地面积的 35.93%。

溪、河流冲积物成土母质:由河流携带的泥沙和碎屑堆积于河流两岸的母质,这类母质形成的土壤质地轻,土层深厚,土壤肥沃。全区共有溪、河流冲积物成土母质的耕地面积 1910.01hm^2,占全区耕地面积的 5.36%。

紫色砂页岩坡残积物成土母质:侏罗纪以紫色砂岩及页岩为主,分布于陈亮河的两岸,包括贵筑街道、陈亮片区,走向近于南北,但在杨梅寨一带向斜南端约呈北西走向。全区共有紫色砂页岩坡残积物成土母质的耕地面积 465.17hm^2,占全区耕地面积的 1.31%。

泥灰岩坡残积物成土母质:泥质灰岩除含少量碳酸钙外,主要是黏土,易于风化,形成的土壤胶性重,透水透气性差,含钙少,易转化为地带性土壤。这种母质在全区零星分布。全区共有泥灰岩坡残积物成土母质的耕地面积 15.13hm^2,占全区耕地面积的 0.04%(表 4.6)。

表 4.6 花溪区不同成土母质耕地面积统计表

成土母质	面积/hm^2	比例/%
白云岩、石灰岩坡残积物	17414.97	48.89
砂页岩坡残积物	3017.28	8.47
老风化壳	12797.66	35.93
溪、河流冲积物	1910.01	5.36
紫色砂页岩坡残积物	465.17	1.31
泥灰岩坡残积物	15.13	0.04
全区耕地总面积	35620.22	100.00

4.2 农田基础设施

4.2.1 水利设施

1. 农业灌溉水利工程建设

为切实加强农村水利工作，使农田水利设施得到加强和夯实，花溪区政府大力拓宽水利建设资金渠道，将资金投入病险水库除险加固、山塘整修、引水灌溉渠道防渗修复、提灌站检修和人饮水安全问题等工程，水库、山塘的蓄水保水创历史新水平，为农业灌溉提供了有力保障。

2. 饮水安全工程

在实施"百村人饮""渴望工程""解困工程"的基础上，实施覆盖所有缺水农村的饮水安全项目。已解决多人饮水安全问题，基本实现群众从吃水困难、能吃上水到吃上安全水目标的转变。

3. 加强农田水利基本建设

受地形和气候的影响，缺水、干旱是花溪区农业生产中最大的限制因素。为了改变这种状况，除充分发挥现有水利工程的作用，科学灌溉、节约用水外，还应该处理好工程水库、森林水库和土壤水库三者之间的辩证关系，进行综合治理。花溪区地形破碎，应以小型水利工程为主，并以蓄为主。对已建的水利工程，应抓好配套完善；对病、险库及渠系渗漏，要做好岁修工作，以提高现有工程效益。应提高水整田质量，加高加厚田坎，以增强稻田的抗旱能力。应根据花溪区水利农电规划，积极做好各项规划工程勘测设计的前期工作，要积极发展旱地作物灌溉，加强水浇地的建设。

4.2.2 农业设施

2000—2011年，花溪区共建成沼气池19770口，各级财政共计投入0.55亿元；共计完成烟水配套工程10万立方米，累计投入2500万元；全区到2009年底，耕整机发展到258台，机耕面积达2.65万亩；拥有农用运输车587台，农用载重汽车125辆，大型拖拉机56台，小型拖拉机87台；水轮泵等排灌机械1548台（套），动力1.1万千瓦；粮食、油料等农副产品加工机具8549台（套），动力1.43万千瓦；机动脱粒机等半机械化农机具1542台；喷雾30机、喷粉机等植保机械25894部，全区水稻、玉米、油菜、蔬菜、水果等主要农作物病虫害防治面积达到95%以上。

4.2.3 生态环境建设

为实现"创建生态文明县"的发展目标，截至2010年秋，全区累计实施退耕还林18万亩、天然林保护工程 22.5 万亩、石漠化治理 8 万亩。另外，以印江至梵净山公路沿线为典型的生态旅游景观绿化建设达 1000 余亩，栽植冬桃、金银花、银杏、竹、核桃等经果林及观赏树苗达 11 万多株。

控制新建项目污染总量，对木黄肉牛养殖基地等 8 个建设项目进行了环评审批。建成了日处理规模 5000 吨的城市污水处理厂。加强绿色和谐矿区建设，以梵净山金顶水泥厂生产和加工为重点的矿山环境恢复治理取得显著成效，矿区生态环境逐步改善。

4.2.4 水土保持

1. 组织措施

花溪区在多个乡（镇、街道）设立了水土保持专职监督员和管护员，构建了县、乡、村三级水土保持监督管护网络；开展水土保持执法队伍建设及执法人员培训，全区共有水土保持专职监督员 34 人、管护员 17 人，持有水利部颁发的"行政执法证"的专职执法人员 20 人，同时加强对《中华人民共和国水法》《中华人民共和国水土保持法》等有关法律法规的培训工作；通过印发宣传挂历、悬挂标语和举办电视讲座等方式开展水利法律法规宣传活动，宣传普及率达 85%以上。严格审批制度，聘请专职管护人员对县域饮水安全进行管护，强化开发建设项目水土保持监督执法等，使水利工程及其环境保护纳入法治化轨道。

2. 项目改造

近年来，花溪区水利等部门多方筹集资金，针对花溪区车家河、印江河、洋溪河等沿河地区水土流失量大、耕地砂化严重的情况，认真组织实施小流域治理工程项目，实施退耕还林、种草养畜、土壤改良等措施，治理水土流失面积 124km^2。

4.2.5 退耕还林

2000—2011 年以来，花溪区林业、农业、水利等有关部门通过发展经果林项目，累计完成退耕还林面积 18 万多亩。

第 5 章　耕地地力评价

5.1　耕地地力评价依据

1. 法律法规

《中华人民共和国农业法》；
《中华人民共和国土地管理法》；
《中华人民共和国土地管理法实施条例》；
《中华人民共和国基本农田保护条例》；
《中华人民共和国农村土地承包法》；
《贵州省土地管理条例》；
《贵州省基本农田保护条例》。

2. 政策文件

《农业部关于印发＜测土配方施肥技术规范（试行）修订稿＞的通知》（农农发〔2006〕5号）；
《测土配方施肥补贴项目验收暂行办法》（农农发〔2006〕8号）；
《农业部办公厅关于做好耕地地力评价工作的通知》（农办农〔2007〕66号）；
《农业部关于进一步加强测土配方施肥项目管理工作的通知》（农农发〔2009〕6号）；
《关于做好测土配方施肥项目临田验收的通知》（黔农发〔2009〕38号）；
《农业部办公厅、财政部办公厅关于印发＜2010年全国测土配方施肥补贴项目实施指导意见＞的通知》（农办财〔2010〕47号）；
《关于印发＜贵州省2010年主要农作物科学施肥指导方案＞的通知》（黔农办发〔2010〕77号）；
《关于做好耕地地力调查项目验收前工作的通知》（黔农（土壤肥料）〔2010〕12号）。

3. 技术标准

《全国中低产田类型划分与改良技术规范》（NY/T 310—1996）；
《全国耕地类型区、耕地地力等级划分》（NY/T 309—1996）；
《测土配方施肥技术规范》（NY/T 1118—2006）；
《肥料合理使用准则　通则》（NY/T 496—2010）；
《肥料效应鉴定田间试验技术规程》（NY/T 497—2002）；

《耕地地力调查与质量评价技术规程》（NY/T 1634—2008）；
《耕地质量验收技术规范》（NY/T 1120—2006）；
《肥料和土壤调理剂 术语》（GB/T 6274—2016）；
《农用地定级规程》（GB/T 28405—2012）；
《耕地地力调查与质量评价及测土配方施肥技术应用手册》（2005）；
《土地质量评价与地力调查及耕地质量验收标准实用手册》（2006）；
《贵州省测土配方施肥项目测产验收办法》（2009）。

4. 相关基础资料

《花溪区综合农业区划》（1989）；
《花溪区土壤普查报告》（1984）；
《花溪区统计年鉴》（2006—2011年）；
《花溪区行政区划图》；
《花溪区地形图》；
《花溪区土地利用现状图》（第二次全国土地调查数据）；
《花溪区土壤图》。

花溪区农业局土肥站提供的花溪区测土配方施肥采样地块基本情况调查结果、测土配方施肥田间试验结果、测土配方施肥田间示范结果、农户施肥情况调查结果、测土配方施肥土壤测试结果、测土配方施肥植物测试结果等相关基础资料。

5.2 耕地地力评价原理与方法

5.2.1 耕地地力评价的基本原理

耕地地力是指耕地作为农业生产中一种最基本的生产资料，其自然要素在农产品生产中所表现出来的潜在生产能力。耕地地力评价大体可分为以气候要素为主的潜力评价和以土壤要素为主的潜力评价。在一个较小范围（如县域）内，气候要素变化不明显，处于相对一致的状态，耕地地力评价可以根据所在地的土壤养分、土壤理化性状、成土母质、灌溉条件、地貌类型等要素相互作用表现出来的综合特征，研究耕地潜在生物生产力的高低。

耕地地力评价可用以下两种方法来表达：

一是用单位面积产量来表示，如果以 Y 代表作物单位面积产量，X_1、$X_2 \cdots X_n$ 代表各参评因子的参量，则有

$$Y = f(X_1, X_2, \cdots, X_n) \tag{5.1}$$

式（5.1）一般可表示为：$Y = F(C \cdot A \cdot S)$，其中 C 代表作物状态集，A 为气候环境变量集，

S 为土壤环境变量集。该方法的优点是一旦上述函数关系成立，就可以根据调查点自然参评因子的参量估算作物的单位面积产量。但是，在生产实践中，很多因子是不可控和易变的，除了耕地的自然要素外，单位面积产量还因耕种者的技术水平、经济能力的差异有很大变化。

耕地地力评价的另一种表示方法是用耕地地力综合指数（integrated fertility index，IFI）来表示，其关系式为

$$\text{IFI} = b_1X_1 + b_2X_2 + \cdots + b_nX_n \tag{5.2}$$

式（5.2）中，X 为耕地自然属性（参评因素）；b 为该参评因素对耕地地力的贡献率，可采用层次分析法或专家评估法求得。根据 IFI 的大小及其组成，不仅可以了解耕地地力的高低，而且可以揭示影响耕地地力的障碍因素及其影响程度。采用合适的方法，也可以将 IFI 值转换为单位面积产量，从而更直观地反映耕地的真实地力水平。

5.2.2 技术路线

根据土壤学、地质学、植物学、规划学和信息系统等相关学科知识，对耕地地力评价的技术路线进行了设计（图 5.1）。

5.2.3 指标

1. 选择的原则

耕地地力评价实质是评价地形地貌、土壤理化性状等自然要素对农作物生长限制程度的强弱。选取评价指标时应遵循以下几个原则。

（1）必须对耕地地力有较大的影响。
（2）在评价区域内应有较大的变异。
（3）在时间序列上应具有相对的稳定性。
（4）与评价区域的大小有密切的关系。
（5）要考虑当地的自然地理特点和社会经济发展水平。
（6）定性与定量相结合。
（7）必须有很好的操作性和实际意义。

2. 指标

根据地力评价指标的选择原则和花溪区自然条件情况，经过在多次会议上专家的讨论，最终选择了坡度、耕层厚度和有机质等 11 个指标对花溪区耕地进行地力评价，具体指标见表 5.1。

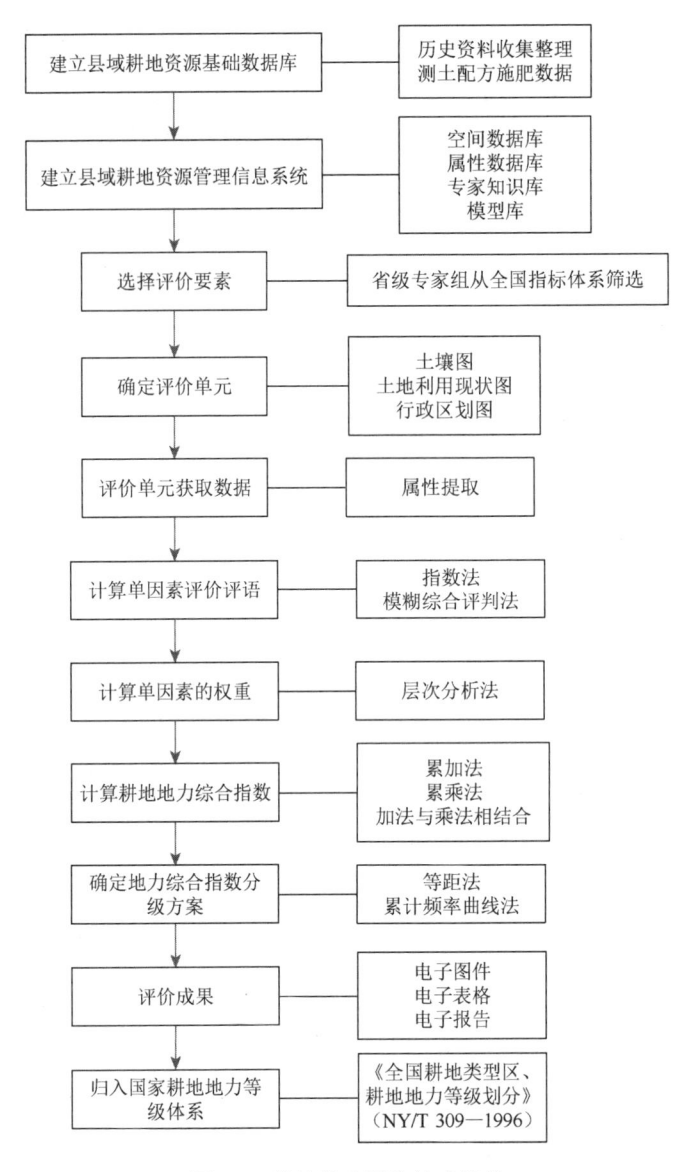

```
建立县域耕地资源基础数据库 ── 历史资料收集整理
                                测土配方施肥数据
            ↓
建立县域耕地资源管理信息系统 ── 空间数据库
                                属性数据库
                                专家知识库
                                模型库
            ↓
选择评价要素 ── 省级专家组从全国指标体系筛选
            ↓
确定评价单元 ── 土壤图
                土地利用现状图
                行政区划图
            ↓
评价单元获取数据 ── 属性提取
            ↓
计算单因素评价评语 ── 指数法
                      模糊综合评判法
            ↓
计算单因素的权重 ── 层次分析法
            ↓
计算耕地地力综合指数 ── 累加法
                        累乘法
                        加法与乘法相结合
            ↓
确定地力综合指数分级方案 ── 等距法
                            累计频率曲线法
            ↓
评价成果 ── 电子图件
            电子表格
            电子报告
            ↓
归入国家耕地地力等级体系 ── 《全国耕地类型区、
                              耕地地力等级划分》
                              (NY/T 309—1996)
```

图 5.1　耕地地力评价技术路线

表 5.1　花溪区耕地地力评价指标表

土体构型	理化性状	立地条件
剖面构型	耕层质地	成土母质
耕层厚度	速效钾	灌溉能力
	有效磷	地形部位
	有机质	海拔
		坡度

(1) 剖面构型：剖面构型也称土体构型，是指土体内不同质地土层的排列组合。土体构型对土壤水、肥、气、热等肥力和水盐运动有着重要的制约和调节作用。良好的剖面构型是土壤肥力的基础，特别是对于水田而言，不同的剖面构型表明了水田不同的障碍因素。花溪区耕地土壤共有18种剖面构型，其中旱地有6种，水田有12种。

(2) 耕层厚度：耕层是指经耕种熟化的表土层。其养分含量比较丰富，作物根系最为密集，耕层常受农事活动干扰和外界自然因素的影响。耕层厚度一定程度上反映了土壤的熟化程度和耕作管理水平。花溪区耕地土壤的耕层厚度在10～25cm。

(3) 耕层质地：土壤质地是指土壤中不同大小直径的矿物颗粒的组合状况。土壤质地状况是拟定土壤利用、管理和改良措施的重要依据。肥沃的土壤要求耕层质地良好，有利于土壤通气、保肥、保水及耕作操作。花溪区耕地耕层质地主要有黏壤土、砂质黏壤土、壤土、黏土、砂土及壤质砂土、砂质黏土、砂质壤土、粉砂质黏壤土和粉砂质壤土。

(4) 有机质：有机质是指存于土壤中的所有含碳的有机物质，包括土壤中各种动、植物残体，微生物体及其分解和合成的各种有机物质。土壤有机质是作物所需养分的主要来源，能够促进土壤结构形成，改善土壤物理性质，提高土壤的保肥能力和缓冲性能。同时，土壤有机质与土壤中的氮素具有很好的相关性，土壤有机质的高低可以在一定程度上反映土壤中氮素的含量。花溪区耕地土壤有机质含量在1.60～89.40g/kg。

(5) 有效磷：磷素是一切植物所必需的营养元素，是植物所需的三大元素之一。磷素是构成核蛋白磷脂和植素等不可缺少的组分，参与植物内糖类和淀粉的合成和代谢。磷素可以促进农作物更有效地从土壤中吸收养分和水分，增进作物的生长发育，提早成熟，增多穗粒，籽实饱满，提高谷物、块根作物的产量。同时，它还可以增强作物的抗旱和耐寒性，提高块根作物中糖和淀粉的含量。有效磷，也称为速效磷，包括全部水溶性磷、部分吸附态磷及有机态磷，是土壤中可被植物吸收的磷组分。花溪区耕地土壤有效磷含量在0.10～79.90mg/kg。

(6) 速效钾：钾素是作物生长必需的营养元素，是植物的三大元素之一。钾素可以促进纤维素的合成，使作物生长健壮，茎秆粗硬，增强对病虫害和倒伏的抵抗能力；促进光合作用，能增加作物对二氧化碳的吸收和转化；促进糖和脂肪的合成，能提高产品质量；调节细胞液浓度和细胞壁渗透性，能提高作物抗病虫害、抗干旱和抗寒能力。土壤中钾素按植物营养有效性可分为无效钾、缓效钾和速效钾。速效钾以钾离子形式存在于土壤溶液中或吸附在带负电荷胶体的表面，是能被植物直接吸收利用的钾。花溪区耕地土壤速效钾含量在33.00～498.00mg/kg。

(7) 灌溉能力：农田灌溉是指按照作物生长的需要，利用水利工程设施将水送到田间，以补充农田水分的人工措施。灌溉能力的强弱是决定作物能否正常生长、能否抵抗自然灾害气候，以及影响作物产量高低的一个重要因素。花溪区耕地灌溉能力分为不需、保灌、能灌、可灌（将来可发展）和无灌（不具备条件或不计划发展灌溉）5个等级。

(8) 成土母质：成土母质是原生基岩经过风化、搬运、堆积等过程于地表形成的一层疏松、最年轻的地质矿物质层。成土母质是土壤形成的物质基础。母质因素在土壤形成上具有极重要的作用。它既是构成土壤矿物质部分的基本材料，又是植物矿质养分元素的来源。它能直接影响土壤的矿物组成和土壤颗粒组成,并在很大程度上支配着土壤的物理、化学性质,以及土壤生产力的高低。花溪区耕地土壤共有石灰岩坡残积物、砂页岩坡残积物、河流沉积物等18种成土母质。

(9)地形部位:成土过程中,地形是影响土壤和环境之间进行物质、能量交换的一个重要条件,地形通过影响母质、生物、气候等因素,间接影响土壤的发育。花溪区耕地地形主要有平地、台地、丘陵坡脚等17种地形部位。

(10)海拔:温度影响着矿物的风化和合成、有机物质的合成与分解。随着温度的升高,岩石矿物风化速率和土壤形成速率、风化壳和土壤厚度都会增加。但是由于花溪区各地积温数据不易收集,而海拔与积温又有很好的负相关性。因此,对于花溪区而言,采用海拔指标代替积温指标。花溪区耕地区域的海拔为1060.00~1698.20m。

(11)坡度:反映地表单元陡缓的程度。耕地坡度与机械化水平、土地耕作、水土保持以及土壤肥力等密切相关,是评价耕地质量高低的重要因素。花溪区耕地坡度分为0°~2°、2°~6°、6°~15°、15°~25°、25°以上等5个坡度级。

5.2.4 参评指标权重的确定

1. 指标权重的确定方法

参评因素权重的确定采用因素比较法进行计算。因素比较法是通过因素之间的两两比较,取得比值,再经过统计分析,求得因素权重的一种方法。若因素 x_i 与因素 y_i 比较, x_i 比 y_i 重要,比值为1;同等重要,比值为0.5; x_i 不如 y_i 重要,比值为0。假设评价已选取 m 个评价因素指标 $X(i=1, 2, \cdots, m)$,从中任选两个因素 $x_j(j=1, 2, \cdots, m)$ 和 x_k ($k=1, 2, \cdots, m$),进行比较,比较结果记为 α_{jk},产生比较矩阵:

$$\begin{bmatrix} \alpha_{11} & \alpha_{12} & \cdots & \alpha_{1m} \\ \alpha_{21} & \alpha_{22} & \cdots & \alpha_{2m} \\ \vdots & \vdots & & \vdots \\ \alpha_{m1} & \alpha_{m2} & \cdots & \alpha_{mm} \end{bmatrix}$$

根据比较矩阵,算得因素 x_j 的权重。

$$W_j = \frac{\sum_{k=1}^{m} \alpha_{jk}}{\sum_{j=1}^{m} \sum_{k=1}^{m} \alpha_{jk}}$$

2. 参评指标权重计算

采用层次分析法(analytic hierarchy process,AHP)和德尔菲法(Delphi method)计算花溪区耕地地力评价指标的单因素权重,其主要特点是:层次分析法可以把复杂问题中的各个因素按照相互之间的隶属关系排成从高到低的若干层次,根据对一定客观现实的判断,就同一层次相对重要性相互比较的结果,决定层次各元素重要性的先后顺序;德尔菲法能客观地综合多数专家的经验与主观判断的技巧。

首先对耕地地力评价因素构造层次结构。花溪区耕地地力评价指标体系根据专家组的讨论意见，从全国 64 个评价指标中选定 11 个要素作为参评因素，并根据各个要素间的关系构造了如表 5.2 所示的层次结构。

表 5.2　花溪区耕地地力评价指标体系

目标层	地力评价指标		
准则层	土体构型	理化性状	立地条件
指标层	剖面构型	耕层质地	成土母质
	耕层厚度	速效钾	灌溉能力
		有效磷	地形部位
		有机质	海拔
			坡度

为了确认耕地地力评价指标各参评因素的数量化评估，请专家组比较同一层次各因素对上一层次的相对重要性，专家们的初步评价结果经计算后再反馈给各位专家，经多轮讨论形成最终的判断矩阵，再通过计算得出各指标组合权重（表 5.3）。

表 5.3　花溪区耕地地力评价参评指标层次分析结果表

目标层		地力评价指标			
准则层		土体构型	理化性状	立地条件	组合权重
		0.1613	0.3891	0.4496	$\sum C_i A_i$
指标层	剖面构型	0.4000			0.0645
	耕层厚度	0.6000			0.0968
	耕层质地		0.1887		0.0734
	速效钾		0.2441		0.0950
	有效磷		0.2682		0.1043
	有机质		0.2990		0.1163
	成土母质			0.1021	0.0459
	灌溉能力			0.1964	0.0883
	地形部位			0.2061	0.0927
	坡度			0.2400	0.1079
	海拔			0.2555	0.1149

5.2.5　单因素评价指标的隶属度计算

根据模糊数学的理论，将选定的评价指标与耕地生产能力的关系分为戒上型函数、戒下型函数、峰型函数、直线型函数以及概念型 5 种类型的隶属函数。本次评价选用了戒上型、直线型和概念型 3 种函数模型。

戒上型函数模型：适用于有机质含量、速效钾含量和有效磷含量等指标。用德尔菲法对一组实测值评估出相应的一组隶属度，并根据这两组数据拟合隶属函数。

直线型函数模型：适用于耕层厚度和海拔等指标。用德尔菲法对一组实测值评估出相应的一组隶属度，并根据这两组数据拟合隶属函数。

概念型函数指标：适用于地形部位、成土母质、剖面构型和耕地质地，其描述是定性的、综合性的，与耕地生产能力之间是一种非线性的关系，从而可采用德尔菲法直接给出隶属度。由于花溪区的现状图采用全国第二次土地资源调查成果，每一个地块的坡度被赋予标准的坡度级（1 级为 0°～2°，2 级为 2°～6°，3 级为 6°～15°，4 级为 15°～25°，5 级为大于 25°），因此，对于坡度指标也采用概念型函数。

花溪区耕地地力评价各指标的隶属度见表 5.4。

表 5.4 花溪区耕地地力评价各指标的隶属度

编号	指标名称	函数类型	函数公式	a	b	上限 c	左下限 U_{t1}	右下限 U_{t2}	条件
1	速效钾	戒上型	$1/[1+a\times(u-c)^2]$	0.000127	0.005882	200	30	0	
2	有机质	戒上型	$1/[1+a\times(u-c)^2]$	0.003179	0.0225	40	6	0	
3	有效磷	戒上型	$1/[1+a\times(u-c)^2]$	0.002485	0.05	20	3	0	
4	耕层厚度	正直线型	$a+b\times u$	0.1667	0.0333	25	10	0	
5	海拔	负直线型	$a-b\times u$	2.98	0.0018	1100	1600	0	
6	地形部位	概念型	a	0.3	0	0	0	0	地形部位 = '中山坡顶'
7	地形部位	概念型	a	0.4	0	0	0	0	地形部位 = '低中山沟谷坡顶' or 地形部位 = '中山坡腰'
8	地形部位	概念型	a	0.5	0	0	0	0	地形部位 = '低中山沟谷坡腰' or 地形部位 = '低中山丘陵坡顶' or 地形部位 = '中山坡脚'
9	地形部位	概念型	a	0.6	0	0	0	0	地形部位 = '低中山沟谷坡脚' or 地形部位 = '低中山丘陵坡腰' or 地形部位 = '丘陵坡顶'
10	地形部位	概念型	a	0.7	0	0	0	0	地形部位 = '低中山丘陵坡脚' or 地形部位 = '丘谷盆地坡顶' or 地形部位 = '丘陵坡腰' or 地形部位 = '台地'
11	地形部位	概念型	a	0.8	0	0	0	0	地形部位 = '丘谷盆地坡腰' or 地形部位 = '丘陵坡脚'

第5章 耕地地力评价

续表

编号	指标名称	函数类型	函数公式	a	b	上限 c	左下限 U_{t1}	右下限 U_{t2}	条件
12	地形部位	概念型	a	0.9	0	0	0	0	地形部位 = '丘谷盆地坡脚'
13	地形部位	概念型	a	1	0	0	0	0	地形部位 = '平地'
14	成土母质	概念型	a	0.2	0	0	0	0	成土母质 = '受铁锈水污染的各种风化物'
15	成土母质	概念型	a	0.3	0	0	0	0	成土母质 = '变余砂岩/砂岩/石英砂岩等风化残积物'
16	成土母质	概念型	a	0.4	0	0	0	0	成土母质 = '砂岩坡残积物' or 成土母质 = '白云岩/石灰岩坡残积物'
17	成土母质	概念型	a	0.5	0	0	0	0	成土母质 = '灰绿色/青灰色页岩坡残积物' or 成土母质 = '酸性紫红色砂页岩/砾岩坡残积物'
18	成土母质	概念型	a	0.6	0	0	0	0	成土母质 = '泥灰岩坡残积物' or 成土母质 = '泥岩/页岩/板岩等坡残积物' or 成土母质 = '泥质白云岩/石灰岩坡残积物'
19	成土母质	概念型	a	0.7	0	0	0	0	成土母质 = '老风化壳/黏土岩/泥页岩/板岩坡残积物' or 成土母质 = '砂页岩风化坡残积物' or 成土母质 = '砂页岩坡残积物'
20	成土母质	概念型	a	0.8	0	0	0	0	成土母质 = '紫色砂页岩/紫色砂岩坡残积物' or 成土母质 = '酸性紫色砂页岩坡残积物'
21	成土母质	概念型	a	0.9	0	0	0	0	成土母质 = '湖沼沉积物' or 成土母质 = '中性/钙质紫色页岩坡残积物' or 成土母质 = '紫色泥页岩坡残积物'
22	成土母质	概念型	a	1	0	0	0	0	成土母质 = '河流沉积物' or 成土母质 = '溪/河流冲积物'
23	剖面构型	概念型	a	0.1	0	0	0	0	剖面构型 = 'M-G' or 剖面构型 = 'M-G-Wg-C'
24	剖面构型	概念型	a	0.2	0	0	0	0	剖面构型 = 'Aa-G-Pw' or 剖面构型 = 'A-AH-R' or 剖面构型 = 'Am-G-C'
25	剖面构型	概念型	a	0.3	0	0	0	0	剖面构型 = 'A-C'
26	剖面构型	概念型	a	0.4	0	0	0	0	剖面构型 = 'Aa-Ap-C' or 剖面构型 = 'Ae-APe-E/Ae-AP-E'
27	剖面构型	概念型	a	0.5	0	0	0	0	剖面构型 = 'A-AP-AC-R' or 剖面构型 = 'A-Ap-E'
28	剖面构型	概念型	a	0.6	0	0	0	0	剖面构型 = 'Aa-Ap-P-C/Aa-Ap-P-B'

续表

编号	指标名称	函数类型	函数公式	a	b	上限 c	左下限 U_{t1}	右下限 U_{t2}	条件
29	剖面构型	概念型	a	0.7	0	0	0	0	剖面构型 = 'Aa-Ap-P-C' or 剖面构型 = 'A-BC-C'
30	剖面构型	概念型	a	0.8	0	0	0	0	剖面构型 = 'Aa-Ap-Gw-G' or 剖面构型 = 'Aa-Ap-W-C/Aa-Ap-W-G'
31	剖面构型	概念型	a	0.9	0	0	0	0	剖面构型 = 'A-P-B-C'
32	剖面构型	概念型	a	1	0	0	0	0	剖面构型 = 'Aa-Ap-W-C' or 剖面构型 = 'A-B-C'
33	耕层质地	概念型	a	0.4	0	0	0	0	耕层质地 = '砂土及壤质砂土'
34	耕层质地	概念型	a	0.5	0	0	0	0	耕层质地 = '黏土'
35	耕层质地	概念型	a	0.6	0	0	0	0	耕层质地 = '砂质壤土'
36	耕层质地	概念型	a	0.7	0	0	0	0	耕层质地 = '粉砂质壤土'
37	耕层质地	概念型	a	0.8	0	0	0	0	耕层质地 = '壤土' or 耕层质地 = '砂质黏土'
38	耕层质地	概念型	a	0.9	0	0	0	0	耕层质地 = '粉砂质黏壤土' or 耕层质地 = '砂质黏壤土'
39	耕层质地	概念型	a	1	0	0	0	0	耕层质地 = '黏壤土'
40	灌溉能力	概念型	a	0.2	0	0	0	0	灌溉能力 = '无灌（不具备条件或不计划发展灌溉）'
41	灌溉能力	概念型	a	0.5	0	0	0	0	灌溉能力 = '可灌（将来可发展）'
42	灌溉能力	概念型	a	0.8	0	0	0	0	灌溉能力 = '能灌'
43	灌溉能力	概念型	a	0.9	0	0	0	0	灌溉能力 = '保灌'
44	灌溉能力	概念型	a	1	0	0	0	0	灌溉能力 = '不需'
45	坡度	概念型	a	1	0	0	0	0	坡度 = '1'
46	坡度	概念型	a	0.9	0	0	0	0	坡度 = '2'
47	坡度	概念型	a	0.7	0	0	0	0	坡度 = '3'
48	坡度	概念型	a	0.5	0	0	0	0	坡度 = '4'
49	坡度	概念型	a	0	0	0	0	0	坡度 = '5'

5.2.6 耕地地力评价等级划分

在耕地地力评价中，近年来的许多研究采用了模糊隶属度函数方法。这种方法建立在模糊数学的基础上，提供了几种隶属度函数对耕地地力指标进行标准化。目前，在耕地评价中经常采用的隶属函数包括戒下型、直线型、概念型。这些函数需要确定一些参数，确定参数的方法包括直接采用有关标准值、专家打分、通过田间试验拟合经验公式等方法。耕地地力评价指标标准化后，需要确定各项指标对总的耕地地力的权重，可以采用层次分析法确定。本次花溪区地力评价采用综合指数法，即 $IFI = b_1X_1 + b_2X_2 + \cdots + b_nX_n$。

根据花溪区农业局提供的数据，花溪区平坝、河流阶地等条件较好的耕地，周年粮食产量可以达到 10500～12000kg/hm² (700～800kg/亩)；而坡墧地、烂泥田等条件较差的耕地，周年粮食产量小于 4500kg/hm² (300kg/亩)。因此，将花溪区耕地地力分为六个等级。

将计算出的 IFI 值从小到大进行排列，做成一条反"("曲线。运用 Origin7.5 分析软件找出曲线由小到大的最大变化斜率，以此 IFI 值作为六等地与五等地的分界值；采用同样的方法，找出曲线由大到小的最大变化斜率，以此 IFI 值作为一等地与二等地的分界值；确定一等地和六等地的 IFI 分界值后，二、三、四、五等地采用等距划分中间 IFI 值的方法进行划定。

花溪区耕地地力评价结果，以 0.6400 为六等地最大值，0.9000 为一等地最小值，二、三、四、五等地的 IFI 以 0.0650 为间距等距离划分。详见表 5.5。

表 5.5 各地力等级的 IFI

地力等级	IFI
一等	>0.9000
二等	0.8350～0.9000
三等	0.7700～0.8350
四等	0.7050～0.7700
五等	0.6400～0.7050
六等	≤0.6400

5.3 耕地地力评价结果及地力等级概述

在已取得的花溪区土壤图、土地利用现状图、行政区划图和土壤样品试验数据的基础上，通过对花溪区耕地地力属性数据库和矢量数据库的建立，根据已建立的属性数据库、空间数据库、确定的各评价指标及指标权重，运用综合指数的评价方法，对花溪区耕地土壤进行耕地地力评价。将评价结果划分为六个等级。

5.3.1 耕地地力评价结果

根据花溪区各评价单元的耕地地力综合指数，利用等距划分法将耕地地力合理划分为六个等级，分别为一等地、二等地、三等地、四等地、五等地和六等地。一等地面积为 2482.61hm²，占全区耕地面积的 6.97%，其中水田 2461.08hm²，旱地 21.53hm²；二等地面积为 5854.44hm²，占全区耕地面积的 16.44%，其中水田 4823.99hm²，旱地 1030.44hm²；三等地面积为 10868.27hm²，占全区耕地面积的 30.51%，其中水田 3309.86hm²，旱地 7558.40hm²；四等地面积为 9431.95hm²，占全区耕地面积的 26.48%，其中水田 1531.34hm²，旱地 7900.61hm²；五等地面积为 5021.76hm²，占全区耕地面积的 14.10%，其中水田 765.24hm²，旱地 4256.52hm²；六等地面积为 1961.19hm²，占全区耕地面积的 5.51%，其中水田 362.62hm²，旱地 1598.59hm²。如表 5.6 所示。

表 5.6 花溪区耕地地力评价结果表

地力等级	耕地 面积/hm²	耕地 比例/%	水田 面积/hm²	水田 比例/%	旱地 面积/hm²	旱地 比例/%
一等	2482.61	6.97	2461.08	18.57	21.53	0.10
二等	5854.44	16.44	4823.99	36.40	1030.44	4.61
三等	10868.27	30.51	3309.86	24.97	7558.40	33.79
四等	9431.95	26.48	1531.34	11.55	7900.61	35.32
五等	5021.76	14.10	765.24	5.77	4256.52	19.03
六等	1961.20	5.51	362.61	2.74	1598.59	7.15
合计	35620.22	100.00	13254.13	100.00	22366.09	100.00

5.3.2 耕地不同耕地地力等级概述

1. 水田不同耕地地力等级概述

一等水田：主要分布在地势开阔的中低山丘陵下部缓坡旁、槽谷、盆地、坝地及河流阶地。成土母质为各类岩石风化物、坡积物和河流沉积物。主要剖面构型为 Aa-Ap-W-C、Aa-Ap-W-G、Aa-Ap-W-E。水型为潴育，耕层厚度在 18~22cm，耕层质地为粉砂质黏壤土-壤黏土，100cm 内无任何障碍层次。灌溉水源有保证，灌排水设施较完备，部分为泉水灌溉，旱涝无忧，能满足大小季作物的需水要求，保证灌溉。土壤结构和耕性好，宜耕期长，宜种性广，供肥稳足而长，具有松、厚、肥特点。作物为一年二至三熟，水稻产量大于 8250kg/hm²（550kg/亩），周年粮食产量在 10500~12000kg/hm²（700~800kg/亩）。

二等水田：主要分布在中低山丘陵中下部较开阔的缓坡及台地、岩溶槽谷、坝地、盆地及冲沟两侧和河流阶地。成土母质为各类岩石风化坡残积物以及溪河冲积物。主要剖面构型为 Aa-Ap-W-C、Aa-Ap-P-C、Aa-Ap-We。水型为潴育、渗育，耕层厚度为 16~20cm，耕层质地为砂壤土-黏土，100cm 内无任何障碍层次。灌溉水源有保证，部分有完善的灌溉排水设施，部分为泉水灌溉，能满足大小季作物的需水要求，介于保证灌溉和有效灌溉之间。土壤结构性和耕性较好，宜耕期较长，宜种性广，供肥较稳足而长，熟化度较高。作物为一年二熟，水稻产量为 6750~8250kg/hm²（450~550kg/亩），周年粮食产量为 9000~10500kg/hm²（600~700kg/亩）。

三等水田：主要分布在河流阶地、河漫滩，中低山丘陵中下部较开阔的缓坡旁、冲沟和缓坡坡麓、开阔的岩溶盆地、坝地、槽谷、洼地和易排水地段。成土母质为各类岩石风化坡残积物及河流冲积物。主要剖面构型为 Aa-Ap-P-C、Aa-Ap-Wg-G、Aa-Ap-W-C、Aa-Ap-P-E。水型为渗育、脱潜、潴育、漂洗，耕层厚度为 14~20cm，耕层质地为多砾质砂壤土-黏土，100cm 内出现白土层和残留青泥层。灌溉水源基本有保证，部分泉水灌溉，部分有灌排水设施但不完备，基本能满足大小季作物的需水要求，属有效灌溉。土壤结构较好，耕性稍差，宜耕期较长，宜种性广，供肥性不一致，部分肥劲稳足而长，部分易坐蔸或脱肥，作物为一年二熟，水稻产量为 5250~6750kg/hm²（350~450kg/亩），周年粮食产量为 7500~9000kg/hm²（500~600kg/亩）。

四等水田：主要分布在河流阶地低洼地段、河漫滩，中低山丘陵坡旁、沟谷、丘陵盆地边缘，较开阔的岩溶槽谷、坝地及坡麓，岩溶洼地及山原坝地。成土母质为溪河冲积物、洪积物和湖沼沉积物及各类岩石风化坡残积物。主要剖面构型为 Aa-Ap-C、Aa-Ap-G、Aa-Ap-E、Aa-Ap-Wg-T、Aa-Ap-P-C。水型为潜育、漂洗、渗育、淹育、潴育，耕层厚度为 14~18cm，耕层质地为粉砂黏壤土-壤黏土，50cm 以内出现潜育层、白土层。灌溉水源基本有保证，塘、库尾水灌溉，部分有不完备的灌排设施，多数为泉水灌溉，基本保证大小季作物的需求，属有效灌溉。土壤结构和耕性较差，宜种性较广，肥劲不足，易坐蔸，部分小季作物生长差。作物为一年一至二熟，水稻产量在 4500~6000kg/hm²（300~400kg/亩），周年粮食产量为 6000~7500kg/hm²（400~500kg/亩）。

五等水田：主要分布在中低山丘陵中下部坡旁冲沟、岩溶山地的坡旁、沟谷以及坝地边缘，地势低洼地段，离村寨较远的河漫滩。成土母质为各类母岩风化物的残坡积物和溪河冲积物、洪积物。主要剖面构型为 Aa-Ap-C、Aa-Ap-G、Aa-Ap-P-C、M-G-Wg-C、Aa-Ap-E、Ag-G。水型为潜育、漂洗、表潜、深潜、淹育、潴育，耕层厚度为 12~20cm，耕层质地为砂壤土-黏土，50cm 以内出现潜育层、浮泥层、白土层和较多的母岩碎屑。灌溉水源保证率较差，以泉水灌溉为主，部分有不完备的灌排设施，部分能基本保证大小季作物的需水要求，较易旱易涝。土壤结构和耕性差，宜种性不广，供肥不足，易坐蔸脱肥，小季作物生长差。作物为一年一至二熟，水稻产量为 3000~4500kg/hm²（200~300kg/亩），周年粮食产量为 4500~6000kg/hm²（300~400kg/亩）。

六等水田：主要分布在中低山丘陵地势较高的坡旁、坡麓、沟谷地段、阴山夹沟和冷泉水灌溉地段、低洼积水处，排水困难的沼泽地段，远离村寨的坝地及新垦梯田。成土母质为各类母岩风化物的残坡积物。主要剖面构型为 Aa-Ap-C、Aa-Ap-P-C、Aa-G-Pw、Aa-Ap-E、Aa-Hap-Hg、M-G。水型为淹育、渗育、通体潜育、表潜、漂洗，耕层厚度为 12~18cm，耕层质地为砂壤土-黏土，50cm 以内出现潜育层、浮泥层、泥炭层、白土层、火烧土层及较多的母岩碎屑。水源基本无保证，泉水灌溉有少量不完备的灌溉设施，属排水不畅或望天田，易涝易旱。土壤结构和耕性差，宜种性窄，供肥不足，易坐蔸脱肥，具浅、瘦、黏或砂的特点，小季作物生长极差，多为冬闲田。作物为一年一熟，水稻产量为 3000～4500kg/hm²（200～300kg/亩），周年粮食产量为 3000～4500kg/hm²（200～300kg/亩）。

2. 旱地不同耕地地力等级概述

一等旱地：主要分布在低山丘陵中下部开阔的平缓地段，槽谷坝地和盆地以及河谷阶地，低中山中下部开阔的缓坡、槽谷及山原盆地，村寨附近的台地、坝地和城郊。成土母质为岩石的风化坡残积物和河流冲、淤积物。剖面构型一般为 A-B-C 或 A-B-W-C。土体厚度为 80～100cm，耕层厚度为 20～24cm。耕层质地主要为壤黏土-黏土。水土流失强度为微度-轻度侵蚀。此类旱地多是坡度＜5°的缓坡梯土、梯土、坝土和台土，以抗旱能力＞30 天的水浇地为主。土壤结构和耕性好，宜耕期长，宜肥性和宜种性广，具有松、深、肥和返潮回润的特点，保水肥力强，供肥性强，肥劲稳足而长。作物为一年二至三熟，玉米产量大于 7500kg/hm²（500kg/亩），周年粮食产量为 10500～12000kg/hm²（700～800kg/亩）。

二等旱地：主要分布在不同海拔的中低山丘陵中下部开阔至半开阔的沟谷平缓地段和槽谷坝地，岩溶中低山丘陵中下部开阔的缓坡坡麓及平坦地段和山原洼地，河流一、二级阶地和村寨附近。成土母质为岩石风化坡残积物和河流冲积物。剖面构型一般为 A-B-C 或 A-B-BC，极少数为 A-C、A-CR、A-AP-AC-R。土体厚度为 70～100cm，耕层厚度为 18～22cm。耕层质地主要为壤黏土-黏土。水土流失强度为微度-中度侵蚀。此类旱地多是坡度＜10°的缓坡梯土、梯土、坝土和沟槽土，极少数是坡度为 10°～20°的坡土，以抗旱能力＞20 天的水浇地为主，少数抗旱能力为 15 天。土壤结构和耕性较好，宜肥性和宜种性广，保水肥力强，供肥性强，热量条件稍差，部分具有松、深、肥和返潮回润特点。作物为一年二至三熟，玉米产量为 6000～7500kg/hm²（400～500kg/亩），周年粮食产量为 9000～10500kg/hm²（600～700kg/亩）。

三等旱地：主要分布在中低山丘陵中下部开阔的缓坡、槽谷冲沟、河谷台地，山麓小盆地及坝地边缘，中山下部开阔平缓地段的坡旁台地和沟谷，岩溶中低山中下部开阔的槽谷坝地，台地和缓坡梯土，河流一级阶地或溪沟两侧，部分村寨附近。成土母质为岩石风化坡残积物、老风化壳和河流冲积物。剖面构型一般为 A-B-C 或 A-B-BC，少数为 A-AC-R、A-E-C、A-AB-B-C 或 A-B-BC-C 和 A-C。土体厚度为 60～100cm，耕层厚度为 16～20cm。耕层质地主要是壤土-壤黏土。水土流失强度为中度-强度侵蚀。此类旱地部分为坡度在 10°以下的缓坡土、缓坡梯土、坝土和沟槽土，多数是坡度为 10°～20°的坡土和坡式梯土，少数是 20°～25°的坡土和梯化坡土。抗旱能力＞15 天的水浇地较少，多数是 12～15 天。土壤结构和耕性较好，宜耕期较长，宜种性广，供肥稳长而不足；部分结构和耕性较差，宜耕期较短，供肥不足且易脱肥。一般作物为一年二熟，高寒区一年一至二熟，低热区一年二至三熟，玉米产量为 5250～6750kg/hm²（350～450kg/亩），周年粮食产量为 7500～9000kg/hm²（500～600kg/亩）。

四等旱地：主要分布在中低山丘陵下部半开阔的平缓地段及中山上部鞍形地段和坡度相对较陡的槽谷，沟谷边缘和坡旁，中低山丘陵中下部开阔坝地，洼地、台地、小盆地边缘和缓丘坡旁，村寨附近开阔至半开阔的平缓地段，开阔至半开阔河流两侧阶地的斜坡和河漫滩。成土母质为岩石风化坡残积物、老风化壳、河流冲积物和湖沼沉积物。剖面构型一般为 A-B-C 或 A-B-BC，少数为 A-AC-R、A-C、A-AC-C 和 A-AP-AC-R。土体厚度为 50～100cm，耕层厚度为 14～20cm。耕层质地主要是壤土-壤黏土。水土流失强度为中度-强度侵蚀，极少数为微度或极强度侵蚀。此类旱地部分为坡度在 10°以下的缓坡土、缓坡梯土、梯土、坝土和沟槽土，多数是 10°～25°的坡土和坡式梯土，少数为大于 25°的陡坡土和陡坡梯土。多数土壤结构和耕性较差，宜耕期短，宜肥性和宜种性较广，保水肥力较弱，供肥性较弱，肥劲不足且易脱肥。部分结构和耕性较好，宜耕期较长，宜肥性和宜种性广，保水肥力和供肥性较强，肥劲稳长。一般作物为一年二熟，高寒区一年一至二熟，低热区一年二至三熟，玉米产量为 3750～5250kg/hm^2（250～350kg/亩），周年粮食产量为 6000～7500kg/hm^2（400～500kg/亩）。

五等旱地：主要分布在低山丘陵中上部开阔的陡坡地以及顶部台地和山脊，中低山丘陵中下部半开阔的槽谷坝地、沟谷洼地、小盆地和缓坡坡旁，岩溶中低山丘陵中下部开阔至半开阔的平缓地段、山原、洼地和岩窝。成土母质为岩石风化坡残积物、老风化壳或第四纪红色黏土和洪淤积物。剖面构型一般为 A-B-C 或 A-BC-C 或 A-C，少数为 A-AP-AC-R、A-AH-R、HA-GW-G 和 A-AH-AC-R。土体厚度为 40～100cm，耕层厚度为 12～18cm。耕层质地主要为壤土-黏土。水土流失强度为强度-极强度侵蚀，极少数为中度或剧烈侵蚀。此类旱地少数是坡度在 10°以下的缓坡土、梯土、坝土、台土和沟槽土，多数是 10°～25°的坡土和梯化坡土，部分为大于 25°的陡坡土和陡坡梯土。抗旱能力一般为 12～15 天，部分为 7～10 天。小部分结构和耕性较差，宜耕期较短，宜肥性和宜种性较广，保水肥力强，供肥力较弱，肥劲不足，具黏、酸、瘦的特点。大部分结构差，耕性较好，宜耕期较长，宜肥性和宜种性不广，易漏水肥，供肥力弱，肥劲不足，具有砂、薄、漏的特点。部分地处高寒区，土性冷，结构和耕性较好，结构松散，宜种性和宜肥性不广，保水肥力和供肥力较强，起苗慢，不早衰。作物为一年二至三熟，玉米产量为 3000～4500kg/hm^2（200～300kg/亩），周年粮食产量为 4500～6000kg/hm^2（300～400kg/亩）。

六等旱地：主要分布在低山丘陵中上部半开阔的缓坡山脊和顶部台地，中低山中下部半开阔的槽谷，坡间谷地和坡麓，岩溶中低山中下部的缓丘、盆地和洼地边缘及石旮旯地，半开阔的缺水小盆地边缘，河岸两侧高地和河谷陡坡地。成土母质为岩石风化坡残积物、红色老风化壳、湖沼沉积物和洪淤积物。主要剖面构型一般为 A-BC-C 或 A-C，少数为 A-AH-R、A-BE-E-C、A-E-C、A-E-B-C、HA-HB-HC 和 AT-BT-G 与 A-T-TG。土体厚度为 40～80cm，耕层厚度为 10～18cm。耕层质地主要为粉砂壤土-黏土，多数含砾石 0～30%，少数含砾石 20%～50%。水土流失强度为强度-剧烈侵蚀。此类旱地中少部分为坡度在 10°以下的缓坡土、梯土、坝土、台土和沟槽土，部分是 10°～25°的坡土和梯化坡土，大部分是大于 25°的斜坡土和陡坡梯土。抗旱能力一般为 7～12 天，部分为 7 天以下。部分结构差，耕性较好，宜耕期稍长，宜肥性和宜种性窄，耕层和土体中砾石或砾质含量高，易漏水肥，供肥力弱，肥劲不足，具有砂、薄、漏的特点。部分地处高寒区，土性冷，土壤昼夜温差大，土体结构松散，耕性较好，保水肥力和供肥力较强，宜肥性和宜种性窄，起苗慢，不早衰。一般作物为一年一熟，少数一年一至二熟或套种一年二熟，玉米产量为1500～3000kg/hm²（100～200kg/亩），周年粮食产量为3000～4500kg/hm²（200～300kg/亩）。

5.3.3 花溪区耕地地力等级归入国家耕地地力等级体系

根据《全国耕地类型区、耕地地力等级划分》（NY/T 309—1996）农业行业标准的规定，依粮食单产水平将全国耕地地力划分为10个等级，年单产大于13500kg/hm²（900kg/亩）为一等地；小于1500kg/hm²（100kg/亩）为十等地。粮食单产水平为大于13500kg/hm²（900kg/亩）至小于1500kg/hm²（100kg/亩），级差1500kg/hm²（100kg/亩）。采用当地典型粮食种植制度下的近期正常年份全年粮食产量水平计算，即一等地大于13500kg/hm²（900kg/亩）、二等地12000～13500kg/hm²（800～900 kg/亩）、三等地10500～12000kg/hm²（700～800kg/亩）、四等地9000～10500kg/hm²（600～700kg/亩）、五等地7500～9000kg/hm²（500～600kg/亩）、六等地6000～7500kg/hm²（400～500kg/亩）、七等地4500～6000kg/hm²（300～400kg/亩）、八等地3000～4500kg/hm²（200～300kg/亩）、九等地1500～3000kg/hm²（100～200kg/亩）、十等地小于1500kg/hm²（100kg/亩）。

为了将评价结果归入全国耕地地力等级体系，依据《全国耕地类型区、耕地地力等级划分》（NY/T 309—1996）农业行业标准，以花溪区耕地典型的粮食种植制度和正常年景下的年度粮食产量水平作为引导因素，将花溪区的耕地地力引入国家相应地力等级中。花溪区的一等地、二等地、三等地、四等地、五等地和六等地，分别对应归并为国家的三等地、四等地、五等地、六等地、七等地和八等地。

5.4　各地力等级耕地描述

5.4.1　一等级耕地

花溪区耕地面积为35620.22hm²，一等级耕地面积为2482.61hm²，占花溪区耕地面积的6.97%。

1. 一等级耕地土壤类型状况

花溪区一等级耕地中，以土壤条件好的水田为主，其面积为2461.08hm²，占一等级耕地面积的99.13%，一等级水田的主要土壤类型是大眼泥田、斑黄胶泥田、龙凤大眼泥田和斑潮泥田；一等级耕地中旱地面积为21.53hm²，占一等级耕地面积的0.87%，一等级旱地的主要土壤类型是大泥土、潮沙泥土。一等级耕地的土壤类型及其面积统计见表5.7。

表 5.7 一等级耕地土壤类型统计表

地类	土种	面积/hm²	比例/%
旱地	大泥土	12.96	0.52
	潮沙泥土	6.86	0.28
	黄胶泥土	1.16	0.05
	黄泥土	0.55	0.02
旱地汇总		21.53	0.87
水田	大眼泥田	909.83	36.65
	斑黄胶泥田	350.83	14.13
	龙凤大眼泥田	296.47	11.94
	斑潮泥田	280.31	11.29
	斑黄泥田	231.37	9.32
	小黄泥田	160.08	6.45
	斑潮砂泥田	92.46	3.72
	紫泥田	62.76	2.53
	浅脚烂泥田	31.58	1.27
	油黄砂泥田	11.91	0.48
	冷浸田	7.62	0.31
	紫胶泥田	7.58	0.31
	深脚烂泥田	7.38	0.30
	油潮泥田	4.59	0.18
	大泥田	3.81	0.15
	黄砂泥田	1.73	0.07
	浅血泥田	0.61	0.02
	血泥田	0.18	0.01
水田汇总		2461.08	99.13
一等级耕地面积合计		2482.61	100.00

2. 一等级耕地土壤剖面构型状况

花溪区一等级耕地的土壤剖面构型主要是 Aa-Ap-W-C 和 Aa-Ap-W-C/Aa-Ap-W-G，其面积分别为 2123.89hm² 和 284.89hm²，分别占一等级耕地面积的 85.55% 和 11.48%。此外，M-G-Wg-C、A-B-C、Aa-G-Pw 等 6 种土壤剖面构型的面积较少，合计面积仅为 73.85hm²，只占一等级耕地面积的 2.97%。一等级耕地的土壤剖面构型统计见表 5.8。

表 5.8　一等级耕地土壤剖面构型统计表

剖面构型	面积/hm²	比例/%
Aa-Ap-W-C	2123.89	85.55
Aa-Ap-W-C/Aa-Ap-W-G	284.89	11.48
M-G-Wg-C	31.60	1.27
A-B-C	14.67	0.59
Aa-G-Pw	7.62	0.31
M-G	7.38	0.30
A-BC-C	6.86	0.27
Aa-Ap-P-C	5.72	0.23
一等级耕地总面积	2482.63	100.00

3. 一等级耕地土壤成土母质状况

花溪区一等级耕地的土壤成土母质主要是泥质白云岩/石灰岩坡残积物、老风化壳/黏土岩/泥页岩/板岩坡残积物、河流沉积物，其面积分别为 1206.30hm²、742.27hm² 和 377.35hm²，分别占一等级耕地面积的 48.59%、29.90%和 15.20%。此外，中性/钙质紫色页岩坡残积物、湖沼沉积物、白云岩/石灰岩坡残积物等 8 种成土母质的面积较少，合计面积为 156.70hm²，占一等级耕地面积的 6.31%。一等级耕地的土壤成土母质统计见表 5.9。

表 5.9　一等级耕地土壤成土母质统计表

成土母质	面积/hm²	比例/%
泥质白云岩/石灰岩坡残积物	1206.30	48.59
老风化壳/黏土岩/泥页岩/板岩坡残积物	742.27	29.90
河流沉积物	377.35	15.20
中性/钙质紫色页岩坡残积物	62.76	2.53
湖沼沉积物	38.96	1.57
白云岩/石灰岩坡残积物	16.77	0.67
砂页岩坡残积物	13.65	0.54
泥岩/页岩/板岩等坡残积物	9.33	0.38
紫色泥页岩坡残积物	7.58	0.31
溪/河流冲积物	6.86	0.28
酸性紫色页岩坡残积物	0.79	0.03
一等级耕地总面积	2482.63	100.00

4. 一等级耕地土壤质地状况

花溪区一等级耕地的土壤质地主要为黏壤土和砂质黏壤土，其面积分别为

1191.12hm² 和 1008.93hm²，分别占一等级耕地总面积的 47.98% 和 40.64%；壤土、砂质黏土和黏土等 3 种质地的面积较小，其面积合计为 282.56hm²，占一等级耕地总面积的比例为 11.38%。一等级耕地的土壤质地统计见表 5.10。

表 5.10　一等级耕地土壤质地统计表

耕层质地	面积/hm²	比例/%
黏壤土	1191.12	47.98
砂质黏壤土	1008.93	40.64
壤土	153.80	6.20
砂质黏土	74.05	2.98
黏土	54.71	2.20
一等级耕地总面积	2482.63	100.00

5. 一等级耕地地形部位状况

花溪区一等级耕地的地形部位主要是平地、丘陵坡脚、丘陵坡腰，其面积分别为 1449.56hm²、504.26hm² 和 423.60hm²，分别占一等级耕地面积的 58.39%、20.31% 和 17.06%；丘谷盆地坡腰、低中山丘陵坡脚、丘谷盆地坡脚等其他 6 种地形部位的面积较少，合计面积为 105.21hm²，占一等级耕地面积的 4.24%。一等级耕地的地形部位统计见表 5.11。

表 5.11　一等级耕地地形部位统计表

地形部位	面积/hm²	比例/%
平地	1449.56	58.39
丘陵坡脚	504.26	20.31
丘陵坡腰	423.60	17.06
丘谷盆地坡腰	39.28	1.58
低中山丘陵坡脚	29.86	1.20
丘谷盆地坡脚	22.45	0.90
低中山丘陵坡腰	10.09	0.41
低中山沟谷坡脚	3.14	0.13
丘陵坡顶	0.39	0.02
一等级耕地总面积	2482.63	100.00

6. 一等级耕地坡度状况

花溪区一等级耕地的坡度主要在 15° 以下，其中，坡度在 0°～2° 的面积为 781.49hm²，占一等级耕地面积的 31.48%；2°～6° 的面积为 1446.99hm²，占一等级耕地面积的 58.29%；

6°~15°的面积为252.69hm²，占一等级耕地面积的10.18%；15°~25°的面积为1.46hm²，占一等级耕地面积的0.06%；没有坡度大于25°的一等级耕地。一等级耕地的坡度统计见表5.12。

表 5.12　一等级耕地坡度统计表

坡度	面积/hm²	比例/%
0°~2°	781.49	31.48
2°~6°	1446.99	58.29
6°~15°	252.69	10.18
15°~25°	1.46	0.06
>25°	0.00	0.00
一等级耕地总面积	2482.63	100.00

7. 一等级耕地海拔状况

花溪区一等级耕地中海拔≤1150m的面积为1705.17hm²，占一等级耕地总面积的68.72%；海拔在1150~1300m的面积为776.46hm²，占一等级耕地总面积的31.28%；在海拔大于1300m范围内没有一等级耕地。一等级耕地的海拔统计见表5.13。

表 5.13　一等级耕地海拔统计表

海拔/m	面积/hm²	比例/%
≤1150	1705.17	68.72
1150~1300	776.46	31.28
1300~1450	0.00	0.00
1450~1600	0.00	0.00
>1600	0.00	0.00
一等级耕地总面积	2482.63	100.00

8. 一等级耕地灌溉能力状况

花溪区一等级耕地中，以灌溉能得到保障的耕地为主。其中，灌溉能力为"保灌"的面积为2408.78hm²，占一等级耕地面积的97.02%；灌溉能力为"不需"的面积为46.59hm²，占一等级耕地面积的1.88%；灌溉能力为"能灌"的面积为27.26hm²，占一等级耕地面积的1.10%；一等级耕地中没有灌溉能力为"可灌"和"无灌"的耕地。一等级耕地的灌溉能力统计见表5.14。

表 5.14 一等级耕地灌溉能力统计表

灌溉能力	面积/hm²	比例/%
保灌	2408.78	97.02
不需	46.59	1.88
能灌	27.26	1.10
可灌（将来可发展）	0.00	0.00
无灌（不具备条件或不计划发展灌溉）	0.00	0.00
一等级耕地总面积	2482.63	100.00

9. 一等级耕地耕层厚度状况

花溪区一等级耕地的平均耕层厚度为 20.14cm。其中，耕层厚度在 20~25cm 的面积为 455.76hm²，占一等级耕地面积的 18.36%；耕层厚度在 15~20cm 的面积为 1996.60hm²，占一等级耕地面积的 80.42%；耕层厚度在 10~15cm 的面积为 30.27hm²，占一等级耕地面积的 1.22%；没有耕层厚度≤10cm 的一等级耕地。一等级耕地的土壤耕层厚度统计见表 5.15。

表 5.15 一等级耕地土壤耕层厚度统计表

耕层厚度/cm	面积/hm²	比例/%
>25	0.00	0.00
20~25	455.76	18.36
15~20	1996.60	80.42
10~15	30.27	1.22
≤10	0.00	0.00
一等级耕地总面积	2482.63	100.00

10. 一等级耕地土壤有机质含量状况

花溪区一等级耕地中，土壤有机质的平均含量为 52.18g/kg。其中，土壤有机质含量＞40g/kg 的面积为 2281.65hm²，占一等级耕地面积的 91.91%；土壤有机质含量在 30~40g/kg 的面积为 188.62hm²，占一等级耕地面积的 7.60%；土壤有机质含量在 20~30g/kg 的面积为 12.37hm²，占一等级耕地面积的 0.50%；在一等级耕地中没有土壤有机质含量在 0~20g/kg 的耕地。一等级耕地的土壤有机质含量统计见表 5.16。

表 5.16 一等级耕地土壤有机质含量统计表

有机质含量	面积/hm²	比例/%
>40g/kg	2281.65	91.91
30~40g/kg	188.62	7.60
20~30g/kg	12.37	0.50

续表

有机质含量	面积/hm²	比例/%
10~20g/kg	0.00	0.00
6~10g/kg	0.00	0.00
≤6g/kg	0.00	0.00
一等级耕地总面积	2482.63	100.00

注：表格中统计数据经过修约，因此加和数据与总计有偏差

11. 一等级耕地土壤有效磷含量状况

花溪区一等级耕地中，土壤有效磷的平均含量为 24.40mg/kg。其中，土壤有效磷含量＞40mg/kg 范围的面积为 194.27hm²，占一等级耕地面积的 7.83%；土壤有效磷含量在 20~40mg/kg 的面积为 1069.16hm²，占一等级耕地面积的 43.07%；土壤有效磷含量在 10~20mg/kg 的面积为 1174.74hm²，占一等级耕地面积的 47.32%；土壤有效磷含量在 5~10mg/kg 的面积为 44.47hm²，占一等级耕地面积的 1.79%；一等级耕地中没有土壤有效磷含量≤5mg/kg 的耕地。一等级耕地的土壤有效磷含量统计见表 5.17。

表 5.17 一等级耕地土壤有效磷含量统计表

有效磷含量	面积/hm²	比例/%
＞40mg/kg	194.27	7.83
20~40mg/kg	1069.16	43.07
10~20mg/kg	1174.74	47.32
5~10mg/kg	44.47	1.79
≤5mg/kg	0.00	0.00
一等级耕地总面积	2482.63	100.00

注：表格中统计数据经过修约，因此加和数据与总计有偏差

12. 一等级耕地土壤速效钾含量状况

花溪区一等级耕地中，土壤速效钾的平均含量为 242.97mg/kg。其中，土壤速效钾含量＞200mg/kg 的面积为 2076.02hm²，占一等级耕地总面积的 83.62%；土壤速效钾含量在 150~200mg/kg 的面积为 370.02hm²，占一等级耕地面积的 14.90%；土壤速效钾含量在 100~150mg/kg 的面积为 36.59hm²，占一等级耕地面积的 1.47%；一等级耕地中没有速效钾含量≤100mg/kg 的耕地。一等级耕地的土壤速效钾含量统计见表 5.18。

表 5.18 一等级耕地土壤速效钾含量统计表

速效钾含量	面积/hm²	比例/%
＞200mg/kg	2076.02	83.62
150~200mg/kg	370.02	14.90

续表

速效钾含量	面积/hm²	比例/%
100～150mg/kg	36.59	1.47
50～100mg/kg	0.00	0.00
30～50mg/kg	0.00	0.00
≤30mg/kg	0.00	0.00
一等级耕地总面积	2482.63	100.00

5.4.2 二等级耕地

花溪区耕地面积为35620.22hm²,二等级耕地面积为5854.44hm²,占花溪区耕地面积的16.44%。

1. 二等级耕地土壤类型状况

花溪区二等级耕地中,旱地面积为1030.44hm²,占二等级耕地面积的17.60%,二等级旱地的主要土壤类型是大泥土、油黄泥土、黄泥土等;二等级耕地中水田面积为4823.99hm²,占二等级耕地面积的82.40%,二等级水田的主要土壤类型是大眼泥田、斑黄胶泥田、斑黄泥田等。二等级耕地的土壤类型及其面积统计见表5.19。

表5.19 二等级耕地土壤类型统计表

地类名称	贵州土种	面积/hm²	比例/%
旱地	大泥土	471.89	8.06
	油黄泥土	237.12	4.05
	黄泥土	158.55	2.71
	黄砂泥土	80.19	1.37
	油大泥土	34.51	0.59
	黄胶泥土	31.88	0.54
	潮沙泥土	8.80	0.15
	血泥土	5.73	0.10
	死黄泥土	1.77	0.03
旱地汇总		1030.44	17.60
水田	大眼泥田	1547.28	26.43
	斑黄胶泥田	977.51	16.67
	斑黄泥田	362.74	6.20
	黄砂泥田	298.85	5.10
	深脚烂泥田	222.36	3.80

续表

地类名称	贵州土种	面积/hm²	比例/%
水田	大泥田	208.96	3.57
	小黄泥田	172.57	2.95
	浅脚烂泥田	168.95	2.89
	斑潮砂泥田	161.84	2.76
	斑潮泥田	161.19	2.75
	龙凤大眼泥田	103.84	1.77
	油黄砂泥田	103.42	1.77
	紫胶泥田	100.65	1.72
	浅血泥田	65.19	1.13
	干鸭屎泥田	63.10	1.08
	紫泥田	42.33	0.72
	黄胶泥田	40.74	0.70
	冷浸田	7.36	0.13
	血泥田	6.48	0.11
	烂锈田	4.46	0.08
	锈水田	2.76	0.05
	胶大土泥田	1.07	0.02
	轻白胶泥田	0.29	0.00
	冷水田	0.06	0.00
水田汇总		4823.99	82.40
二等级耕地面积合计		5854.44	100.00

2. 二等级耕地土壤剖面构型状况

花溪区二等级耕地的土壤剖面构型主要是 Aa-Ap-W-C、A-B-C，其面积分别为 3651.80hm² 和 742.52hm²，分别占二等级耕地面积的 62.38%和 12.68%；Aa-Ap-P-C、A-P-B-C、M-G 等其他 14 种土壤剖面构型的面积较少，合计面积仅为 1460.13hm²，只占二等级耕地面积的 24.95%。二等级耕地的土壤剖面构型统计见表 5.20。

表 5.20 二等级耕地土壤剖面构型统计表

剖面构型	面积/hm²	比例/%
Aa-Ap-W-C	3651.80	62.38
A-B-C	742.52	12.68
Aa-Ap-P-C	514.30	8.78
A-P-B-C	237.12	4.05

续表

剖面构型	面积/hm²	比例/%
M-G	226.82	3.87
M-G-Wg-C	168.95	2.89
Aa-Ap-W-C/Aa-Ap-W-G	146.81	2.51
Aa-Ap-Gw-G	63.10	1.08
Aa-Ap-P-C/Aa-Ap-P-B	40.74	0.70
A-AP-AC-R	34.51	0.59
A-BC-C	10.57	0.18
Aa-G-Pw	7.36	0.13
A-C	5.73	0.10
Am-G-C	2.76	0.05
Aa-Ap-C	1.07	0.02
A-Ap-E	0.29	0.00
二等级耕地面积合计	5854.44	100.00

3. 二等级耕地土壤成土母质状况

花溪区二等级耕地的土壤成土母质主要是泥质白云岩/石灰岩坡残积物、老风化壳/黏土岩/泥页岩/板岩坡残积物、白云岩/石灰岩坡残积物，其面积分别为1651.12hm²、1552.85hm²和778.52hm²，分别占二等级耕地面积的28.20%、26.52%和13.30%。此外，砂页岩坡残积物、泥岩/页岩/板岩等坡残积物、湖沼沉积物等11种成土母质的面积较少，合计面积为1871.95hm²，占二等级耕地面积的31.98%。二等级耕地的土壤成土母质统计见表5.21。

表5.21 二等级耕地土壤成土母质统计表

成土母质	面积/hm²	比例/%
泥质白云岩/石灰岩坡残积物	1651.12	28.20
老风化壳/黏土岩/泥页岩/板岩坡残积物	1552.85	26.52
白云岩/石灰岩坡残积物	778.52	13.30
砂页岩坡残积物	482.47	8.24
泥岩/页岩/板岩等坡残积物	436.68	7.46
湖沼沉积物	395.76	6.76
河流沉积物	323.03	5.52
紫色泥页岩坡残积物	100.65	1.72
酸性紫色页岩坡残积物	72.67	1.24
中性/钙质紫色页岩坡残积物	42.33	0.72
溪/河流冲积物	8.80	0.15

续表

成土母质	面积/hm²	比例/%
酸性紫红色砂页岩/砾岩坡残积物	5.73	0.10
受铁锈水污染的各种风化物	2.76	0.05
泥灰岩坡残积物	1.07	0.02
二等级耕地总面积	5854.44	100.00

4. 二等级耕地土壤质地状况

花溪区二等级耕地的土壤质地主要是黏壤土、砂质黏壤土、壤土、黏土等，其面积分别为 2839.75hm²、1303.63hm²、893.79hm² 和 587.41hm²，分别占二等级耕地总面积的 48.51%、22.27%、15.27%和10.03%；砂质黏土和粉砂质壤土的面积较小，其面积合计为 229.86hm²，占二等级耕地总面积的 3.93%。二等级耕地的土壤质地统计见表 5.22。

表 5.22 二等级耕地土壤质地统计表

耕层质地	面积/hm²	比例/%
黏壤土	2839.75	48.51
砂质黏壤土	1303.63	22.27
壤土	893.79	15.27
黏土	587.41	10.03
砂质黏土	224.27	3.83
粉砂质壤土	5.59	0.10
二等级耕地总面积	5854.44	100.00

5. 二等级耕地地形部位状况

花溪区二等级耕地的地形部位主要是平地、丘陵坡脚、丘陵坡腰，其面积分别为 2054.32hm²、1788.12hm² 和 1361.75hm²，分别占二等级耕地面积的 35.09%、30.54%和23.26%。此外，丘谷盆地坡脚、低中山丘陵坡脚、丘谷盆地坡腰等 12 种地形部位的面积较少，合计面积为 650.24hm²，占二等级耕地面积的 11.08%。二等级耕地的地形部位统计见表 5.23。

表 5.23 二等级耕地地形部位统计表

地形部位	面积/hm²	比例/%
平地	2054.32	35.09
丘陵坡脚	1788.12	30.54
丘陵坡腰	1361.75	23.26

续表

地形部位	面积/hm²	比例/%
丘谷盆地坡脚	173.52	2.96
低中山丘陵坡脚	125.96	2.15
丘谷盆地坡腰	68.56	1.17
中山坡腰	51.48	0.88
低中山丘陵坡腰	47.01	0.80
低中山沟谷坡脚	47.00	0.80
丘陵坡顶	44.16	0.75
台地	36.44	0.62
中山坡脚	22.53	0.38
低中山沟谷坡腰	17.15	0.29
中山坡顶	8.42	0.14
低中山丘陵坡顶	8.01	0.14
二等级耕地面积合计	5854.44	100.00

6. 二等级耕地坡度状况

花溪区二等级耕地的坡度主要分布于 2°～6°。其中，坡度为 0°～2° 的面积为 925.32hm²，占二等级耕地面积的 15.81%；2°～6° 的面积为 2570.81hm²，占二等级耕地面积的 43.91%；6°～15° 的面积为 2091.51hm²，占二等级耕地面积的 35.73%；15°～25° 的面积为 266.28hm²，占二等级耕地面积的 4.55%；>25° 的面积为 0.52hm²。二等级耕地的坡度统计见表 5.24。

表 5.24　二等级耕地坡度统计表

坡度	面积/hm²	比例/%
0°～2°	925.32	15.81
2°～6°	2570.81	43.91
6°～15°	2091.51	35.73
15°～25°	266.28	4.55
>25°	0.52	0.00
二等级耕地总面积	5854.44	100.00

7. 二等级耕地海拔状况

花溪区二等级耕地分布于海拔≤1150m 范围内的面积为 2057.89hm²，占二等级耕地总面积的 35.15%；分布于海拔 1150～1300m 范围内的面积为 3670.54hm²，占二等级耕地总面积的 62.70%；分布于海拔 1300~1600m 范围内的面积为 126.00hm²，占二等级耕地总面积的 2.16%；在海拔＞1600m 范围没有二等级耕地。二等级耕地的海拔统计见表 5.25。

表 5.25 二等级耕地海拔统计表

海拔/m	面积/hm²	比例/%
≤1150	2057.89	35.15
1150~1300	3670.54	62.70
1300~1450	62.97	1.08
1450~1600	63.03	1.08
＞1600	0.00	0.00
二等级耕地面积合计	5854.44	100.00

注：表格中统计数据为修约后数据，加和数据与合计有偏差。

8. 二等级耕地灌溉能力状况

花溪区二等级耕地中，灌溉能力为"保灌"的面积为 3798.61hm²，占二等级耕地面积的 64.88%；灌溉能力为"不需"的面积为 403.12hm²，占二等级耕地面积的 6.89%；灌溉能力为"能灌"的面积为 422.56hm²，占二等级耕地面积的 7.22%；灌溉能力为"可灌"的面积为 226.31hm²，占二等级耕地面积的 3.87%；灌溉能力为"无灌"的面积为 1003.84hm²，占二等级耕地面积的 17.15%。二等级耕地的灌溉能力统计见表 5.26。

表 5.26 二等级耕地灌溉能力统计表

灌溉能力	面积/hm²	比例/%
保灌	3798.61	64.88
不需	403.12	6.89
能灌	422.56	7.22
可灌（将来可发展）	226.31	3.87
无灌（不具备条件或不计划发展灌溉）	1003.84	17.15
二等级耕地总面积	5854.44	100.00

9. 二等级耕地耕层厚度状况

花溪区二等级耕地的平均耕层厚度为 19.90cm。其中，耕层厚度＞20cm 的面积为 1242.76hm²，占二等级耕地面积的 21.23%；耕层厚度在 15~20cm 的面积为 4298.11hm²，占二等级耕地面积的 73.42%；耕层厚度在 10~15cm 的面积为 313.57hm²，占二等级耕地面积的 5.36%；没有耕层厚度 ≤10cm 二等级耕地。二等级耕地的土壤耕层厚度统计见表 5.27。

表 5.27 二等级耕地土壤耕层厚度统计表

耕层厚度/cm	面积/hm²	比例/%
>25	0.00	0.00
20~25	1242.76	21.23
15~20	4298.11	73.42
10~15	313.57	5.36
≤10	0.00	0.00
二等级耕地总面积	5854.44	100.00

10. 二等级耕地土壤有机质含量状况

花溪区二等级耕地中，土壤有机质的平均含量为49.48g/kg。其中，土壤有机质含量＞40g/kg的面积为4643.39hm²，占二等级耕地面积的79.31%；土壤有机质含量在30~40g/kg的面积为879.41hm²，占二等级耕地面积的15.02%；土壤有机质含量在20~30g/kg的面积为325.63hm²，占二等级耕地面积的5.56%；土壤有机质含量在10~20g/kg的面积为6.00hm²，只占二等级耕地面积的0.10%；在二等级耕地中没有土壤有机质含量在0~10g/kg范围的耕地。二等级耕地的土壤有机质含量统计见表5.28。

表 5.28 二等级耕地土壤有机质含量统计表

有机质含量	面积/hm²	比例/%
>40g/kg	4643.39	79.31
30~40g/kg	879.41	15.02
20~30g/kg	325.63	5.56
10~20g/kg	6.00	0.10
6~10g/kg	0.00	0.00
≤6g/kg	0.00	0.00
二等级耕地总面积	5854.44	100.00

11. 二等级耕地土壤有效磷含量状况

花溪区二等级耕地中，土壤有效磷的平均含量为21.34mg/kg。其中，土壤有效磷含量＞40mg/kg的面积为429.11hm²，占二等级耕地面积的7.33%；土壤有效磷含量在20~40mg/kg的面积为1956.69hm²，占二等级耕地面积的33.42%；土壤有效磷含量在10~20mg/kg的面积为2836.41hm²，占二等级耕地面积的48.45%；土壤有效磷含量在5~10mg/kg的面积为571.69hm²，占二等级耕地面积的9.77%；土壤有效磷含量在3~5mg/kg的面积为58.72hm²，占二等级耕地面积的1.00%；土壤有效磷含量≤3mg/kg

的面积为 1.81hm²，占二等级耕地面积的 0.03%。二等级耕地的土壤有效磷含量统计见表 5.29。

表 5.29　二等级耕地土壤有效磷含量统计表

有效磷含量	面积/hm²	比例/%
>40mg/kg	429.11	7.33
20~40mg/kg	1956.69	33.42
10~20mg/kg	2836.41	48.45
5~10mg/kg	571.69	9.77
3~5mg/kg	58.72	1.00
≤3mg/kg	1.81	0.03
二等级耕地总面积	5854.44	100.00

12. 二等级耕地土壤速效钾含量状况

花溪区二等级耕地中，土壤速效钾的平均含量为 236.21mg/kg。其中，土壤速效钾含量>200mg/kg 的面积为 1836.61hm²，占二等级耕地总面积的 31.37%；土壤速效钾含量在 150~200mg/kg 的面积为 1648.67hm²，占二等级耕地面积的 28.16%；土壤速效钾含量在 100~150mg/kg 的面积为 1377.53hm²，占二等级耕地面积的 23.53%；土壤速效钾含量在 50~100mg/kg 的面积为 610.29hm²，占二等级耕地面积的 12.13%；土壤速效钾含量在 30~50mg/kg 的面积为 48.86hm²，占二等级耕地面积的 0.80%；土壤速效钾含量≤30mg/kg 的面积为 232.48hm²，占二等级耕地面积的 4.00%。二等级耕地的土壤速效钾含量统计见表 5.30。

表 5.30　二等级耕地土壤速效钾含量统计表

速效钾含量	面积/hm²	比例/%
>200mg/kg	1836.61	31.37
150~200mg/kg	1648.67	28.16
100~150mg/kg	1377.53	23.53
50~100mg/kg	610.29	12.13
30~50mg/kg	48.86	0.80
≤30mg/kg	232.48	4.00
二等级耕地总面积	5854.44	100.00

5.4.3　三等级耕地

花溪区耕地面积为 35620.22hm²，三等级耕地面积为 10868.27hm²，占花溪区耕地面积的 30.51%。

1. 三等级耕地土壤类型状况

花溪区三等级耕地中旱地面积为 7558.40hm², 占三等级耕地面积的 69.55%, 三等级旱地的主要土壤类型是大泥土、黄砂泥土、油黄泥土; 三等级耕地中水田面积为 3309.86hm², 占三等级耕地面积的 30.45%, 三等级水田的主要土壤类型是大泥田、黄砂泥田、大眼泥田。三等级耕地的土壤类型及其面积统计见表 5.31。

表 5.31 三等级耕地土壤类型统计表

地类名称	贵州土种	面积/hm²	比例/%
旱地	大泥土	3889.25	35.79
	黄砂泥土	1859.13	17.11
	油黄泥土	800.60	7.37
	黄泥土	370.89	3.41
	油大泥土	202.94	1.87
	岩泥土	134.03	1.23
	黄胶泥土	112.23	1.03
	幼黄砂土	48.39	0.45
	死黄泥土	48.23	0.44
	熟黄砂土	42.83	0.39
	潮沙泥土	21.52	0.20
	大紫泥土	16.80	0.15
	油紫砂泥土	6.87	0.06
	血泥土	4.36	0.04
	黄扁砂泥土	0.33	0.00
旱地汇总		7558.40	69.55
水田	大泥田	582.51	5.36
	黄砂泥田	569.27	5.24
	大眼泥田	528.05	4.86
	冷浸田	352.53	3.24
	斑黄胶泥田	266.50	2.45
	深脚烂泥田	196.87	1.81
	小黄泥田	136.94	1.26
	油黄砂泥田	103.72	0.95
	斑黄泥田	92.44	0.85
	浅脚烂泥田	85.11	0.78
	斑潮泥田	76.30	0.70

续表

地类名称	贵州土种	面积/hm²	比例/%
水田	紫胶泥田	58.27	0.54
	斑潮砂泥田	53.05	0.49
	轻白胶泥田	41.80	0.38
	大土泥田	31.04	0.29
	烂锈田	26.30	0.24
	黄胶泥田	19.36	0.18
	锈水田	18.72	0.17
	幼黄砂田	17.33	0.16
	冷水田	15.20	0.14
	紫泥田	15.04	0.14
	龙凤大眼泥田	10.86	0.10
	胶大土泥田	10.06	0.09
	幼黄砂泥田	2.11	0.02
	血泥田	0.42	0.00
	浅血泥田	0.06	0.00
水田汇总		3309.86	30.45
三等级耕地面积合计		10868.27	100.00

2. 三等级耕地土壤剖面构型状况

花溪区三等级耕地的土壤剖面构型主要是 A-B-C、Aa-Ap-W-C、Aa-Ap-P-C，其面积分别为 6274.33hm²、1280.15hm² 和 1152.20hm²，分别占三等级耕地面积的 57.73%、11.78% 和 10.60%；A-P-B-C、Aa-G-Pw、M-G 等其他 13 种土壤剖面构型的面积较小，合计面积为 2161.59hm²，只占三等级耕地面积的 19.87%。三等级耕地的土壤剖面构型统计见表 5.32。

表 5.32 三等级耕地土壤剖面构型统计表

剖面构型	面积/hm²	比例/%
A-B-C	6274.33	57.73
Aa-Ap-W-C	1280.15	11.78
Aa-Ap-P-C	1152.20	10.60
A-P-B-C	800.60	7.37
Aa-G-Pw	352.53	3.24
M-G	223.18	2.05
A-AP-AC-R	202.94	1.87

续表

剖面构型	面积/hm²	比例/%
A-AH-R	134.03	1.23
A-BC-C	125.35	1.15
M-G-Wg-C	85.11	0.78
Aa-Ap-W-C/Aa-Ap-W-G	76.30	0.70
Aa-Ap-C	60.53	0.56
A-Ap-E	41.80	0.38
A-C	21.16	0.19
Aa-Ap-P-C/Aa-Ap-P-B	19.36	0.18
Am-G-C	18.72	0.17
三等级耕地总面积	10868.27	100.00

3. 三等级耕地土壤成土母质状况

花溪区三等级耕地的土壤成土母质主要是白云岩/石灰岩坡残积物、砂页岩坡残积物、泥岩/页岩/板岩等坡残积物，其面积分别为4854.95hm²、2534.21hm²和1684.49hm²，分别占三等级耕地面积的44.67%、23.32%和15.50%。三等级耕地土壤为老风化壳/黏土岩/泥页岩/板岩坡残积物、泥质白云岩/石灰岩坡残积物、湖沼沉积物等其他15种成土母质的面积较小，合计面积为1794.61hm²，占三等级耕地面积的16.50%。三等级耕地的土壤成土母质统计见表5.33。

表5.33　三等级耕地土壤成土母质统计表

成土母质	面积/hm²	比例/%
白云岩/石灰岩坡残积物	4854.95	44.67
砂页岩坡残积物	2534.21	23.32
泥岩/页岩/板岩等坡残积物	1684.49	15.50
老风化壳/黏土岩/泥页岩/板岩坡残积物	557.04	5.13
泥质白云岩/石灰岩坡残积物	538.92	4.96
湖沼沉积物	308.29	2.84
河流沉积物	129.35	1.19
砂岩坡残积物	65.72	0.60
紫色泥页岩坡残积物	58.28	0.54
变余砂岩/砂岩/石英砂岩等风化残积物	42.83	0.39
中性/钙质紫色页岩坡残积物	31.84	0.29
溪/河流冲积物	21.52	0.20
受铁锈水污染的各种风化物	18.72	0.17
泥灰岩坡残积物	10.06	0.09

续表

成土母质	面积/hm²	比例/%
紫色砂页岩/紫色砂岩坡残积物	6.87	0.06
酸性紫红色砂页岩/砾岩坡残积物	4.36	0.04
酸性紫色页岩坡残积物	0.48	0.00
灰绿色/青灰色页岩坡残积物	0.33	0.00
三等级耕地总面积	10868.27	100.00

4. 三等级耕地土壤质地状况

花溪区三等级耕地的土壤质地主要是黏壤土、砂质黏壤土、壤土等，其面积分别为 6097.70hm²、2089.24hm²、1475.28hm²，分别占三等级耕地总面积的 56.11%、19.22%、13.57%；三等级耕地土壤质地为黏土、砂质黏土、砂土及壤质砂土等其他 6 种质地的面积较小，其面积合计为 1206.04hm²，占三等级耕地总面积的比例为 11.09%。三等级耕地的土壤质地统计见表 5.34。

表 5.34　三等级耕地土壤质地统计表

耕层质地	面积/hm²	比例/%
黏壤土	6097.70	56.11
砂质黏壤土	2089.24	19.22
壤土	1475.28	13.57
黏土	981.60	9.03
砂质黏土	108.80	1.00
砂土及壤质砂土	59.92	0.55
砂质壤土	50.82	0.47
粉砂质黏壤土	3.67	0.03
粉砂质壤土	1.23	0.01
三等级耕地总面积	10868.27	100.00

5. 三等级耕地地形部位状况

花溪区三等级耕地的地形部位主要是丘陵坡腰、丘陵坡脚、平地，其面积分别为 3405.56hm²、3086.28hm² 和 2122.42hm²，分别占三等级耕地面积的 31.33%、28.40%和 19.53%。三等级耕地土壤为低中山丘陵坡腰、低中山沟谷坡腰、低中山丘陵坡脚等其他 14 种地形部位的面积较小，合计面积为 2253.99hm²，占三等级耕地面积的 20.74%。三等级耕地的地形部位统计见表 5.35。

表 5.35 三等级耕地地形部位统计表

地形部位	面积/hm²	比例/%
丘陵坡腰	3405.56	31.33
丘陵坡脚	3086.28	28.40
平地	2122.42	19.53
低中山丘陵坡腰	317.94	2.93
低中山沟谷坡腰	280.30	2.58
低中山丘陵坡脚	266.39	2.45
丘陵坡顶	255.76	2.35
丘谷盆地坡腰	236.81	2.18
中山坡腰	162.98	1.50
低中山沟谷坡脚	150.96	1.39
丘谷盆地坡脚	149.33	1.37
中山坡脚	136.56	1.26
台地	120.39	1.11
低中山丘陵坡顶	98.02	0.90
中山坡顶	37.42	0.34
低中山沟谷坡顶	37.11	0.34
丘谷盆地坡顶	4.04	0.04
三等级耕地面积合计	10868.27	100.00

6. 三等级耕地坡度状况

花溪区三等级耕地的坡度主要分布在 6°~15°。其中，坡度为 0°~2°的面积为 561.69hm²，占三等级耕地面积的 5.17%；2°~6°的面积为 2974.75hm²，占三等级耕地面积的 27.37%；6°~15°的面积为 5188.75hm²，占三等级耕地面积的 47.74%；15°~25°的面积为 2063.61hm²，占三等级耕地面积的 18.99%；>25°的面积为 79.47hm²，占三等级耕地面积的 0.73%。三等级耕地的坡度统计见表 5.36。

表 5.36 三等级耕地坡度统计表

坡度	面积/hm²	比例/%
0°~2°	561.69	5.17
2°~6°	2974.75	27.37
6°~15°	5188.75	47.74
15°~25°	2063.61	18.99
>25°	79.47	0.73
三等级耕地总面积	10868.27	100.00

7. 三等级耕地海拔状况

花溪区三等级耕地分布于海拔≤1150m 范围内的面积为 2378.79hm², 占三等级耕地总面积的 21.89%；三等级耕地分布于海拔在 1150～1300m 范围内的面积为 7665.05hm², 占三等级耕地总面积的 70.53%；三等级耕地分布于海拔在 1300～1600m 范围内的面积为 824.43hm², 占三等级耕地总面积的 7.58%；在海拔大于 1600m 范围内没有三等级耕地。三等级耕地的海拔统计见表 5.37。

表 5.37　三等级耕地海拔统计表

海拔/m	面积/hm²	比例/%
≤1150	2378.79	21.89
1150～1300	7665.05	70.53
1300～1450	403.30	3.71
1450～1600	421.13	3.87
>1600	0.00	0.00
三等级耕地总面积	10868.27	100.00

8. 三等级耕地灌溉能力状况

花溪区三等级耕地灌溉能力为"保灌"的面积为 1356.45hm², 占三等级耕地面积的比例为 12.48%；三等级耕地灌溉能力为"不需"的面积为 660.82hm², 占三等级耕地面积的比例为 6.08%；三等级耕地灌溉能力为"能灌"的面积为 811.45hm², 占三等级耕地面积的比例为 7.47%；三等级耕地灌溉能力为"可灌"的面积为 527.23hm², 占三等级耕地面积的比例为 4.85%；三等级耕地灌溉能力为"无灌"的面积为 7512.32hm², 占三等级耕地面积的比例为 69.12%。三等级耕地的灌溉能力统计见表 5.38。

表 5.38　三等级耕地灌溉能力统计表

灌溉能力	面积/hm²	比例/%
保灌	1356.45	12.48
不需	660.82	6.08
能灌	811.45	7.47
可灌（将来可发展）	527.23	4.85
无灌（不具备条件或不计划发展灌溉）	7512.32	69.12
三等级耕地总面积	10868.27	100.00

9. 三等级耕地耕层厚度状况

花溪区三等级耕地的平均耕层厚度为 19.58cm。其中，耕层厚度＞20cm 的面积为 2136.32hm², 占三等级耕地面积的 19.66%；耕层厚度在 15～20cm 的面积为 7983.36hm², 占三等级耕地面积的 73.46%；耕层厚度在 10～15cm 的面积为 748.59hm², 占三等级耕地面积的 6.89%；耕层厚度≤10cm 的范围内没有三等级耕地。三等级耕地的土壤耕层厚度统计见表 5.39。

表 5.39　三等级耕地土壤耕层厚度统计表

耕层厚度/cm	面积/hm²	比例/%
＞25	0.00	0.00
20～25	2136.32	19.66
15～20	7983.36	73.46
10～15	748.59	6.89
≤10	0.00	0.00
三等级耕地总面积	10868.27	100.00

10. 三等级耕地土壤有机质含量状况

花溪区三等级耕地土壤有机质的平均含量为 46.70g/kg。其中，土壤有机质含量＞40g/kg 的面积为 7689.89hm², 占三等级耕地面积的 70.76%；土壤有机质含量在 30～40g/kg 范围的面积为 2379.24hm², 占三等级耕地面积的 21.89%；土壤有机质含量在 20～30g/kg 范围的面积为 714.54hm², 占三等级耕地面积的 6.57%；土壤有机质含量在 10～20g/kg 范围的面积为 84.12hm², 占三等级耕地面积的 0.77%；土壤有机质含量在 6～10g/kg 范围的面积为 0.48hm²；在三等级耕地中没有土壤有机质含量≤6g/kg 的耕地。三等级耕地的土壤有机质含量统计见表 5.40。

表 5.40　三等级耕地土壤有机质含量统计表

有机质含量	面积/hm²	比例/%
＞40g/kg	7689.89	70.76
30～40g/kg	2379.24	21.89
20～30g/kg	714.54	6.57
10～20g/kg	84.12	0.77
6～10g/kg	0.48	0.00
≤6g/kg	0.00	0.00
三等级耕地总面积	10868.27	100.00

11. 三等级耕地土壤有效磷含量状况

花溪区三等级耕地中，土壤有效磷的平均含量为 19.61mg/kg。其中，土壤有效磷含量＞40mg/kg 的面积为 689.60hm²，占三等级耕地面积的 6.35%；土壤有效磷含量在 20～40mg/kg 的面积为 3443.60hm²，占三等级耕地面积的 31.68%；土壤有效磷含量在 10～20mg/kg 的面积为 4866.52hm²，占三等级耕地面积的 44.78%；土壤有效磷含量在 5～10mg/kg 的面积为 1472.67hm²，占三等级耕地面积的 13.55%；土壤有效磷含量在 3～5mg/kg 的面积为 361.67hm²，占三等级耕地面积的 3.33%；土壤有效磷含量≤3mg/kg 的面积为 34.20hm²，占三等级耕地面积的 0.31%。三等级耕地的土壤有效磷含量统计见表 5.41。

表 5.41　三等级耕地土壤有效磷含量统计表

有效磷含量	面积/hm²	比例/%
＞40mg/kg	689.60	6.35
20～40mg/kg	3443.60	31.68
10～20mg/kg	4866.52	44.78
5～10mg/kg	1472.67	13.55
3～5mg/kg	361.67	3.33
≤3mg/kg	34.20	0.31
三等级耕地总面积	10868.27	100.00

12. 三等级耕地土壤速效钾含量状况

花溪区三等级耕地中，土壤速效钾的平均含量为 223.23mg/kg。其中，土壤速效钾含量＞200mg/kg 的面积为 6712.98hm²，占三等级耕地总面积的 61.77%；土壤速效钾含量在 150～200mg/kg 的面积为 2640.19hm²，占三等级耕地面积的 24.29%；土壤速效钾含量在 100～150mg/kg 的面积为 1324.76hm²，占三等级耕地面积的 12.19%；土壤速效钾含量在 50～100mg/kg 的面积为 116.50hm²，占三等级耕地面积的 1.07%；土壤速效钾含量在 30～50mg/kg 的面积为 73.83hm²，占三等级耕地面积的 0.68%；三等级耕地中没有土壤速效钾含量≤30mg/kg 的土壤。三等级耕地的土壤速效钾含量统计见表 5.42。

表 5.42　三等级耕地土壤速效钾含量统计表

速效钾含量	面积/hm²	比例/%
＞200mg/kg	6712.98	61.77
150～200mg/kg	2640.19	24.29
100～150mg/kg	1324.76	12.19
50～100mg/kg	116.50	1.07

续表

速效钾含量	面积/hm²	比例/%
30~50mg/kg	73.83	0.68
≤30mg/kg	0.00	0.00
三等级耕地总面积	10868.27	100.00

5.4.4　四等级耕地

花溪区耕地面积为35620.22hm²，四等级耕地面积为9431.95hm²，占花溪区耕地面积的26.48%。

1. 四等级耕地土壤类型状况

花溪区四等级耕地中，旱地面积为7900.61hm²，占四等级耕地面积的83.76%，四等级旱地的主要土壤类型是大泥土、黄砂泥土；四等级耕地中水田面积为1531.34hm²，占四等级耕地面积的16.24%，四等级水田的主要土壤类型是黄砂泥田、冷浸田、大泥田；四等级耕地的主要土壤类型是大泥土、黄砂泥土、黄砂泥田。四等级耕地的土壤类型及其面积统计见表5.43。

表5.43　四等级耕地土壤类型统计表

地类名称	贵州土种	面积/hm²	比例/%
旱地	大泥土	3680.39	39.02
	黄砂泥土	2061.52	21.86
	岩泥土	707.29	7.50
	幼黄砂土	446.44	4.73
	油黄泥土	425.01	4.51
	黄泥土	224.19	2.38
	熟黄砂土	137.95	1.46
	油大泥土	137.45	1.46
	黄胶泥土	43.97	0.47
	大紫泥土	16.83	0.18
	潮沙泥土	9.19	0.10
	血泥土	4.16	0.04
	死黄泥土	3.57	0.04
	黄扁砂泥土	1.34	0.01
	油紫砂泥土	1.30	0.01
旱地汇总		7900.61	83.76

续表

地类名称	贵州土种	面积/hm²	比例/%
水田	黄砂泥田	393.95	4.18
	冷浸田	294.47	3.12
	大泥田	228.25	2.42
	大眼泥田	155.27	1.65
	斑潮泥田	54.48	0.58
	斑黄胶泥田	48.66	0.52
	斑潮砂泥田	48.49	0.51
	幼黄砂泥田	47.15	0.50
	深脚烂泥田	40.25	0.43
	油黄砂泥田	39.50	0.42
	幼黄砂田	39.38	0.42
	锈水田	33.85	0.36
	斑黄泥田	25.91	0.27
	紫胶泥田	21.58	0.23
	大土泥田	16.99	0.18
	烂锈田	15.33	0.16
	小黄泥田	13.84	0.15
	紫泥田	7.49	0.08
	浅脚烂泥田	2.64	0.03
	黄胶泥田	2.27	0.02
	轻白胶泥田	1.45	0.02
	重白胶泥田	0.15	0.00
水田汇总		1531.34	16.24
四等级耕地面积合计		9431.95	100.00

2. 四等级耕地土壤剖面构型状况

花溪区四等级耕地的土壤剖面构型主要是 A-B-C、A-AH-R、Aa-Ap-P-C，其面积分别为 6148.01hm²、707.29hm² 和 622.20hm²，分别占四等级耕地面积的 65.18%、7.50% 和 6.60%。四等级耕地土壤为 A-BC-C、A-P-B-C、Aa-Ap-W-C 等其他 14 种土壤剖面构型的面积较小，合计面积为 1954.45hm²，一共只占四等级耕地面积的 20.72%。四等级耕地的土壤剖面构型统计见表5.44。

第5章 耕地地力评价

表5.44 四等级耕地土壤剖面构型统计表

剖面构型	面积/hm²	比例/%
A-B-C	6148.01	65.18
A-AH-R	707.29	7.50
Aa-Ap-P-C	622.20	6.60
A-BC-C	461.85	4.90
A-P-B-C	425.01	4.51
Aa-Ap-W-C	360.73	3.82
Aa-G-Pw	294.47	3.12
A-AP-AC-R	137.45	1.46
Aa-Ap-C	103.52	1.10
M-G	55.58	0.59
Aa-Ap-W-C/Aa-Ap-W-G	54.48	0.58
Am-G-C	33.85	0.36
A-C	20.99	0.22
M-G-Wg-C	2.64	0.03
Aa-Ap-P-C/Aa-Ap-P-B	2.27	0.02
A-Ap-E	1.45	0.02
Ae-APe-E/Ae-AP-E	0.15	0.00
四等级耕地面积合计	9431.95	100.00

3. 四等级耕地土壤成土母质状况

花溪区四等级耕地的土壤成土母质主要是白云岩/石灰岩坡残积物、砂页岩坡残积物、泥岩/页岩/板岩等坡残积物，其面积分别为4770.37hm²、2542.11hm²和991.22hm²，分别占四等级耕地面积的50.58%、26.95%和10.51%。四等级耕地土壤为砂岩坡残积物、泥质白云岩/石灰岩坡残积物、变余砂岩/砂岩/石英砂岩等风化残积物等其他13种成土母质合计面积为1128.24hm²，占四等级耕地面积的11.96%。四等级耕地的土壤成土母质统计见表5.45。

表5.45 四等级耕地土壤成土母质统计表

成土母质	面积/hm²	比例/%
白云岩/石灰岩坡残积物	4770.37	50.58
砂页岩坡残积物	2542.11	26.95
泥岩/页岩/板岩等坡残积物	991.22	10.51
砂岩坡残积物	485.82	5.15
泥质白云岩/石灰岩坡残积物	155.27	1.65
变余砂岩/砂岩/石英砂岩等风化残积物	137.95	1.46

续表

成土母质	面积/hm²	比例/%
河流沉积物	102.97	1.09
老风化壳/黏土岩/泥页岩/板岩坡残积物	92.27	0.98
湖沼沉积物	58.22	0.62
受铁锈水污染的各种风化物	33.85	0.36
中性/钙质紫色页岩坡残积物	24.32	0.26
紫色泥页岩坡残积物	21.58	0.23
溪/河流冲积物	9.19	0.10
酸性紫红色砂页岩/砾岩坡残积物	4.16	0.04
灰绿色/青灰色页岩坡残积物	1.34	0.01
紫色砂页岩/紫色砂岩坡残积物	1.30	0.01
四等级耕地总面积	9431.95	100.00

4. 四等级耕地土壤质地状况

花溪区四等级耕地的土壤质地主要是黏壤土、壤土、黏土、砂质黏壤土等，其面积分别为4747.69hm²、1803.00hm²、1211.43hm²和956.35hm²，分别占四等级耕地总面积的50.34%、19.12%、12.84%和10.14%；四等级耕地土壤质地为砂土及壤质砂土、砂质壤土、砂质黏土、粉砂质黏壤土等其他4种质地的面积较小，其面积合计为713.48hm²，占四等级耕地总面积的比例为7.57%。四等级耕地的土壤质地统计见表5.46。

表5.46　四等级耕地土壤质地统计表

耕层质地	面积/hm²	比例/%
黏壤土	4747.69	50.34
壤土	1803.00	19.12
黏土	1211.43	12.84
砂质黏壤土	956.35	10.14
砂土及壤质砂土	410.95	4.36
砂质壤土	220.47	2.34
砂质黏土	62.13	0.66
粉砂质黏壤土	19.94	0.21
四等级耕地总面积	9431.95	100.00

5. 四等级耕地地形部位状况

花溪区四等级耕地的地形部位主要是丘陵坡腰、丘陵坡脚，其面积分别为2703.39hm²和1930.99hm²，分别占四等级耕地面积的28.66%和20.47%。四等级耕地土壤为平地、中山坡腰、低中山沟谷坡腰等其他 15 种地形部位的面积较小，合计面积为 4797.56hm²，占四等级耕地面积的 50.87%。四等级耕地的地形部位统计见表 5.47。

表 5.47　四等级耕地地形部位统计表

地形部位	面积/hm²	比例/%
丘陵坡腰	2703.39	28.66
丘陵坡脚	1930.99	20.47
平地	931.87	9.88
中山坡腰	663.61	7.04
低中山沟谷坡腰	557.77	5.91
低中山丘陵坡脚	428.01	4.54
低中山丘陵坡腰	341.53	3.62
丘陵坡顶	340.20	3.61
台地	280.56	2.97
低中山沟谷坡顶	261.84	2.78
低中山沟谷坡脚	249.92	2.65
中山坡脚	223.69	2.37
低中山丘陵坡顶	168.71	1.79
丘谷盆地坡腰	158.06	1.68
中山坡顶	110.03	1.17
丘谷盆地坡脚	79.29	0.84
丘谷盆地坡顶	2.47	0.03
四等级耕地面积合计	9431.95	100.00

6. 四等级耕地坡度状况

花溪区四等级耕地的坡度主要分布在 6°～25° 范围内，坡度为 0°～2° 的面积为 173.99hm²，占四等级耕地面积的比例为 1.84%；坡度为 2°～6° 的面积为 1438.08hm²，占四等级耕地面积的比例为 15.25%；坡度为 6°～15° 的面积为 4545.43hm²，占四等级耕地面积的比例为 48.19%；坡度为 15°～25° 的面积为 2759.52hm²，占四等级耕地面积的比例为 29.26%；坡度 >25° 的面积为 514.92hm²，占四等级耕地面积的比例为 5.46%。四等级耕地的坡度统计见表 5.48。

表 5.48　四等级耕地坡度统计表

坡度	面积/hm²	比例/%
0°～2°	173.99	1.84
2°～6°	1438.08	15.25

坡度	面积/hm²	比例/%
6°~15°	4545.43	48.19
15°~25°	2759.52	29.26
>25°	514.92	5.46
四等级耕地总面积	9431.95	100.00

7. 四等级耕地海拔状况

花溪区四等级耕地中，海拔≤1150m 范围内的面积为 1330.23hm²，占四等级耕地总面积的 14.10%；海拔在 1150~1300m 范围内的面积为 6228.08hm²，占四等级耕地总面积的 66.03%；海拔在 1300~1450m 范围内的面积为 1407.77hm²，占四等级耕地总面积的 14.93%；海拔在 1450~1600m 范围内的面积为 465.34hm²，占四等级耕地总面积的 4.93%；海拔>1600m 范围内的面积为 0.52hm²，占四等级耕地总面积的 0.01%。四等级耕地的海拔统计见表 5.49。

表 5.49 四等级耕地海拔统计表

海拔/m	面积/hm²	比例/%
≤1150	1330.23	14.10
1150~1300	6228.08	66.03
1300~1450	1407.77	14.93
1450~1600	465.34	4.93
>1600	0.52	0.01
四等级耕地总面积	9431.95	100.00

8. 四等级耕地灌溉能力状况

花溪区四等级耕地中，灌溉能力为"保灌"的面积为 415.21hm²，占四等级耕地面积的比例为 4.40%；灌溉能力为"不需"的面积为 352.70hm²，占四等级耕地面积的比例为 3.74%；灌溉能力为"能灌"的面积为 475.30hm²，占四等级耕地面积的比例为 5.04%；灌溉能力为"可灌"的面积为 293.75hm²，占四等级耕地面积的比例为 3.11%；灌溉能力为"无灌"的面积为 7894.99hm²，占四等级耕地面积的比例为 83.70%。四等级耕地的灌溉能力统计见表 5.50。

表 5.50 四等级耕地灌溉能力统计表

灌溉能力	面积/hm²	比例/%
保灌	415.21	4.40
不需	352.70	3.74

灌溉能力	面积/hm²	比例/%
能灌	475.30	5.04
可灌（将来可发展）	293.75	3.11
无灌（不具备条件或不计划发展灌溉）	7894.99	83.70
四等级耕地总面积	9431.95	100.00

9. 四等级耕地耕层厚度状况

花溪区四等级耕地的平均耕层厚度为 19.46cm。其中，耕层厚度＞20cm 的面积为 1836.10hm²，占四等级耕地总面积的 19.47%；耕层厚度在 15～20cm 的面积为 6858.41hm²，占四等级耕地总面积的 72.71%；耕层厚度在 10～15cm 的面积为 737.43hm²，占四等级耕地总面积的 7.82%；耕层厚度＞25cm 和≤10cm 的范围内没有四等级耕地。四等级耕地的土壤耕层厚度统计见表 5.51。

表 5.51　四等级耕地土壤耕层厚度统计表

耕层厚度/cm	面积/hm²	比例/%
＞25	0.00	0.00
20～25	1836.10	19.47
15～20	6858.41	72.71
10～15	737.43	7.82
≤10	0.00	0.00
四等级耕地总面积	9431.95	100.00

10. 四等级耕地土壤有机质含量状况

花溪区四等级耕地中，土壤有机质的平均含量为 43.31g/kg。其中，土壤有机质含量＞40g/kg 范围的四等级耕地面积为 5120.60hm²，占四等级耕地总面积的 54.29%；土壤有机质含量在 30～40g/kg 范围的四等级耕地面积为 2571.66hm²，占四等级耕地总面积的 27.27%；土壤有机质含量在 20～30g/kg 范围的四等级耕地面积为 1506.07hm²，占四等级耕地总面积的 15.97%；土壤有机质含量在 10～20g/kg 范围的四等级耕地面积为 209.66hm²，占四等级耕地总面积的 2.22%；土壤有机质含量在 6～10g/kg 范围的四等级耕地面积为 5.54hm²，占四等级耕地总面积的 0.06%；土壤有机质含量在≤6g/kg 范围的四等级耕地面积为 18.41hm²，占四等级耕地总面积的 0.20%。四等级耕地的土壤有机质含量统计见表 5.52。

表 5.52　四等级耕地土壤有机质含量统计表

有机质含量	面积/hm²	比例/%
>40g/kg	5120.60	54.29
30~40g/kg	2571.66	27.27
20~30g/kg	1506.07	15.97
10~20g/kg	209.66	2.22
6~10g/kg	5.54	0.06
≤6g/kg	18.41	0.20
四等级耕地总面积	9431.95	100.00

11. 四等级耕地土壤有效磷含量状况

花溪区四等级耕地中，土壤有效磷的平均含量为 15.87mg/kg。土壤有效磷含量在>40mg/kg 范围的四等级耕地面积为 381.37hm²，占四等级耕地总面积的 4.04%；土壤有效磷含量在 20~40mg/kg 范围的四等级耕地面积为 2053.29hm²，占四等级耕地总面积的 21.77%；土壤有效磷含量在 10~20mg/kg 范围的四等级耕地面积为 3685.87hm²，占四等级耕地总面积的 39.08%；土壤有效磷含量在 5~10mg/kg 范围的四等级耕地面积为 2560.48hm²，占四等级耕地总面积的 27.15%；土壤有效磷含量在 3~5mg/kg 范围的四等级耕地面积为 621.80hm²，占四等级耕地总面积的 6.59%；土壤有效磷含量在≤3mg/kg 范围的四等级耕地面积为 129.14hm²，占四等级耕地总面积的 1.37%。四等级耕地的土壤有效磷含量统计见表 5.53。

表 5.53　四等级耕地土壤有效磷含量统计表

有效磷含量	面积/hm²	比例/%
>40mg/kg	381.37	4.04
20~40mg/kg	2053.29	21.77
10~20mg/kg	3685.87	39.08
5~10mg/kg	2560.48	27.15
3~5mg/kg	621.80	6.59
≤3mg/kg	129.14	1.37
四等级耕地总面积	9431.95	100.00

12. 四等级耕地土壤速效钾含量状况

花溪区四等级耕地中，土壤速效钾的平均含量为 193.55mg/kg。土壤速效钾含量>200mg/kg 范围的四等级耕地面积为 3787.06hm²，占四等级耕地总面积的 40.15%；土壤速效钾含量在 150~200mg/kg 范围的四等级耕地面积为 2933.54hm²，占四等级耕地总面积的31.10%；土壤速效钾含量在100~150mg/kg范围的四等级耕地面积为2250.79hm²，占四等级耕地面积的23.86%；土壤速效钾含量在50~100mg/kg范围的四等级耕地面积为303.02hm²，占四等级耕地总面积的3.21%；土壤速效钾含量在30~50mg/kg范围的四等级耕地面积为157.53hm²，占四等级耕地总面积的1.67%；四等级耕地中没有土壤速效钾含量在≤30mg/kg范围的土壤。四等级耕地的土壤速效钾含量统计见表5.54。

表5.54 四等级耕地土壤速效钾含量统计表

速效钾含量	面积/hm²	比例/%
>200mg/kg	3787.06	40.15
150~200mg/kg	2933.54	31.10
100~150mg/kg	2250.79	23.86
50~100mg/kg	303.02	3.21
30~50mg/kg	157.53	1.67
≤30mg/kg	0.00	0.00
四等级耕地总面积	9431.95	100.00

5.4.5 五等级耕地

花溪区耕地面积为35620.22hm²，五等级耕地面积为5021.76hm²，占花溪区耕地面积的14.10%。

1. 五等级耕地土壤类型状况

花溪区五等级耕地中旱地面积为4256.52hm²，占五等级耕地面积的84.76%，五等级旱地的主要土壤类型是大泥土、黄砂泥土；五等级耕地中水田面积为765.24hm²，占五等级耕地面积的15.24%，五等级水田的主要土壤类型是冷浸田、黄砂泥田；五等级耕地的主要土壤类型是大泥土、冷浸田。五等级耕地的土壤类型及其面积统计见表5.55。

表5.55 五等级耕地土壤类型统计表

地类名称	贵州土种	面积/hm²	比例/%
旱地	大泥土	2025.66	40.34
	黄砂泥土	951.27	18.94
	岩泥土	398.10	7.93
	幼黄砂土	381.50	7.60
	熟黄砂土	264.95	5.28
	油黄泥土	108.42	2.16
	油大泥土	62.11	1.24

续表

地类名称	贵州土种	面积/hm²	比例/%
旱地	黄泥土	32.47	0.65
	潮沙泥土	14.85	0.30
	大紫泥土	9.59	0.19
	黄胶泥土	2.64	0.05
	黄扁砂泥土	1.75	0.03
	油紫砂泥土	1.67	0.03
	血泥土	1.37	0.03
	死黄泥土	0.16	0.00
旱地汇总		4256.52	84.76
水田	冷浸田	219.36	4.37
	黄砂泥田	215.22	4.29
	烂锈田	73.66	1.47
	大泥田	55.74	1.11
	大眼泥田	49.52	0.99
	幼黄砂田	29.75	0.59
	幼黄砂泥田	22.87	0.46
	深脚烂泥田	22.61	0.45
	锈水田	22.58	0.45
	斑黄泥田	12.02	0.24
	大土泥田	11.05	0.22
	斑潮砂泥田	8.95	0.18
	斑黄胶泥田	8.61	0.17
	小黄泥田	4.38	0.09
	黄胶泥田	4.13	0.08
	油黄砂泥田	2.56	0.05
	紫泥田	1.54	0.03
	紫胶泥田	0.69	0.01
水田汇总		765.24	15.24
五等级耕地总面积		5021.76	100.00

2. 五等级耕地土壤剖面构型状况

花溪区五等级耕地的土壤剖面构型主要是 A-B-C、A-BC-C、A-AH-R，其面积分别为 3276.99hm²、399.93hm² 和 398.10hm²，分别占五等级耕地面积的 65.26%、7.96%和 7.93%。五等级耕地土壤为 Aa-Ap-P-C、Aa-G-Pw、A-P-B-C 等其他 10 种土壤剖面构型的面积较少，合计面积为 946.73hm²，只占五等级耕地面积的 18.85%。五等级耕地的土壤剖面构型统计见表 5.56。

表 5.56 五等级耕地土壤剖面构型统计表

剖面构型	面积/hm²	比例/%
A-B-C	3276.99	65.26
A-BC-C	399.93	7.96
A-AH-R	398.10	7.93
Aa-Ap-P-C	270.95	5.40
Aa-G-Pw	219.37	4.37
A-P-B-C	108.42	2.16
M-G	96.27	1.92
Aa-Ap-W-C	88.26	1.76
Aa-Ap-C	63.67	1.27
A-AP-AC-R	62.11	1.24
Am-G-C	22.59	0.45
A-C	10.96	0.22
Aa-Ap-P-C/Aa-Ap-P-B	4.13	0.08
五等级耕地总面积	5021.76	100.00

3. 五等级耕地土壤成土母质状况

花溪区五等级耕地的土壤成土母质主要是白云岩/石灰岩坡残积物、砂页岩坡残积物，其面积分别为 2552.68hm² 和 1191.91hm²，分别占五等级耕地面积的 50.83%和 23.73%。五等级耕地土壤为砂岩坡残积物、泥岩/页岩/板岩等坡残积物、变余砂岩/砂岩/石英砂岩等风化残积物等其他 14 种成土母质合计面积为 1277.17hm²，占五等级耕地面积的 25.44%。五等级耕地的土壤成土母质统计见表 5.57。

表 5.57 五等级耕地土壤成土母质统计表

成土母质	面积/hm²	比例/%
白云岩/石灰岩坡残积物	2552.68	50.83
砂页岩坡残积物	1191.91	23.73
砂岩坡残积物	411.25	8.19
泥岩/页岩/板岩等坡残积物	363.06	7.23
变余砂岩/砂岩/石英砂岩等风化残积物	264.95	5.28
湖沼沉积物	96.27	1.92
泥质白云岩/石灰岩坡残积物	49.52	0.99
老风化壳/黏土岩/泥页岩/板岩坡残积物	29.14	0.58

续表

成土母质	面积/hm²	比例/%
受铁锈水污染的各种风化物	22.59	0.45
溪/河流冲积物	14.85	0.30
中性/钙质紫色页岩坡残积物	11.13	0.22
河流沉积物	8.95	0.18
灰绿色/青灰色页岩坡残积物	1.75	0.03
紫色砂页岩/紫色砂岩坡残积物	1.67	0.03
酸性紫红色砂页岩/砾岩坡残积物	1.37	0.03
紫色泥页岩坡残积物	0.69	0.01
五等级耕地总面积	5021.76	100.00

4. 五等级耕地土壤质地状况

花溪区五等级耕地面积为5021.76hm²。五等级耕地的土壤质地主要是黏壤土、黏土、壤土、砂土及壤质砂土等，其面积分别为2001.67hm²、1386.06hm²、639.93hm²和523.24hm²，分别占五等级耕地总面积的39.86%、27.60%、12.74%和10.42%；五等级耕地土壤质地为砂质黏壤土、砂质壤土、砂质黏土、粉砂质黏壤土等其他4种质地的面积较小，其面积合计为470.84hm²，占五等级耕地总面积的比例为9.38%。五等级耕地的土壤质地统计见表5.58。

表5.58　五等级耕地土壤质地统计表

耕层质地	面积/hm²	比例/%
黏壤土	2001.67	39.86
黏土	1386.06	27.60
壤土	639.93	12.74
砂土及壤质砂土	523.24	10.42
砂质黏壤土	320.41	6.38
砂质壤土	132.13	2.63
砂质黏土	17.36	0.35
粉砂质黏壤土	0.94	0.02
五等级耕地总面积	5021.76	100.00

5. 五等级耕地地形部位状况

花溪区五等级耕地的地形部位主要是丘陵坡腰、丘陵坡脚、中山坡腰，其面积分别为1255.04hm²、864.45hm²和573.48hm²，分别占五等级耕地面积的24.99%、17.21%和

11.42%。五等级耕地土壤为台地、低中山丘陵坡腰、低中山沟谷坡腰等其他 14 种地形部位的面积较小，合计面积为 2328.79hm^2，占五等级耕地面积的 46.38%。五等级耕地的地形部位统计见表 5.59。

表 5.59　五等级耕地地形部位统计表

地形部位	面积/hm^2	比例/%
丘陵坡腰	1255.04	24.99
丘陵坡脚	864.45	17.21
中山坡腰	573.48	11.42
台地	355.01	7.07
低中山丘陵坡腰	318.62	6.34
低中山沟谷坡腰	301.78	6.01
中山坡顶	292.91	5.83
平地	277.46	5.53
低中山丘陵坡脚	209.32	4.17
丘陵坡顶	158.36	3.15
中山坡脚	154.59	3.08
低中山沟谷坡脚	79.33	1.58
低中山沟谷坡顶	64.85	1.29
低中山丘陵坡顶	61.75	1.23
丘谷盆地坡脚	31.37	0.62
丘谷盆地坡腰	21.21	0.42
丘谷盆地坡顶	2.23	0.04
五等级耕地总面积	5021.76	100.00

6. 五等级耕地坡度状况

花溪区五等级耕地中，坡度为 0°~2° 的面积为 41.41hm^2，占五等级耕地面积的比例为 0.82%；坡度为 2°~6° 的面积为 490.90hm^2，占五等级耕地面积的比例为 9.78%；坡度为 6°~15° 的面积为 2484.40hm^2，占五等级耕地面积的比例为 49.47%；坡度为 15°~25° 的面积为 1508.20hm^2，占五等级耕地面积的比例为 30.03%；坡度>25° 的面积为 496.85hm^2，占五等级耕地面积的比例为 9.89%。五等级耕地的坡度统计见表 5.60。

表 5.60　五等级耕地坡度统计表

坡度	面积/hm^2	比例/%
0°~2°	41.41	0.82
2°~6°	490.90	9.78

续表

坡度	面积/hm^2	比例/%
6°~15°	2484.40	49.47
15°~25°	1508.20	30.03
>25°	496.85	9.89
五等级耕地总面积	5021.76	100.00

7. 五等级耕地海拔状况

花溪区五等级耕地中，海拔≤1150m 的面积为 579.30hm^2，占五等级耕地总面积的 11.54%；海拔在 1150~1300m 范围内的面积为 3046.18hm^2，占五等级耕地总面积的 60.66%；海拔在 1300~1450m 范围内的面积为 1028.63hm^2，占五等级耕地总面积的 20.48%；海拔在 1450~1600m 范围内的面积为 366.88hm^2，占五等级耕地总面积的 7.31%；海拔>1600m 的面积为 0.76hm^2，占五等级耕地总面积的 0.02%。五等级耕地的海拔统计见表 5.61。

表 5.61　五等级耕地海拔统计表

海拔/m	面积/hm^2	比例/%
≤1150	579.30	11.54
1150~1300	3046.18	60.66
1300~1450	1028.63	20.48
1450~1600	366.88	7.31
>1600	0.76	0.02
五等级耕地总面积	5021.76	100.00

8. 五等级耕地灌溉能力状况

花溪区五等级耕地中，灌溉能力为"保灌"的面积为 88.26hm^2，占五等级耕地面积的比例为 1.76%；灌溉能力为"不需"的面积为 315.64hm^2，占五等级耕地面积的比例为 6.29%；灌溉能力为"能灌"的面积为 180.59hm^2，占五等级耕地面积的比例为 3.60%；灌溉能力为"可灌"的面积为 172.32hm^2，占五等级耕地面积的比例为 3.43%；灌溉能力为"无灌"的面积为 4264.94hm^2，占五等级耕地面积的比例为 84.93%。五等级耕地的灌溉能力统计见表 5.62。

表 5.62　五等级耕地灌溉能力统计表

灌溉能力	面积/hm^2	比例/%
保灌	88.26	1.76

续表

灌溉能力	面积/hm²	比例/%
不需	315.64	6.29
能灌	180.59	3.60
可灌（将来可发展）	172.32	3.43
无灌（不具备条件或不计划发展灌溉）	4264.94	84.93
五等级耕地总面积	5021.76	100.00

9. 五等级耕地耕层厚度状况

花溪区五等级耕地的平均耕层厚度为 20.01cm。其中，耕层厚度＞20cm 的面积为 1137.53hm²，占五等级耕地面积的 22.65%；耕层厚度在 15～20cm 的面积为 3461.19hm²，占五等级耕地面积的 68.92%；耕层厚度在 10～15cm 的面积为 423.04hm²，占五等级耕地面积的 8.42%；五等级耕地中没有耕层厚度≤10cm 的土壤。五等级耕地的土壤耕层厚度统计见表 5.63。

表 5.63　五等级耕地土壤耕层厚度统计表

耕层厚度/cm	面积/hm²	比例/%
＞20	1137.53	22.65
15～20	3461.19	68.92
10～15	423.04	8.42
≤10	0.00	0.00
五等级耕地总面积	5021.76	100.00

10. 五等级耕地土壤有机质含量状况

花溪区五等级耕地中，土壤有机质的平均含量为 34.62g/kg。其中，土壤有机质含量在＞40g/kg 范围的五等级耕地面积为 1208.94hm²，占五等级耕地总面积的 24.07%；土壤有机质含量在 30～40g/kg 范围的五等级耕地面积为 1228.93hm²，占五等级耕地总面积的 24.47%；土壤有机质含量在 20～30g/kg 范围的五等级耕地面积为 2214.88hm²，占五等级耕地总面积的 44.11%；土壤有机质含量在 10～20g/kg 范围的五等级耕地面积为 307.53hm²，占五等级耕地总面积的 6.12%；土壤有机质含量在 6～10g/kg 范围的五等级耕地面积为 38.82hm²，占五等级耕地总面积的 0.77%；土壤有机质含量在≤6g/kg 范围的五等级耕地面积为 22.67hm²，占五等级耕地总面积的 0.45%。五等级耕地的土壤有机质含量统计见表 5.64。

表 5.64 五等级耕地土壤有机质含量统计表

有机质含量	面积/hm²	比例/%
>40g/kg	1208.94	24.07
30～40g/kg	1228.93	24.47
20～30g/kg	2214.88	44.11
10～20g/kg	307.53	6.12
6～10g/kg	38.82	0.77
≤6g/kg	22.67	0.45
五等级耕地总面积	5021.76	100.00

11. 五等级耕地土壤有效磷含量状况

花溪区五等级耕地中，土壤有效磷的平均含量为 14.57mg/kg。土壤有效磷含量在＞40mg/kg 范围的五等级耕地面积为 168.45hm²，占五等级耕地总面积的 3.35%；土壤有效磷含量在 20～40mg/kg 范围的五等级耕地面积为 441.47hm²，占五等级耕地总面积的 8.79%；土壤有效磷含量在 10～20mg/kg 范围的五等级耕地面积为 1394.59hm²，占五等级耕地总面积的 27.77%；土壤有效磷含量在 5～10mg/kg 范围的五等级耕地面积为 1875.59hm²，占五等级耕地总面积的 37.35%；土壤有效磷含量在 3～5mg/kg 范围的五等级耕地面积为 599.30hm²，占五等级耕地总面积的 11.93%；土壤有效磷含量在≤3mg/kg 范围的五等级耕地面积为 542.36hm²，占五等级耕地总面积的 10.80%。五等级耕地的土壤有效磷含量统计见表 5.65。

表 5.65 五等级耕地土壤有效磷含量统计表

有效磷含量	面积/hm²	比例/%
>40mg/kg	168.45	3.35
20～40mg/kg	441.47	8.79
10～20mg/kg	1394.59	27.77
5～10mg/kg	1875.59	37.35
3～5mg/kg	599.30	11.93
≤3mg/kg	542.36	10.80
五等级耕地总面积	5021.76	100.00

12. 五等级耕地土壤速效钾含量状况

花溪区五等级耕地中，土壤速效钾的平均含量为 115.79mg/kg。土壤速效钾含量在＞200mg/kg 范围的五等级耕地面积为 1096.64hm²，占五等级耕地总面积的 21.84%；土壤速效钾含量在 150～200mg/kg 范围的五等级耕地面积为 1434.09hm²，占五等级耕地总面积的28.56%；土壤速效钾含量在100~150mg/kg范围的五等级耕地面积为1943.70hm²，占五等级耕地总面积的38.71%；土壤速效钾含量在50~100mg/kg范围的五等级耕地面积为279.86hm²，占五等级耕地总面积的5.57%；土壤速效钾含量在30~50mg/kg范围的五等级耕地面积为267.46hm²，占五等级耕地总面积的5.33%；五等级耕地中没有土壤速效钾含量在≤30mg/kg范围的土壤。五等级耕地的土壤速效钾含量统计见表5.66。

表5.66 五等级耕地土壤速效钾含量统计表

速效钾含量	面积/hm²	比例/%
>200mg/kg	1096.64	21.84
150~200mg/kg	1434.09	28.56
100~150mg/kg	1943.70	38.71
50~100mg/kg	279.86	5.57
30~50mg/kg	267.46	5.33
≤30mg/kg	0.00	0.00
五等级耕地总面积	5021.76	100.00

5.4.6 六等级耕地

花溪区耕地面积为35620.22hm²，六等级耕地面积为1961.20hm²，占花溪区耕地面积的5.51%。

1. 六等级耕地土壤类型状况

花溪区六等级耕地中旱地面积为1598.59hm²，占六等级耕地面积的81.51%，六等级旱地的主要土壤类型是大泥土、熟黄砂土、黄砂泥土、幼黄砂土、岩泥土；六等级耕地中水田面积为362.61hm²，占六等级耕地面积的18.49%，六等级水田的主要土壤类型是黄砂泥田、冷浸田；六等级耕地的主要土壤类型是大泥土、黄砂泥田。六等级耕地的土壤类型及其面积统计见表5.67。

表5.67 六等级耕地土壤类型统计表

地类名称	贵州土种	面积/hm²	比例/%
旱地	大泥土	627.73	32.01
	熟黄砂土	339.35	17.30
	黄砂泥土	243.18	12.40
	幼黄砂土	183.83	9.37
	岩泥土	125.32	6.39
	油黄泥土	44.12	2.25
	油大泥土	19.26	0.98
	黄胶泥土	5.95	0.30

续表

地类名称	贵州土种	面积/hm²	比例/%
旱地	大紫泥土	4.09	0.21
	潮沙泥土	3.35	0.17
	黄泥土	1.18	0.06
	黄扁砂泥土	0.57	0.03
	油紫砂泥土	0.46	0.02
	死黄泥土	0.14	0.01
	血泥土	0.06	0.00
旱地汇总		1598.59	81.51
水田	黄砂泥田	116.38	5.93
	冷浸田	93.59	4.77
	斑黄胶泥田	41.94	2.14
	大眼泥田	30.87	1.57
	幼黄砂泥田	26.55	1.35
	大泥田	21.85	1.11
	大土泥田	15.53	0.79
	幼黄砂田	7.65	0.39
	烂锈田	6.28	0.32
	黄胶泥田	1.78	0.09
	油黄砂泥田	0.19	0.01
水田汇总		362.61	18.479
六等级耕地总面积		1961.20	100.00

2. 六等级耕地土壤剖面构型状况

花溪区六等级耕地的土壤剖面构型主要是 A-B-C、A-BC-C，其面积分别为1217.39hm²、188.36hm²，分别占六等级耕地面积的 62.07%和 9.60%。六等级耕地土壤为Aa-Ap-P-C、A-AH-R 等其他 10 种土壤剖面构型的面积较小，合计面积为 555.45hm²，只占六等级耕地面积的 28.32%。六等级耕地的土壤剖面构型统计见表 5.68。

表 5.68 六等级耕地土壤剖面构型统计表

剖面构型	面积/hm²	比例/%
A-B-C	1217.39	62.07
A-BC-C	188.36	9.60
Aa-Ap-P-C	138.23	7.05
A-AH-R	125.32	6.39

续表

剖面构型	面积/hm²	比例/%
Aa-G-Pw	93.59	4.77
Aa-Ap-W-C	72.99	3.72
Aa-Ap-C	49.73	2.54
A-P-B-C	44.11	2.25
A-AP-AC-R	19.26	0.98
M-G	6.28	0.32
A-C	4.15	0.21
Aa-Ap-P-C/Aa-Ap-P-B	1.78	0.09
六等级耕地总面积	1961.20	100.00

3. 六等级耕地土壤成土母质状况

花溪区六等级耕地的土壤成土母质主要是白云岩/石灰岩坡残积物、砂页岩坡残积物、变余砂岩/砂岩/石英砂岩等风化残积物，其面积分别为 809.69hm²、386.29hm² 和 339.36hm²，分别占六等级耕地总面积的 41.29%、19.70%和 17.30%。六等级耕地土壤为砂岩坡残积物、泥岩/页岩/板岩等坡残积物、老风化壳/黏土岩/泥页岩/板岩坡残积物等其他 10 种成土母质合计面积为 425.86hm²，占六等级耕地总面积的 21.71%。六等级耕地的土壤成土母质统计见表 5.69。

表 5.69 六等级耕地土壤成土母质统计表

成土母质	面积/hm²	比例/%
白云岩/石灰岩坡残积物	809.69	41.29
砂页岩坡残积物	386.29	19.70
变余砂岩/砂岩/石英砂岩等风化残积物	339.36	17.30
砂岩坡残积物	191.48	9.76
泥岩/页岩/板岩等坡残积物	144.97	7.39
老风化壳/黏土岩/泥页岩/板岩坡残积物	43.72	2.23
泥质白云岩/石灰岩坡残积物	30.87	1.57
湖沼沉积物	6.28	0.32
中性/钙质紫色页岩坡残积物	4.09	0.21
溪/河流冲积物	3.36	0.17
灰绿色/青灰色页岩坡残积物	0.57	0.03
紫色砂页岩/紫色砂岩坡残积物	0.46	0.02
酸性紫红色砂页岩/砾岩坡残积物	0.06	0.00
六等级耕地总面积	1961.20	100.00

4. 六等级耕地土壤质地状况

花溪区六等级耕地的土壤质地主要是黏壤土、砂土及壤质砂土等，其面积分别为 806.62hm^2、517.18hm^2，分别占六等级耕地总面积的 41.13%、26.37%；六等级耕地土壤质地为黏土、壤土、砂质黏壤土、砂质黏土、砂质壤土等其他 5 种质地的面积较小，其面积合计为 637.40hm^2，占六等级耕地总面积的比例为 32.50%。六等级耕地的土壤质地统计见表 5.70。

表 5.70　六等级耕地土壤质地统计表

耕层质地	面积/hm^2	比例/%
黏壤土	806.62	41.13
砂土及壤质砂土	517.18	26.37
黏土	336.95	17.18
壤土	203.15	10.36
砂质黏壤土	82.08	4.19
砂质黏土	8.46	0.43
砂质壤土	6.76	0.34
六等级耕地总面积	1961.20	100.00

5. 六等级耕地地形部位状况

花溪区六等级耕地的地形部位主要是中山坡顶、中山坡腰、丘陵坡腰，其面积分别为 369.42hm^2、329.38hm^2、320.01hm^2，分别占六等级耕地面积的 18.84%、16.79%、16.32%。六等级耕地土壤为台地、丘陵坡脚、中山坡脚等其他 13 种地形部位的面积较小，合计面积为 942.39hm^2，占六等级耕地总面积的 48.05%。六等级耕地的地形部位统计见表 5.71。

表 5.71　六等级耕地地形部位统计表

地形部位	面积/hm^2	比例/%
中山坡顶	369.42	18.84
中山坡腰	329.38	16.79
丘陵坡腰	320.01	16.32
台地	183.39	9.35
丘陵坡脚	163.11	8.32
中山坡脚	145.71	7.43
低中山丘陵坡腰	124.40	6.34
低中山丘陵坡脚	90.95	4.64
平地	75.17	3.83

续表

地形部位	面积/hm²	比例/%
丘陵坡顶	52.93	2.70
低中山沟谷坡腰	31.77	1.62
低中山丘陵坡顶	29.03	1.48
丘谷盆地坡脚	24.13	1.23
低中山沟谷坡顶	16.06	0.82
丘谷盆地坡腰	3.74	0.19
低中山沟谷坡脚	2.00	0.10
六等级耕地总面积	1961.20	100.00

6. 六等级耕地坡度状况

花溪区六等级耕地坡度在 0°～2°范围的面积为 23.83hm²，占六等级耕地总面积的比例为 1.22%；坡度在 2°～6°范围的面积为 119.03hm²，占六等级耕地总面积的比例为 6.07%；坡度在 6°～15°范围的面积为 811.82hm²，占六等级耕地总面积的比例为 41.39%；坡度在 15°～25°范围的面积为 623.41hm²，占六等级耕地总面积的比例为 31.79%；坡度在大于 25°范围的面积为 383.11hm²，占六等级耕地总面积的比例为 19.53%。六等级耕地的坡度统计见表 5.72。

表 5.72　六等级耕地坡度统计表

坡度	面积/hm²	比例/%
0°～2°	23.83	1.22
2°～6°	119.03	6.07
6°～15°	811.82	41.39
15°～25°	623.41	31.79
>25°	383.11	19.53
六等级耕地总面积	1961.20	100.00

7. 六等级耕地海拔状况

花溪区六等级耕地中海拔≤1150m 范围内的面积为 200.52hm²，占六等级耕地总面积的 10.22%；海拔在 1150～1300m 范围内的面积为 789.80hm²，占六等级耕地总面积的 40.27%；海拔在 1300～1450m 范围内的面积为 931.82hm²，占六等级耕地总面积的 47.51%；海拔在 1450～1600m 范围内的面积为 38.89hm²，占六等级耕地总面积的 1.98%；海拔大于 1600m 范围内的面积为 0.17hm²，占六等级耕地总面积的 0.01%。六等级耕地的海拔统计见表 5.73。

表 5.73　六等级耕地海拔统计表

海拔/m	面积/hm²	比例/%
≤1150	200.52	10.22
1150~1300	789.80	40.27
1300~1450	931.82	47.51
1450~1600	38.89	1.98
>1600	0.17	0.01
六等级耕地总面积	1961.20	100.00

8. 六等级耕地灌溉能力状况

花溪区六等级耕地灌溉能力为"保灌"的面积为 72.99hm²，占六等级耕地总面积的比例为 3.72%；灌溉能力为"不需"的面积为 99.87hm²，占六等级耕地总面积的比例为 5.09%；灌溉能力为"能灌"的面积为 91.51hm²，占六等级耕地面积的比例为 4.67%；灌溉能力为"可灌"的面积为 79.77hm²，占六等级耕地总面积的比例为 4.07%；灌溉能力为"无灌"的面积为 1617.06hm²，占六等级耕地总面积的比例为 82.45%。六等级耕地的灌溉能力统计见表 5.74。

表 5.74　六等级耕地灌溉能力统计表

灌溉能力	面积/hm²	比例/%
保灌	72.99	3.72
不需	99.87	5.09
能灌	91.51	4.67
可灌（将来可发展）	79.77	4.07
无灌（不具备条件或不计划发展灌溉）	1617.06	82.45
六等级耕地总面积	1961.20	100.00

9. 六等级耕地耕层厚度状况

花溪区六等级耕地的平均耕层厚度为 19.73cm。六等级耕地的耕层厚度＞20cm 的面积为 213.81hm²，占六等级耕地总面积的 10.90%；耕层厚度在 15~20cm 的面积为 1567.65hm²，占六等级耕地总面积的 79.93%；耕层厚度在 10~15cm 的面积为 175.06hm²，占六等级耕地总面积的 8.93%；耕层厚度≤10cm 的面积为 4.68hm²，占六等级耕地总面积的 0.24%。六等级耕地的土壤耕层厚度统计见表 5.75。

表 5.75　六等级耕地土壤耕层厚度统计表

耕层厚度/cm	面积/hm²	比例/%
＞25	0.00	0.00
20~25	213.81	10.90

续表

耕层厚度/cm	面积/hm²	比例/%
15～20	1567.65	79.93
10～15	175.06	8.93
≤10	4.68	0.24
六等级耕地总面积	1961.20	100.00

10. 六等级耕地土壤有机质含量状况

花溪区六等级耕地土壤有机质的平均含量为 28.43g/kg。其中，土壤有机质含量＞40g/kg 范围的六等级耕地面积为 325.05hm²，占六等级耕地总面积的 16.57%；土壤有机质含量在 30～40g/kg 范围的六等级耕地面积为 392.71hm²，占六等级耕地总面积的 20.02%；土壤有机质含量在 20～30g/kg 范围的六等级耕地面积为 667.50hm²，占六等级耕地总面积的 34.04%；土壤有机质含量在 10～20g/kg 范围的六等级耕地面积为 400.53hm²，占六等级耕地总面积的 20.42%；土壤有机质含量在 6～10g/kg 范围的六等级耕地面积为 148.26hm²，占六等级耕地总面积的 7.56%；土壤有机质含量在≤6g/kg 范围的六等级耕地面积为 27.16hm²，占六等级耕地总面积的 1.38%。六等级耕地的土壤有机质含量统计见表 5.76。

表 5.76 六等级耕地土壤有机质含量统计表

有机质含量	面积/hm²	比例/%
＞40g/kg	325.05	16.57
30～40g/kg	392.71	20.02
20～30g/kg	667.50	34.04
10～20g/kg	400.53	20.42
6～10g/kg	148.26	7.56
≤6g/kg	27.16	1.38
六等级耕地总面积	1961.20	100.00

11. 六等级耕地土壤有效磷含量状况

花溪区六等级耕地土壤有效磷的平均含量为 6.05mg/kg。土壤有效磷含量在＞40mg/kg 范围的六等级耕地面积为 24.46hm²，占六等级耕地总面积的 1.25%；土壤有效磷含量在 20～40mg/kg 范围的六等级耕地面积为 70.60hm²，占六等级耕地总面积的 3.60%；土壤有效磷含量在 10～20mg/kg 范围的六等级耕地面积为 154.40hm²，占六等级耕地总面积的 7.87%；土壤有效磷含量在 5～10mg/kg 范围的六等级耕地面积为 559.32hm²，占六等级耕地总面积的 28.52%；土壤有效磷含量在 3～5mg/kg 范围的六等级耕地面积为

359.27hm², 占六等级耕地总面积的 18.32%；土壤有效磷含量在≤3mg/kg 范围的六等级耕地面积为 793.16hm²，占六等级耕地总面积的 40.44%。六等级耕地的土壤有效磷含量统计见表 5.77。

表 5.77　六等级耕地土壤有效磷含量统计表

有效磷含量	面积/hm²	比例/%
>40mg/kg	24.46	1.25
20～40mg/kg	70.60	3.60
10～20mg/kg	154.40	7.87
5～10mg/kg	559.32	28.52
3～5mg/kg	359.27	18.32
≤3mg/kg	793.16	40.44
六等级耕地总面积	1961.20	100.00

12. 六等级耕地土壤速效钾含量状况

花溪区六等级耕地土壤速效钾的平均含量为 115.79mg/kg。土壤速效钾含量在>200mg/kg 范围的六等级耕地面积为 88.20hm²，占六等级耕地总面积的 4.50%；土壤速效钾含量在 150～200mg/kg 范围的六等级耕地面积为 294.10hm²，占六等级耕地总面积的 15.00%；土壤速效钾含量在 100～150mg/kg 范围的六等级耕地面积为 931.68hm²，占六等级耕地总面积的 47.51%；土壤速效钾含量在 50～100mg/kg 范围的六等级耕地面积为 371.37hm²，占六等级耕地总面积的 18.94%；土壤速效钾含量在 30～50mg/kg 范围的六等级耕地面积为 275.85hm²，占六等级耕地总面积的 14.06%；六等级耕地没有土壤速效钾含量≤30mg/kg 的土壤。六等级耕地的土壤速效钾含量统计见表 5.78。

表 5.78　六等级耕地土壤速效钾含量统计表

速效钾含量	面积/hm²	比例/%
>200mg/kg	88.20	4.50
150～200mg/kg	294.10	15.00
100～150mg/kg	931.68	47.51
50～100mg/kg	371.37	18.94
30～50mg/kg	275.85	14.06
≤30mg/kg	0.00	0.00
六等级耕地总面积	1961.20	100.00

5.5 耕地不同土壤肥力土壤面积及分布

5.5.1 耕地土壤肥力等级的确定

根据花溪区不同土壤类型的自然属性与生产性能的相关性，在耕地地力评价分级的基础上，参照农民习惯，对于自然属性、生产能力与改良利用方向和途径基本一致的耕地土壤，以耕地地力评价结果为基础，将耕地土壤肥力分为上、中和下三个等级。耕地地力为一、二等的耕地为上等土壤肥力，耕地地力为三、四等的耕地为中等土壤肥力，耕地地力为五、六等的耕地为下等土壤肥力。

5.5.2 各等级土壤肥力耕地面积

根据表 5.79 的统计结果，花溪区上等土壤肥力耕地面积为 8337.05hm²，占全区耕地总面积的 23.41%；中等土壤肥力耕地面积为 20300.22hm²，占全区耕地总面积的 56.99%；下等土壤肥力耕地面积为 6982.96hm²，占全区耕地总面积的 19.61%。

表 5.79 花溪区不同土壤肥力等级耕地面积统计表

耕地土壤肥力等级	地力等级	面积/hm²	比例/%
上等肥力	一、二等级	8337.05	23.41
中等肥力	三、四等级	20300.22	56.99
下等肥力	五、六等级	6982.96	19.61
全区耕地面积		35620.22	100.00

根据表 5.6 的统计结果，花溪区水田面积为 13254.13hm²，所处条件较好，耕作管理精细，生产能力高。

土壤肥力为上等的水田面积为 7285.07hm²，占全区水田总面积的 54.96%，主要包括大眼泥田、斑黄胶泥田、斑黄泥田、斑潮泥田、龙凤大眼泥田等土种。这些水田所处地势较为平缓，气候条件好，一般多分布在海拔 1300m 以下的坝地或村寨附近。水源条件较好，排灌方便、能灌能耕，一般有水源保证。土壤剖面层次发育良好，土层深厚，多在 80～100cm 之间，耕层 20～30cm。土壤结构和土壤质地较好，多为黏壤土或砂质黏壤土。土壤 pH 适宜农作物生长，多呈微酸性，中性或微碱性。土壤中养分含量丰富，氮、磷、钾养分的比例较为均衡协调。施肥水平高，生产性能较好，土壤的宜耕性能和宜肥性能均较好。

土壤肥力为中等的水田面积为 4841.20hm²，占全区水田总面积的 36.52%，包括黄砂泥田、大泥田、大眼泥田、斑黄胶泥田、小黄泥田等土种，多分布在坡腰沟谷台地地段，地势较为平缓。水源条件虽然较好，但排灌系统不能配套。土壤剖面层次发育较为明显，土层较深厚，一般土层厚 70～100cm，耕层 16～18cm，土壤质地结构较好，多为壤土和黏土，呈粒状或块状结构。土壤 pH 呈微酸或中性，土壤中潜在的养分含量虽然较高，但有效养分较低。在施肥水平较高的条件下，生产性能会得到较好的发挥，增产潜力较大。

土壤肥力为下等的水田面积为 1127.85hm^2，占全区水田总面积的 8.51%，包括冷浸田、大眼泥田、烂锈田、大泥田、斑黄胶泥田、幼黄砂泥田、深脚烂泥田等土种。其多分布在低洼排水不良的地段或离村寨较远的地方，水利条件差，或是望天水田，或是有水源但无排灌设施的水田。这类水田土层较厚，土壤理化性质不良，存在不同程度的冷、烂、黏、沙、瘦等障碍因素；施肥水平低，耕作管理粗放，土壤的"三宜性"差。

花溪区的旱地面积为 22366.09hm^2，与水稻土比较，由于所处的条件较差，耕作管理较粗放，但增产潜力大。

土壤肥力为上等的旱地面积为 1051.97hm^2，占全区旱地总面积的 4.70%，包括大泥土、油黄泥土、黄泥土、黄砂泥土、油大泥土、潮沙泥土等土种。其所处地势平缓，多分布在村寨附近，坡度较小的塝、台地地段。土壤剖面层次发育良好，土层较厚为 70～100cm，耕层 16～20cm。土壤质地疏松，结构良好，多是砂壤至轻壤土，团粒结构或核粒结构。土壤 pH 适中，养分含量丰富。施肥水平较高，土壤的"三宜性"好，一般为菜园地。

土壤肥力为中等的旱地面积为 15459.01hm^2，占全区旱地总面积的 69.11%，包括黄砂泥土、岩泥土、黄泥土、幼黄砂土、熟黄砂土、黄胶泥土等土种。所处的地形位置较陡，多分布在坡度 6°～15°的山坡中下部。剖面层次发育层较明显，但土层较薄，土中存在着影响作物生长的障碍因素。土壤养分含量一般，PH 呈酸性或中性。施肥水平一般，耕作管理一般，土壤的宜耕性、宜肥性和宜种性较好，生产潜力较大。

土壤肥力为下等的旱地面积为 5855.11hm^2，占全区旱地总面积的 26.18%，包括死黄泥土、幼黄砂土、岩泥土、黄泥土、黄扁砂泥土等土种。所处的地形坡度大，基岩裸露多，水土流失严重，多分布在坡度在 15°以上的陡坡上部。土层浅薄，土壤剖面层次发育明显，耕层 12～16cm，土体厚度 40～75cm。土壤结构不良，质地差，石砾含量较多。土壤养分含量低，抗旱能力弱。施肥水平低，宜耕性、宜肥性和宜种性差，一般增产潜力不大。

5.5.3 不同土壤肥力等级耕地在各乡镇分布

上等肥力耕地主要分布在青岩镇、湖潮乡、麦坪乡（现为麦坪镇）、小碧乡、贵筑街道、孟关乡等乡镇（街道），其面积分别为 1713.77hm^2、1518.11hm^2、747.97hm^2、625.42hm^2、590.97hm^2、543.33hm^2，合计占了上等肥力耕地总面积的 96.9%；上等肥力耕地在久安乡、黔陶乡、高坡乡等其余 9 个乡镇的分布面积较少，面积合计为 258.27hm^2，占上等肥力耕地总面积的 3.10%。

中等肥力耕地主要分布在湖潮乡、党武乡（现为党武街道）、青岩镇、燕楼乡（现为燕楼镇）、麦坪乡等乡镇，其面积分别为 2523.96hm^2、2378.71hm^2、2038.07hm^2、2006.05hm^2、1840.51hm^2，合计占了中等肥力耕地总面积的 53.14%；中等肥力耕地在黔陶乡、清溪街道、溪北街道等其余 10 个乡（镇、街道）的分布面积较少，面积合计为 9512.91hm^2，占中等肥力耕地总面积的 46.86%。

下等肥力耕地主要分布在高坡乡、黔陶乡、小碧乡等乡镇，其面积分别为 1624.41hm^2、921.88hm^2、840.31hm^2，合计占了下等肥力耕地总面积的 48.50%；下等肥力耕地在湖潮乡、麦坪乡、青岩镇等其余 12 个乡镇的分布面积较少，面积合计为 3596.37hm^2，占下等肥力耕地总面积的 51.50%。

各土壤肥力等级耕地在各乡镇分布的详情如表 5.80 所示。

表 5.80　花溪区各不同土壤肥力等级耕地在乡（镇、街道）分布面积统计表

乡（镇、街道）	上等肥力耕地 面积/hm^2	比例/%	中等肥力耕地 面积/hm^2	比例/%	下等肥力耕地 面积/hm^2	比例/%
党武乡	483.86	5.80	2378.71	11.72	260.90	3.74
高坡乡	118.98	1.43	1534.87	7.56	1624.41	23.26
贵筑街道	590.97	7.09	744.95	3.67	388.56	5.56
湖潮乡	1518.11	18.21	2523.96	12.43	147.45	2.11
久安乡	195.23	2.34	1323.75	6.52	537.57	7.70
马铃乡	255.50	3.06	1310.54	6.46	622.05	8.91
麦坪乡	747.97	8.97	1840.51	9.07	134.13	1.92
孟关乡	543.33	6.52	1158.40	5.71	543.53	7.78
黔陶乡	123.39	1.48	547.23	2.70	921.88	13.20
青岩镇	1713.77	20.56	2038.07	10.04	121.29	1.74
清溪街道	425.21	5.10	460.29	2.27	56.52	0.81
石板镇	251.18	3.01	1523.06	7.50	365.66	5.24
溪北街道	324.10	3.89	320.67	1.58	8.22	0.12
小碧乡	625.42	7.50	589.16	2.90	840.31	12.03
燕楼乡	420.03	5.04	2006.05	9.88	410.48	5.88
合计	8337.05	100.00	20300.22	100.00	6982.96	100.00

5.5.4　各乡镇不同土壤肥力等级耕地分布

根据表 5.81，花溪区各乡镇耕地土壤肥力差异较大。

上等土壤肥力耕地所占比例大于 40%的乡镇有溪北街道（49.63%）、清溪街道（45.14%）、青岩镇（44.25%）；上等土壤肥力耕地所占比例在 30%～40%的乡镇有湖潮乡（36.24%）、贵筑街道（34.27%）、小碧乡（30.44%）；上等土壤肥力耕地所占比例在 20%～30%的乡镇有麦坪乡（27.47%）、孟关乡（24.20%）；上等土壤肥力耕地所占比例在 10%～

20%的乡镇有党武乡（15.49%）、燕楼乡（14.81%）、石板镇（11.74%）、马铃乡（11.68%）；上等土壤肥力耕地所占比例小于10%的乡镇有久安乡（9.49%）、黔陶乡（7.75%）、高坡乡（3.63%）。

中等土壤肥力耕地所占比例大于60%的乡镇有党武乡（76.16%）、石板镇（71.17%）、燕楼乡（70.72%）、麦坪乡（67.60%）、久安乡（64.37%）、湖潮乡（60.24%）；中等土壤肥力耕地所占比例在40%~60%的地区有马铃乡（59.89%）、青岩镇（52.62%）、孟关乡（51.59%）、溪北街道（49.11%）、清溪街道（48.86%）、高坡乡（46.82%）、贵筑街道（43.20%）；中等土壤肥力耕地所占比例小于40%的乡镇有黔陶乡（34.36%）、小碧乡（28.67%）。

下等土壤肥力耕地所占比例大于40%的乡镇有黔陶乡（57.89%）、高坡乡（49.55%）、小碧乡（40.89%）；下等土壤肥力耕地所占比例在20%~40%的乡镇有马铃乡（28.43%）、久安乡（26.14%）、孟关乡（24.21%）、贵筑街道（22.53%）；下等土壤肥力耕地所占比例在10%~20%的乡镇有石板镇（17.09%）、燕楼乡（14.47%）；下等土壤肥力耕地所占比例小于10%的乡镇有党武乡（8.35%）、清溪街道（6.00%）、麦坪乡（4.93%）、湖潮乡（3.52%）、青岩镇（3.13%）、溪北街道（1.26%）。

表5.81 花溪区各乡（镇、街道）不同土壤肥力等级耕地面积统计表

乡（镇、街道）	土壤肥力等级	面积/hm²	比例/%
党武乡	上等肥力	483.86	15.49
	中等肥力	2378.71	76.16
	下等肥力	260.90	8.35
党武乡汇总		3123.47	100.00
高坡乡	上等肥力	118.98	3.63
	中等肥力	1534.87	46.82
	下等肥力	1624.41	49.55
高坡乡汇总		3278.26	100.00
贵筑街道	上等肥力	590.97	34.27
	中等肥力	744.95	43.20
	下等肥力	388.56	22.53
贵筑街道汇总		1724.48	100.00
湖潮乡	上等肥力	1518.11	36.24
	中等肥力	2523.96	60.24
	下等肥力	147.45	3.52
湖潮乡汇总		4189.52	100.00
久安乡	上等肥力	195.23	9.49
	中等肥力	1323.75	64.37
	下等肥力	537.57	26.14
久安乡汇总		2056.55	100.00

续表

乡（镇、街道）	土壤肥力等级	面积/hm²	比例/%
马铃乡	上等肥力	255.50	11.68
	中等肥力	1310.54	59.89
	下等肥力	622.05	28.43
马铃乡汇总		2188.09	100.00
麦坪乡	上等肥力	747.97	27.47
	中等肥力	1840.51	67.60
	下等肥力	134.13	4.93
麦坪乡汇总		2722.61	100.00
孟关乡	上等肥力	543.33	24.20
	中等肥力	1158.40	51.59
	下等肥力	543.53	24.21
孟关乡汇总		2245.26	100.00
黔陶乡	上等肥力	123.39	7.75
	中等肥力	547.23	34.36
	下等肥力	921.88	57.89
黔陶乡汇总		1592.50	100.00
青岩镇	上等肥力	1713.77	44.25
	中等肥力	2038.07	52.62
	下等肥力	121.29	3.13
青岩镇汇总		3873.13	100.00
清溪街道	上等肥力	425.21	45.14
	中等肥力	460.29	48.86
	下等肥力	56.52	6.00
清溪街道汇总		942.02	100.00
石板镇	上等肥力	251.18	11.74
	中等肥力	1523.06	71.17
	下等肥力	365.66	17.09
石板镇汇总		2139.90	100.00
溪北街道	上等肥力	324.10	49.63
	中等肥力	320.67	49.11
	下等肥力	8.22	1.26
溪北街道汇总		652.99	100.00
小碧乡	上等肥力	625.42	30.44
	中等肥力	589.16	28.67
	下等肥力	840.31	40.89
小碧乡汇总		2054.89	100.00

续表

乡（镇、街道）	土壤肥力等级	面积/hm²	比例/%
燕楼乡	上等肥力	420.03	14.81
	中等肥力	2006.05	70.72
	下等肥力	410.48	14.47
燕楼乡汇总		2836.56	100.00
全区耕地面积		35620.22	—

第6章　花溪区耕地地力与改良利用分区

6.1　花溪区概况

6.1.1　耕地土壤利用现状

根据第二次全国土地调查结果，花溪区现有耕地面积 35620.22hm^2，其中水田 13254.13hm^2、旱地 22366.09hm^2，分别占耕地面积的 37.21%和 62.79%。

根据第二次全国土壤普查分类系统，花溪区内土壤分为黄壤、石灰土、紫色土、潮土、沼泽土和水稻土（花溪分类）6个土类、17个亚类、42个土属、75个土种。本次根据贵州省土壤分类标准统计归并后，花溪区的耕地土壤分为黄壤、石灰土、紫色土、潮土和水稻土（贵州分类）5个土类、14个亚类、26个土属、44个土种（表6.1）。

表 6.1　花溪区耕地土壤分类表

土类	亚类	土属	土种	面积/hm^2	比例/%
潮土	潮土	潮沙泥土	潮沙泥土	64.58	0.18
		潮沙泥土汇总		64.58	0.18
	潮土汇总			64.58	0.18
潮土汇总				64.58	0.18
黄壤	黄壤	黄泥土	黄胶泥土	197.83	0.56
			黄泥土	787.84	2.21
			死黄泥土	53.87	0.15
			油黄泥土	1615.26	4.53
		黄泥土汇总		2654.80	7.45
		黄砂泥土	黄砂泥土	5195.28	14.59
		黄砂泥土汇总		5195.28	14.59
		黄砂土	熟黄砂土	785.08	2.20
		黄砂土汇总		785.08	2.20
		幼黄砂土	幼黄砂土	1060.16	2.98
		幼黄砂土汇总		1060.16	2.98
	黄壤汇总			9695.32	27.22
	黄壤性土	幼黄泥土	黄扁砂泥土	4.00	0.01
		幼黄泥土汇总		4.00	0.01
	黄壤性土汇总			4.00	0.01
黄壤汇总				9699.32	27.23

续表

土类	亚类	土属	土种	面积/hm²	比例/%
石灰土	黑色石灰土	黑岩泥土	岩泥土	1364.74	3.83
		黑岩泥土汇总		1364.74	3.83
	黑色石灰土汇总			1364.74	3.83
	黄色石灰土	大泥土	油大泥土	456.27	1.28
		大泥土汇总		456.27	1.28
		大土泥土	大泥土	10707.88	30.06
		大土泥土汇总		10707.88	30.06
	黄色石灰土汇总			11164.16	31.34
	石灰土汇总			12528.89	35.17
水稻土	漂洗型水稻土	白胶泥田	轻白胶泥田	43.53	0.12
			重白胶泥田	0.15	0.00
		白胶泥田汇总		43.69	0.12
	漂洗型水稻土汇总			43.69	0.12
	潜育型水稻土	烂锈田	烂锈田	126.03	0.35
			浅脚烂泥田	288.27	0.81
			深脚烂泥田	489.48	1.37
			锈水田	77.91	0.22
		烂锈田汇总		981.69	2.76
		冷浸田	冷浸田	974.95	2.74
		冷浸田汇总		974.95	2.74
	潜育型水稻土汇总			1956.64	5.49
水稻土	渗育型水稻土	大泥田	大泥田	1101.12	3.09
		大泥田汇总		1101.12	3.09
		黄泥田	黄胶泥田	68.28	0.19
			黄砂泥田	1595.40	4.48
		黄泥田汇总		1663.68	4.67
		血肝泥田	血泥田	7.09	0.02
		血肝泥田汇总		7.09	0.02
	渗育型水稻土汇总			2771.88	7.78
	脱潜型水稻土	干鸭屎泥田	干鸭屎泥田	63.10	0.18
		干鸭屎泥田汇总		63.10	0.18
	脱潜型水稻土汇总			63.10	0.18
	淹育型水稻土	大土泥田	大土泥田	74.62	0.21
			胶大土泥田	11.13	0.03
		大土泥田汇总		85.75	0.24
		幼黄泥田	幼黄砂泥田	98.67	0.28
			幼黄砂田	94.12	0.26
		幼黄泥田汇总		192.79	0.54
	淹育型水稻土汇总			278.53	0.78

续表

土类	亚类	土属	土种	面积/hm²	比例/%
水稻土	潴育型水稻土	斑潮泥田	斑潮泥田	572.27	1.61
			斑潮砂泥田	364.78	1.02
			油潮泥田	4.59	0.01
		斑潮泥田汇总		941.64	2.64
		斑黄泥田	斑黄胶泥田	1693.04	4.75
			斑黄泥田	724.47	2.03
			小黄泥田	487.80	1.37
			油黄砂泥田	261.30	0.73
		斑黄泥田汇总		3166.61	8.89
		大眼泥田	大眼泥田	3220.82	9.04
			龙凤大眼泥田	411.18	1.15
		大眼泥田汇总		3632.00	10.20
		冷水田	冷水田	15.25	0.04
		冷水田汇总		15.25	0.04
		紫泥田	浅血泥田	66.85	0.19
			紫胶泥田	188.77	0.53
			紫泥田	129.17	0.36
		紫泥田汇总		384.79	1.08
	潴育型水稻土汇总			8140.29	22.85
水稻土汇总				13254.13	37.21
紫色土	石灰性紫色土	大紫泥土	大紫泥土	47.31	0.13
		大紫泥土汇总		47.31	0.13
	石灰性紫色土汇总			47.31	0.13
	酸性紫色土	血泥土	血泥土	15.68	0.04
		血泥土汇总		15.68	0.04
	酸性紫色土汇总			15.68	0.04
	中性紫色土	紫砂泥土	油紫砂泥土	10.31	0.03
		紫砂泥土汇总		10.31	0.03
	中性紫色土汇总			10.31	0.03
紫色土汇总				73.29	0.21
全区耕地面积				35620.22	100.00

6.1.2 耕地土壤养分现状

从"花溪区土壤养分与耕地肥力"专题的研究结果看，耕地土壤的养分情况处于中上等水平。酸碱度（pH）的最大值为 8.40，最小值为 4.30，平均值为 6.92；有机质含量的最大值为 89.40g/kg，最小值为 1.60g/kg，平均值为 43.71g/kg；碱解氮含量的最大值为 399.20mg/kg，最小值为 30.00mg/kg，平均值为 175.59mg/kg；有效磷含量的最大值为

79.90mg/kg，最小值为 0.10mg/kg，平均值为 17.16mg/kg；速效钾含量的最大值为 498.00mg/kg，最小值为 33.00mg/kg，平均值为 203.22mg/kg。

6.2 耕地利用障碍因素

花溪区耕地利用障碍因素总体可以归结为自然因素和人为因素。自然条件没有得到充分合理的利用，局地不按自然规律办事，毁林开荒，陡坡种植，盲目扩大耕地，在一定程度上破坏了自然生态的平衡。

花溪区存在多种类型的特殊耕地，其中水田方面，有冷浸田、冷水田、烂锈田、浅脚烂泥田、深脚烂泥田、锈水田、干鸭屎泥田、轻白胶泥田、浅血泥田、幼黄砂田等；旱地土壤方面，有幼黄砂土、死黄泥土、黄胶泥土等。这些耕地多为花溪区低产耕地，是花溪区耕地冷、烂、锈、黏、砂的重要体现。

此外，花溪区坡度≥15°的耕地面积为 8697.32hm²，占全区耕地面积的 24.42%，其中坡度＞25°的耕地面积为 1474.85hm²，占全区耕地面积的 4.14%。这些耕地一般为低中山丘陵坡脚、低中山丘陵坡腰、低中山丘陵坡顶、低中山沟谷坡脚、低中山沟谷坡腰、低中山沟谷坡顶、中山坡脚等区域，土体结构和耕性较差，水土流失严重，多具有板或砂、酸、瘦的特点。这部分耕地是影响花溪区作物产量的主要部分，是花溪区主要的中低产地，也是进行土壤改良的主要对象，而坡度＞25°的耕地为退耕还林地。

土壤酸碱性对土壤中养分的有效性和土壤结构有很大的影响。只有在中性范围内土壤中的有机态氮和磷素养分的有效性才高，土壤过酸或过碱都会使有机态氮不易分解，使磷素易被固定。土壤胶体也只有在中性范围才具有良好的性能，而形成团粒结构，过酸或过碱易形成氢胶体和钠胶体，分散性增加，结构破坏，土壤板结。花溪区有 24.42%耕地为 pH 小于 5.5 的酸性、强酸性耕地。

根据土壤质地统计结果可知，花溪区砂土及壤质砂土、黏土、砂质壤土等质地耕地占全区耕地总面积的约 20%。另外，据耕地土体厚度统计结果可见，花溪区土体厚度≤60cm 的耕地面积为 14621.57hm²，这部分耕地多数为斜坡和陡坡土或是陡坡梯土，水土流失严重，土层薄而瘦，不利于耕作。

根据土壤有机质含量统计表，花溪区有机质含量≤20g/kg 的耕地，主要包括水田中的幼黄泥田、幼黄砂泥田和旱地中的死黄泥土、黄砂土、黄砂泥土等，都属于花溪区低产耕地。这部分耕地急需大量增施有机肥，改善土壤胶体品质和结构性能。

据土壤碱解氮统计数据，花溪区土壤氮素大部分能满足作物需要，但仍然有部分耕地碱解氮含量低于 60mg/kg，这部分耕地不能满足作物氮素需要，急需增施氮肥提高地力。

花溪区土壤有效磷含量≤5mg/kg 的耕地磷素缺乏，远远不能满足作物生长发育的需要。在这些土壤中施磷肥，增产效果十分显著。

花溪区耕地土壤中有少量处于钾素缺乏状态，主要是幼黄砂土、幼黄砂田、死黄泥土、煤砂泥土淋溶严重的土壤。对这些土壤应施用钾肥，以补充土壤钾素，满足作物的需要。

6.3 改良利用分区

耕地改良利用分区是按照自然条件的相似性和农业利用的相关性进行科学的区划，把地形地貌类型、土壤组合、生物气候、地质水文、农业生产水平、生产问题和土壤改良利用方向均一致的区域归并为改良利用区。在同一分区内，农业生产问题是一个最突出的区域性特征，它是在地形气候、土壤等自然条件和生产水平等人为因素的作用下产生的，它也决定着该分区内改良利用的方向。因此必须认真地分析每个分区的农业生产问题，即找出影响该分区农业生产发展的主要障碍因素，分析障碍因素的类型、性质，表现形式和产生原因，从而找出解决的方向和途径，促使农业生产稳步快速地向前发展。

6.3.1 区划原则及依据

区划工作应遵循的原则如下。
（1）有利于合理利用和保护土壤资源，充分发挥土壤的生产潜力。
（2）充分利用光热和水分条件，并促进区域性生态系统良性循环的平衡和稳定。
（3）讲究经济效益，因地制宜合理利用改良。
（4）保持行政边界的完整性。
在具体进行区划时，应力求做到以下三点。
（1）土壤改良利用分区与土壤的发生及地理分布规律相一致。
（2）土壤的适宜性、生产能力与农业特点和国民经济发展需要相一致。
（3）土壤的利用方向与改良措施相一致。

6.3.2 分区概述

1. 低中山台地冷沙泥冷凉水土流失区

该地区位于花溪区东南与龙里、惠水县接壤地区，包括高坡乡，总面积10682.65hm^2，约占花溪区总面积的11.28%，该区共有耕地3278.24hm^2，其中水田1817.30hm^2，旱地1460.94hm^2。

1）农业生产条件特点

该地区地貌为中山台地，海拔1300～1655.9m，为全区最高处。由于地势较高，易受寒风侵袭，气候冷凉多雾，湿度大，冬季雪凌较多，年均温13℃左右，无霜期150～220天。岩性以粉砂岩及长石石英砂岩为主，中部五寨、杉坪一带，以白云质灰岩为主。黄壤分布面积较多，其次为黄色石灰土，耕地以冷沙泥田土、黄沙泥田土、大石砂为主。低产耕地占总耕地面积的70%以上，植被以松、杉为主，草本植物以禾科植物为主。农作物以水稻、玉米、马铃薯为主，多为一年一熟，生产水平较低，畜牧业牛猪生产有一定基础。

2）主要限制因素

（1）水土流失严重。该地区由于多山，森林破坏，毁林开荒，加之砂岩母质面大，因此水土流失严重。如以云顶至皇帝坡五寨为例，硅质黄壤山坡面积达 37000 余亩，相传历代森林茂密，可长大杉树，而今光山秃顶，土层仅 10cm，土壤沙化，草木不生。耕地土层一般在 15cm 左右，浅薄的仅 10 多厘米。水稻单产 100kg 左右。山冲陡坡山草茂盛，当地有烧山开荒，轮隙种地习惯，造成严重水土流失，影响农业生产。

（2）冷性田土多。由于海拔高，气温低，冷砂田土比重达 40%以上，土壤有机质不易转化，有效养分低。这是该地区农业低产的主要原因。

（3）该地区低产土壤比重大。由于长期施肥不足，耕作技术落后，加之水土流失，土层浅薄，水源缺乏，低产土壤面积占耕地面积的 70%。

3）主要改良利用措施

应充分发挥山区优势，扬长避短，尤其应避免该地区土性冷、土壤熟化度低、养分贫瘠、酸性强、低产土壤比重大、山多坡陡、水土流失严重等不利因素。充分发挥该地区自然土壤资源丰富，宜林宜牧面积大等有利条件。在农业结构上应实行立体配置，农林牧并举，自然土壤应发展林牧业，陡坡耕地宜退耕还林还牧，大力改良低产土壤，改革落后的耕作习惯，努力提高单产，具体措施如下。

（1）保护和发展林牧业，发展林业以种植松杉为主，牧业以养殖猪牛为主，制止陡坡开荒种地。改坡土为梯土，控制水土流失。

（2）改进耕作技术，用地与养地相结合，改变不施肥和少施肥的习惯，大力增施有机肥料，发展耐寒绿肥作物，推广耐寒、早熟高产品种，实行精耕细作，创造条件变一年一熟为两熟。

（3）大力改变该地区生产条件，山水田林路综合治理。积极改良冷、沙、酸、瘦、薄等低产土壤。

2. 丘陵盆地大眼泥潮泥保水灌溉区

该地区位于区境的中部，包括贵筑街道、清溪街道、溪北街道、黔陶乡、青岩镇。该地区总面积 27498.39hm^2，约占花溪区总面积的 29.03%，该区共有耕地 8785.14hm^2，其中水田 3956.95hm^2，旱地 4828.19hm^2。

1）农业生产条件特点

该地区地貌类型为丘陵-盆地，是花溪区水肥光热土壤条件最好的地区，年均温 15℃，年降水量 1157.6mm，无霜期 280 天左右。出露地层主要为三叠纪灰岩、侏罗纪紫色砂质岩及石炭系灰岩。该地区是花溪区商品粮、油、蔬菜的主产区，海拔 1100m 左右，均有河流流贯，保灌面积 90%以上，自然土壤以薄层黄色石灰土为主，耕地土壤以大眼泥、潮泥田、鸭屎泥田、黄泥田为主。盆地低洼地段，地下水位较高，往往分布有潜育型或沼泽型水稻土（如鸭屎泥、深脚烂泥田、浅脚烂泥田），其余地下水较低的平坝多为良水型水稻土（大眼泥、龙凤大眼泥、潮泥、黑潮泥等），盆地边沿往往分布淹育型水稻土或旱地。该地区以农业为主，种植以水稻、蔬菜为主，玉米等旱地作物次之，复种指数为 160%，自然植被稀疏。

2）主要限制因素

（1）排灌系统不健全，普遍串灌，跑水跑肥。本区烂泥田较多，地下水位高，长期处于淹水状态，不仅耕作困难，且在长期淹水条件下，土温低、氧气少，有益微生物活动受限制，有机肥不易分解，土壤中积累的有毒物质多，潜在养分含量虽多，但有效养分低，对水稻生长不利，这种田一年仅一熟，产量不高。

（2）蔬菜区未做到因土种植。蔬菜对土壤要求严格，高产菜区都分布在水源好、排灌方便、土壤深厚肥沃、沙黏适中的地方，但中曹、竹林、金山等地，土壤瘦瘠，过沙过黏，水肥条件差，也发展了蔬菜生产，单产仅1000kg左右。

（3）该地区随着耕作制度的改革，复种指数大大提高，耐肥高产良种推广面积逐年扩大，但施肥水平未相应提高，尤其磷钾施用较少，有机肥施用不足，不能满足农作物高产要求。

（4）该地区自然土壤岩山较多，土层浅薄，光山秃顶，土山原有森林多被破坏，因此水土流失仍较普遍，以杨中、陈亮、歪脚、摆托、摆早等区域最为严重。

3）主要改良利用措施

该地区人口密集，劳力充裕，肥源丰富，热量充足，低产土壤比例小，限制因素少，在农业配置上应充分发挥这一优势，宜建立商品粮食、蔬菜、瓜果、水产基地。粮食以水稻小麦为主，提高复种指数，实行稻麦、稻油、稻肥轮作，蔬菜应当安排在水源方便、土壤肥沃的土地种植。果树可发展蜜桔、梨、桃、樱桃、葡萄等树种，发展西瓜种植也大有可为。土壤改良利用措施如下。

（1）改良烂泥田：应采取开深沟降低地下水位，改良深脚烂田，浅脚烂田，烂泥沼泽型、潜育型水稻土，变一季为两季，推行湿润灌溉，增施有机肥，适当使用石灰，有条件的地方可掺沙改良黏性。

（2）用地与养地相结合：坚持"用中有养"的原则，粮食地区除发展稻麦外，还应积极发展油菜、绿肥、胡豆等养地作物，增施有机肥和磷钾肥料，推广稻田养萍。

（3）健全排灌系统，做到能灌能排，旱涝保收，改串灌为沟灌，并根据地形变化发展水利，增施肥料。

（4）因土种植，合理用地：蔬菜对土壤条件要求高，宜选择水源好、土壤深厚肥沃、黏沙适中的潮砂土、黑油砂土、大土泥、小黄泥种植，低湿田在开沟排水的基础上以发展稻油两熟为主，瘦田瘦土宜发展稻肥两熟为主。鱼塘、砖瓦厂、基建应尽力避免占用好田好土。

（5）自然土壤土山适于发展果树、油茶、松杉等林木，应制止乱砍滥伐，石山和薄层黄色、黑色石灰土，应保护现有灌丛草坡，成片草坡应发展草食牲畜。

3. 低中山丘陵大眼泥黄泥大土泥黏瘦缺水区

该地区位于花溪区东北，包括孟关乡和小碧乡，总面积13161.74hm^2，约占花溪区面积的13.90%，该区共有耕地4300.16hm^2，其中水田2556.27hm^2，旱地1743.89hm^2。

1）生产条件及其特点和农业生产存在的主要问题

本土区地貌以丘陵居多，南部以低山丘陵或低谷地貌为主。海拔为1200～1300m，气候温和，自然土壤以黄色石灰土、硅铝黄壤为主。耕地土壤以大眼泥、黄泥田、大土泥为主，低产土壤面积占30%左右，本土区农作物以水稻、玉米、小麦、油菜为主，自然土壤有连片牧地3000余亩，森林分布不均，山坡多为秃坡秃岭。

2）主要限制因素

（1）本土区自然土壤除少部分外，其余大部分森林草被稀疏，加之坡耕地占30%以上，部分30°以上的陡坡仍在耕垦，因此水土流失较严重。

（2）旱耕地土壤薄瘦：由于长期施用火土，加上土层浅薄，特别是石灰岩母质发育的耕地土层仅40cm左右，抗旱力弱，一遇天旱就会大幅度减产。

（3）除少数田坝外，一般水肥条件差，土壤肥力多为中下等，土壤养分含量低，普遍缺氮磷肥，农作物产量低。

3）主要改良利用措施

（1）保护现有植被，积极发展林牧业，硅铝质黄壤地带普遍适于发展松杉、茶叶、油茶等林木，土层深厚，坡度不大的山适于发展果树。黄泥哨、黄泥堡一带有成片草场，适于放牧。黄色石灰土土层较浅，应保护现有的森林草坡，严禁毁草开荒。

（2）旱耕地应增施有机肥，改坡土为梯土。适当加深耕层，粮食作物与豆类作物轮作，选栽抗旱作物及品种，改变单施火土习惯。

（3）旱田应积极发展水利，增施肥料，氮磷钾配合施用。大力发展绿肥，油菜等养地作物，田坝地区应健全排灌系统，改串灌为沟灌，采取措施改良酸黏瘦烂等低产田土。

4. 低中山槽谷黄沙泥冷沙泥锈毒冷浸区

该地区位于花溪区西北部，包括久安乡和麦坪乡。总面积9668.55hm^2，约占花溪区总面积的10.21%，该区共有耕地4779.15hm^2，其中水田1515.79hm^2，旱地3263.37hm^2。

1）生产条件及其特点

本土区海拔为1250~1450m，地貌为低中山槽谷。自然土壤以硅铝质黄壤为主，其次为黄色石灰土。多煤山，起伏大，相对高差200m左右，多槽谷，日照不足，故冷浸田、冷砂田较多。由于小煤窑用材较多，森林破坏严重，失去生态平衡。耕地主要分布于坡上，农业以水稻、玉米、小麦为主，单产很低。

2）主要限制因素

（1）水土流失严重：本土区山高坡陡，陡坡开荒较普遍，加之砂页岩母质易于风化，抗冲力弱，造成水土严重流失，因此自然土壤和坡耕地十分瘦薄，农业生产水平很低。

（2）该地区煤锈田、冷砂田、冷浸田等低产土壤比重大，占总耕地面积的40%以上，严重影响农业生产的发展。

（3）海拔高，气温低，土性冷，水源缺乏，无霜期短，导致复种指数低，农业发展受到一定限制。

（4）酸、砂、瘦、薄为本土区土壤的特点，土壤跑水跑肥，供肥性差，有机质含量较高，但分解缓慢，土壤有效养分含量低，土壤耕层一般仅为9~15cm，酸性土壤占69.4%，砂性重的土壤占60%。

3）主要改良利用措施

本土区应大力发展林业，建立林业生产基地，增加植被覆盖率，保水保肥，抗御干旱。满足开发煤炭及生产生活需要，农业应努力提高单产，制止盲目开荒，发展耐瘠、抗寒、抗旱、早熟作物和品种，改善光热水土条件，培养肥力，逐步提高复种指数。具体措施如下。

（1）发展林业保持水土，上坡上部营造涵养水源体，中部发展经济林，山冲营造防风林，努力增加覆盖率，保持现有森林，改坡土为梯土，对于陡坡耕地，要有计划地进行退耕还林，本土区较平缓的坡地适于果树生长，应当积极发展。

（2）采取有效措施改良低产土壤，本土区煤锈田应开沟排锈除锈，施用石灰，增施速效肥及磷肥。对于冷砂田土、冷浸田，应注意排除冷水，施用热性肥料及速效肥料，实行浅水灌溉，砍伐附近遮阴树木，推广抗锈抗寒腐植酸肥料，因地制宜地发展抗寒绿肥品种，以增加肥料来源提高土壤肥力。

（3）要因土种植：本土区气温低，土性冷，水稻宜选栽抗寒早熟新品种，不宜种水稻的高海拔地段，应发展马铃薯、小黑麦等抗寒耐旱作物，大部分自然土壤适于松杉等林木。

5. 丘陵大泥大土泥干旱缺水区

该地区位于花溪区西部，包括党武乡和石板镇。总面积 11054.60hm^2，约占花溪区总面积的 11.70%，共有耕地 5263.36hm^2，其中水田 1535.48hm^2，旱地 3727.88hm^2。

1）生产条件及其特点

本土区位于花溪区西部，海拔 1200～1300m，境内地貌为起伏不大的丘陵地带，自然土壤以薄层石灰岩发育的黄色石灰土为主。气候温凉、水源缺乏、耕地田土各半。农作物以玉米、水稻、小麦、油茶为主，单产较低，自然土壤以黄色石灰土、硅铝质黄壤为主，多被开垦利用。硅铝质黄壤森林覆盖率较高，黄色石灰土植被稀疏。

2）主要限制因素

（1）干旱缺水：本土区地处分水岭地带，耕地土壤一般土层较薄，抗旱力弱。因此缺水是本土区农业生产的主要问题。本土区共有耕地面积 5263.36hm^2，其中有水源灌溉的仅占 30%左右。

（2）本土区土壤面积宽，气候适宜，虽有发展经济作物的有利条件，但过去受"以粮为纲"的影响，经济作物大大压缩，种植分散，缺乏管理，单产较低。

（3）土壤肥力低，土层薄，洼地多，坡土面积大，易旱易涝，农作物生产水平低。

3）主要改良利用措施

本土区旱地面积较多，气候适宜，发展经济作物大有可为，在搞好粮食生产的同时，可大力发展大蒜、辣椒、葵花、花生、油茶、黄豆、果树等经济作物，建立经济作物生产基地。

（1）积极发展水利，解决水源，应充分利用地下水和地表水，扩大农作物灌溉面积。本土区由于岩溶侵蚀作用的影响，洼地较多，应注意开沟排水。

（2）保护和发展森林，本土区硅铝质黄壤适宜发展林业，黄色石灰土土层较深厚的可发展果树和经济林。

（3）注意合理施肥，改进栽培技术，努力提高辣椒、葵花等经济作物的产量。

（4）改变旱地作物单施火土习惯，增施有机肥料，氮磷钾配合施用，推广抗旱早熟品种。

6. 低中山河谷大土泥岩泥浅薄瘦瘠区

该地区位于花溪区西南部，包括马铃乡和燕楼乡。总面积 14389.53hm^2，约占花溪区总面积的 15.19%，该区共有耕地 5024.65hm^2，其中水田 1138.39hm^2，旱地 3886.26hm^2。

1）生产条件及其特点

本土区地貌为低中山河谷及槽谷，海拔 1030～1577m，相对高差 500m 左右，最高海拔为 1529.5m，最低为 999m，境内土壤气候差异较大，东南河谷一带气候温和，水源较好，北部、西部高海拔地带为高寒山区，农作物生育期相差半月左右。本土区旱地多，水田少。旱地占 77%，水田占 23%，农作物以玉米、水稻、小麦为主。境内多山，自然土壤资源丰富，以黄色石灰土为主，多数山头植被稀疏。

2）主要限制因素

（1）水土流失严重：本土区多山、坡陡、植被破坏、坡耕地面积大，水土流失严重，特别是河谷、槽谷山冲更为严重。

（2）土壤浅薄瘦瘠：本土区坡耕地耕层仅 10～12cm，坝子 15cm 左右，土壤养分十分贫瘠，据速测化验，土壤缺氮面积占 40%，缺磷面积占 60%，缺钾面积占 40%。

（3）生物资源破坏严重：本土区原有生物资源丰富，多年来人为破坏严重。本土区昔日板栗、核桃、薪炭林盛产区，而今生产量逐年下降，原为森林茂密的山坡，而今光山秃岭。覆盖率甚低，广阔成片的草场未被利用。

3）主要改良利用措施

本土区土壤资源丰富，土地宽阔，气候差异较大。农业结构配置应是农林牧并举。河谷地带气候温和，应以农业为主。农作物以水稻、小麦、油茶为主。坡耕地以玉米、大豆、小麦、油茶为主，1200m 以上的高海拔地带应以林牧为主，建立用材林、薪炭林、经济林基地。

（1）发展林业、增加覆被、保持水土：本土区硅铝质黄壤适宜建立松杉用材林基地，黄色石灰土适于核桃、板栗、青冈等林木生长，宜建立经济林及薪炭林基地。薪炭林应有计划采伐，禁止卖青山全部砍光，应加强管理板栗、核桃、果树等经济林木，制止砍伐，应充分利用成片草山草被，发展草食畜牧业。

（2）加厚土层、提高地力：本土区坡耕地应逐步改为梯土，岩泥土（石旮旯）应逐步除去岩石。大力增施肥料，改良土壤结构、逐步加深耕层、精耕细作，稻田实行稻麦、稻油、稻肥轮作，增施氮磷肥料。

（3）新修水利、确保灌溉：本土区水源缺乏，多数坡旁田无水源，应有计划地兴修水利，扩大灌溉面积，河谷地带因河床低，也应增加提水设施。

7. 丘陵黄胶泥大眼泥酸黏易涝区

该地区位于花溪区西部，包括湖潮乡，总面积 8263.00hm^2，约占花溪区总面积的

8.72%，该区共有耕地 4189.52hm²，其中水田 1546.33hm²，旱地 2643.18hm²。

1）生产条件及其特点

本土区属丘陵地带，海拔 1200m 左右。自然土壤以硅铝质黄壤、黄色石灰土为主，耕地以黄胶泥、大眼泥为主，本土区土壤具有酸黏特点，气候温凉，水源光照条件较好。自然土壤植被以松、油茶、茶叶为主，耕地农作物以水稻、小麦、油茶、玉米为主。

2）主要限制因素

（1）本土区硅铝质黄壤分布集中面积较广，多为强酸性，开垦为耕地后也多为酸性土壤，土质黏重，不易耕作。

（2）本土区低洼水田地下水位高，排水不良，土壤温度低，一年一熟，亩产长期徘徊在 300~350kg。

（3）本土区由于施肥水平低，旱地以火土为主，有的单纯依靠化肥造成土壤板结，结构不良，土壤有效养分低。

3）主要改良利用措施

本土区地势较平缓、土层深厚、气候适宜，农业配置应以农为主、农林牧相结合，农作物以水稻、玉米、小麦、油菜为主，适当发展花生、黄豆、西瓜等经济作物。自然土壤以发展茶叶、油茶、松树、果树等生产为主。

（1）因地制宜地利用荒山资源，发展林牧业生产。本土区硅铝质黄壤，硅铁质黄壤面积大，集中、连片、酸性强、土层厚、坡度平缓。适宜发展茶叶、油茶等经济林及松杉等用材林，应有计划地辟为经济林和用材林基地。黄色、黑色石灰土土层较薄，但有机质及矿质养分比较丰富，草山草坡宜发展畜牧业，土层较深厚的应封山育林，制止乱砍滥伐。

（2）开沟排水、改造烂田。本土区湖潮、下坝、新民等田坝地势低，地下水位高，应力争两三年内健全排灌渠系，开深沟排水改善土壤水肥气热状况，变一季为两季。

（3）本土区土壤黏重，又有一定水源，凡有条件的地方，大力改土为田，有利于提高粮食产量。缺乏水源的地方应积极发展水利，增加灌溉面积，努力提高单产。

（4）大力开拓肥源，增施有机肥，发展绿肥，放养细叶绿萍，提高土壤有机质含量，改良土壤结构，提高土壤肥力水平。

6.4 对策及建议

6.4.1 科学制定耕地地力建设与土壤改良规划

花溪区中低产田面积比较大，这是直接影响耕地地力水平和生产能力的主要原因。作为各级政府，必须从实际出发，加大农田基本建设的投入力度，按照当前与长远相结合的原则，因地制宜，抓好中低产田改造，并且要通过耕地地力评价，根据不同耕地的立地条件、土壤属性、土壤养分状况和农田基础设施建设，制定切实可行的耕地地力建设与土壤改良的中长期规划和年度实施计划。

6.4.2　提高农民改良利用耕地意识

随着传统农业向集约型农业的快速转变，为了更合理、更有效地利用现有耕地，保证农民增产增收，有必要对耕地进行深入的调查研究。耕地改良利用要从根本上达到效果，必须从提高农民改良利用耕地意识开始。农民改变原有的用地养地观念，能够主动地、科学地养地，这才是耕地可持续利用发展的方向。

6.4.3　加强农田基础设施建设

采取工程措施，因地制宜地增加部分田间工程，包括修边垒塄、里切外垫、平田整地等，建设农田机耕道路，提高机械化操作能力，建设高标准田间排水沟、灌溉渠，完善田间配套工程，实行沟渠田林路综合治理，提高农田基础设施水平。

6.4.4　增施有机肥，改善土壤理化性状

分布在坝区和山区的耕地，因坝区土壤砂土养分易流失，以及低山、低中山坡塄都较瘦薄，培肥水平低，山地土壤受水土流失影响，养分不平衡，需要增加有机肥的投入，并采取针对性的施肥措施来提高土壤肥力，改善土壤理化性状。对地处山地的耕地关键是改善耕地种植环境，提高耕地的整体质量。加大秸秆还田和绿肥种植面积，改善土壤物理性状。实行合理的轮作制度，做到耕地用养结合。

6.4.5　合理施肥，平衡土壤养分

通过推广测土配方施肥技术，确定耕地作物的最佳肥料配比，采取测土—配方—配肥—供应—施肥指导"一条龙"服务，将配方施肥技术普及到广大农民中去，使作物吃上营养餐、健康餐，使土壤更健康、更有活力。

通过测土配方施肥项目在花溪区的实施，虽然农户的施肥现状有所改变，肥料用量和施肥方式有所改观，但还应加大化肥施用技术的宣传和培训力度，从提高土地综合生产能力和培肥地力等方面出发，努力提高广大农户科学施肥水平，提高化肥利用率，防止土壤面源污染，最终达到合理施肥的目的。

6.4.6　采取适宜的耕作措施，加快土壤熟化

主要是鼓励农民根据实际情况采取合适的耕作方式，避免耕层进一步变浅。采取轮、间、套作等方式，合理种植养地作物，加大耕作层厚度，加快土壤熟化程度。

6.4.7 深耕改土与免耕栽培

针对耕地浅薄的地块，通过逐年深耕深松，逐渐加厚耕作层；针对耕层较厚的地块，实施秸秆覆盖，实行保护性耕作栽培，改善土壤理化性状，提高土壤综合生产能力。

6.4.8 搞好区域布局，合理配置耕地资源

以实施农业部门测土配方施肥项目为载体，摸清耕地质量现状，建立耕地质量评价体系，全面完成耕地地力的分等定级，实现对全区耕地的数字化、可视化、动态化的数量与质量管理，加强耕地地力管理信息系统的管理与维护。

6.4.9 加强耕地地力培肥机制建设

加强农、科、教协调机制建设，对涉及耕地地力建设的科研推广项目进行协同攻关。加强土肥先进适用技术推广机制建设，因地制宜推广秸秆覆盖还田、机械粉碎还田、秸秆腐熟剂等适用技术。积极发展绿肥生产，研究绿肥的高产栽培技术和种植制度。探索耕地地力培肥长效机制建设，研究扶持发展商品有机肥料、绿肥的政策措施。

6.4.10 加强耕地质量动态监测管理

一方面在全区范围内根据不同种植制度和耕地地力状况，建立耕地地力长期定位监测网点，建立和健全耕地质量监测体系和预警预报系统。对耕地地力、墒性和环境状况进行监测和评价，对耕地地力进行动态监测，分析整理和更新耕地地力基础数据，为耕地质量管理提供准确依据。另一方面，建立和健全耕地资源管理信息系统，积极创造条件，加强大比例尺耕地土壤补充调查，进一步细化工作单元，增加耕地资源基础信息，提高系统的可操作性和实用性。

第7章 花溪区耕地地力与施肥分区

7.1 耕地基本概况

为满足不同农作物获得高产、优质、高效生产对主要营养元素养分量的需求，达到节本增效、提高农业生产效益、增加农民收入的目的，针对花溪区主要农作物，在不同地区、不同肥力等级条件，根据花溪区耕地地力评价结果，开展主要农作物的施肥分区评价与分析显得十分必要和迫切。

7.1.1 耕地地力概况

根据花溪区各评价单元的耕地地力综合指数，利用等距划分法将耕地地力合理划分为六个等级，分别为一等地、二等地、三等地、四等地、五等地和六等地。结果见5.3.1节。

7.1.2 耕地土壤养分概况

根据"花溪区土壤养分与耕地肥力"专题土壤养分研究结论，对花溪区耕地土壤的土壤有机质含量、碱解氮含量、有效磷含量、速效钾含量和酸碱度进行六等分级评价。

1. 有机质等级与分布

对土壤碱解氮含量评价分级，分为六个等级，一等土壤有机质含量＞40g/kg，面积为21269.52hm^2，占全区耕地面积的59.71%；二等土壤有机质含量为30~40g/kg，面积为7640.55hm^2，占全区耕地面积的21.45%；三等土壤有机质含量为20~30g/kg，面积为5440.98hm^2，占全区耕地面积的15.27%，四等土壤有机质含量为10~20g/kg，面积为1007.83hm^2，占全区耕地面积的2.83%；五等土壤有机质含量为6~10g/kg，面积为193.09hm^2，占全区耕地面积的0.54%；六等土壤有机质含量≤6g/kg，面积为68.24hm^2，占全区耕地面积的0.19%。见表7.1。

根据评价结果可以看出，全区耕地土壤有机质含量处于丰富水平，95%以上的土壤属于一、二、三等，局部少部分土壤属于四、五、六等。从土壤有机质含量分布图可以看出，耕地土壤有机质丰富的区域主要是在中西部的青岩、贵筑、湖潮等乡镇。中部区域的清溪街道和东部区域孟关乡、高坡乡的耕地土壤有机质含量较低。

表 7.1 花溪区耕地土壤有机质含量等级表

等级	评级标准	面积/hm²	比例/%
一	>40g/kg	21269.52	59.71
二	30~40g/kg	7640.55	21.45
三	20~30g/kg	5440.98	15.27
四	10~20g/kg	1007.83	2.83
五	6~10g/kg	193.09	0.54
六	≤6g/kg	68.24	0.19
全区耕地面积		35620.22	100.00

2. 碱解氮等级与分布

对土壤碱解氮含量评价分级，分为六个等级，一等土壤碱解氮含量大于150mg/kg，面积为24319.32hm²，占全区耕地面积的68.27%；二等土壤碱解氮含量为120~150mg/kg，面积为6006.02hm²，占全区耕地面积的16.86%；三等土壤碱解氮含量为90~120mg/kg，面积为3567.53hm²，占全区耕地面积的10.02%；四等土壤碱解氮含量为60~90mg/kg，面积为1160.26hm²，占全区耕地面积的3.26%；五等土壤碱解氮含量为30~60mg/kg，面积为553.80hm²，占全区耕地面积的1.55%；六等土壤碱解氮含量<30mg/kg，面积为13.30hm²，占全区耕地面积的0.04%。见表7.2。

根据评价结果可以看出，全区耕地土壤碱解氮含量较高，95%以上的土壤属于一、二、三等，局部少部分土壤属于四、五、六等。从土壤碱解氮含量分布图可以看出，耕地土壤碱解氮丰富的区域主要是在中西部的青岩、贵筑、湖潮等乡镇。东部区域小碧乡、高坡乡、黔陶乡的耕地土壤碱解氮含量较低。

表 7.2 花溪区土壤碱解氮含量等级表

等级	评级标准	面积/hm²	比例/%
一	>150mg/kg	24319.32	68.27
二	120~150mg/kg	6006.02	16.86
三	90~120mg/kg	3567.53	10.02
四	60~90mg/kg	1160.26	3.26
五	30~60mg/kg	553.80	1.55
六	≤30mg/kg	13.30	0.04
全区耕地面积		35620.22	100.00

3. 有效磷等级与分布

对土壤有效磷含量评价分级，分为六个等级，一等土壤有效磷含量>40mg/kg，面积为1887.26hm²，占全区耕地面积的5.30%；二等土壤有效磷含量为20~40mg/kg，面积为

9034.81hm², 占全区耕地面积的 25.36%；三等土壤有效磷含量为 10～20mg/kg，面积为 14112.50hm²，占全区耕地面积的 39.62%；四等土壤有效磷含量为 5～10mg/kg，面积为 7084.20hm²，占全区耕地面积的 19.89%；五等土壤有效磷含量为 3～5mg/kg，面积为 2000.77hm²，占全区耕地面积的 5.62%；六等土壤有效磷含量＜3mg/kg，面积为 1500.68hm²，占全区耕地面积的 4.21%。见表 7.3。

根据评价结果可以看出，土壤有效磷含量集中在 5～40mg/kg 之间，占全区耕地面积的 84.87%，说明花溪区耕地土壤的磷含量处于一个中等水平。从土壤有效磷含量分布图可以看出，花溪区耕地土壤缺磷区域主要集中在东部的高坡、黔陶、贵筑等乡镇。花溪区耕地属于整体有效磷适宜水平。

表 7.3　花溪区土壤有效磷含量等级表

等级	评级标准	面积/hm²	比例/%
一	＞40mg/kg	1887.26	5.30
二	20～40mg/kg	9034.81	25.36
三	10～20mg/kg	14112.50	39.62
四	5～10mg/kg	7084.20	19.89
五	3～5mg/kg	2000.77	5.62
六	≤3mg/kg	1500.68	4.21
全区耕地面积		35620.22	100.00

4. 速效钾等级与分布

对土壤速效钾含量评价分级，分为六个等级，一等土壤速效钾含量＞200mg/kg，面积为 17592.63hm²，占全区耕地面积的 49.39%；二等土壤速效钾含量为 150～200mg/kg，面积为 9023.29hm²，占全区耕地面积的 25.33%；三等土壤速效钾含量为 100～150mg/kg，面积为 7075.81hm²，占全区耕地面积的 19.86%；四等土壤速效钾含量为 50～100mg/kg，面积为 1121.84hm²，占全区耕地面积的 3.15%；五等土壤速效钾含量为 30～50mg/kg，面积为 806.66hm²，占全区耕地面积的 2.26%；花溪区没有土壤速效钾含量≤30mg/kg 的耕地。见表 7.4。

根据评价结果可以看出，全区耕地土壤速效钾含量较高，90%以上的土壤属于一、二、三等，局部少部分土壤属于四、五等，没有六等的耕地。从土壤速效钾含量分布图可以看出，花溪区除黔陶乡外，各乡镇整体耕地土壤速效钾都处于适宜、丰富水平。黔陶乡耕地土壤速效钾含量平均值为 84.25mg/kg，处于钾缺乏水平。

表 7.4　花溪区土壤速效钾含量等级表

等级	评级标准	面积/hm²	比例/%
一	＞200mg/kg	17592.63	49.39
二	150～200mg/kg	9023.29	25.33

续表

等级	评级标准	面积/hm²	比例/%
三	100~150mg/kg	7075.81	19.86
四	50~100mg/kg	1121.84	3.15
五	30~50mg/kg	806.66	2.26
六	≤30mg/kg	0	0
全区耕地面积		35620.22	100.00

5. 酸碱性（pH）等级与分布

对土壤酸碱性（pH）进行评价，根据pH进行划分。一等土壤pH为6.5~7.5，面积为11588.33hm²，占总面积的32.53%；二等土壤pH为5.5~6.5，面积为7902.04hm²，占总面积的22.18%；三等土壤pH为7.5~8.5，面积为12747.13hm²，占总面积的35.79%；四等土壤pH为4.5~5.5，面积为3168.13hm²，占总面积的8.89%；五等土壤pH小于4.5，面积为214.59hm²，占总面积的0.60%；六等土壤pH大于8.5，没有此等级的土壤。见表7.5。

根据花溪区土壤pH分布图，中性耕地土壤主要分布在青岩、湖潮和高坡，酸性耕地土壤主要分布在久安、燕楼。碱性耕地土壤主要是分布在小碧、石板、党武。

表 7.5 花溪区土壤 pH 等级表

等级	评级标准	面积/hm²	比例/%
一	6.5~7.5	11588.33	32.53
二	5.5~6.5	7902.04	22.18
三	7.5~8.5	12747.13	35.79
四	4.5~5.5	3168.13	8.89
五	≤4.5	214.59	0.6
六	>8.5	0.00	0.00
全区耕地面积		35620.22	100.00

7.2 施肥分区评价依据、原则和方法

7.2.1 分区依据

为确保分区的真实性、有效性和实用性，本书根据以下几方面情况开展施肥分区。
（1）地貌类型的差异性。
（2）气候特点的差异性。

（3）土壤养分差异性。
（4）种植制度及生产管理水平的差异性。
（5）作物种类及种植分布特点。

7.2.2 分区原则

（1）化肥用量、施肥比例和肥效的相对一致性。
（2）土壤类型分布和土壤养分状况的相对一致性。
（3）土地利用现状和种植业区划的相对一致性。
（4）行政区划的相对完整性。

7.2.3 分区方法

在 GPS 定位基础上，综合考虑行政区划、土壤类型、土壤质地、气象资料等因素，借助信息技术生成区域土壤养分空间变异图施肥分区，确定研究区以县为研究单元，具体步骤如下。①GPS 定位土壤样品采集：使用 GPS 定位，确保采样点的空间分布相对均匀。②土壤养分空间数据库建立：将土壤数据和空间位置建立对应关系，形成空间数据库。③养分分区图制作：依据区域土壤养分分级指标，以 GIS 为操作平台，使用 Kriging（克里金）法进行土壤养分插值，制作土壤养分分区图。④施肥分区及肥料配方确定：依据土壤养分和作物养分规律，制作施肥分区图和确定肥料配方。⑤肥料配方校验：在肥料配方区域内针对特定作物，进行肥料配方校验。

7.2.4 施肥标准

1. 有机质施肥标准

土壤有机质是植物营养的主要来源之一。它具有促进植物的生长，增强植物抗性，改善土壤的物理性质，还能促进微生物和土壤动物的活动，为土壤微生物生命活动提供所需养分和能量，提高土壤的保肥性和缓冲性，活化土壤中的磷等养分。但是，土壤中有机质含量过多也会产生危害，造成土壤中缺水、供养不平衡，使土壤中硝酸根离子聚集，硝酸盐含量超标，从而使作物发生肥害。

根据第二次全国土地调查暂行规程的标准，将耕地土壤有机质含量分为六级，根据各级有机质含量高低提出施肥方向。有机质施肥标准详见表 7.6。

表 7.6 有机质施肥标准

等级	土壤有机质含量	评价	施肥方向
一	>40g/kg	极丰富	控制
二	30~40g/kg	丰富	稳定

续表

等级	土壤有机质含量	评价	施肥方向
三	20～30g/kg	最适宜	稳定
四	10～20g/kg	适宜	补充
五	6～10g/kg	缺乏	增加
六	≤6g/kg	极缺乏	增加

2. 氮肥施肥标准

氮素是构成一切生命的重要元素。在作物生产中，作物对氮的需要量较大，土壤供氮不足是引起农产品产量下降和品质降低的主要限制因子。同时氮素肥料施用过量会造成水体富营养化、地下水硝态氮积累及对生物的毒害等。碱解氮是植物所能吸收利用的氮素，因此可选择土壤中碱解氮含量高低来判断土壤的供氮能力。

根据第二次全国土地调查暂行规程的标准，将耕地土壤碱解氮含量分为六级，根据各级碱解氮含量高低提出施肥方向。氮肥施肥标准详见表7.7。

表 7.7 氮肥施肥标准

等级	土壤碱解氮含量	评价	施肥方向
一	>150mg/kg	极丰富	控制
二	120～150mg/kg	丰富	稳定
三	90～120mg/kg	最适宜	稳定
四	60～90mg/kg	适宜	补充
五	30～60mg/kg	缺乏	增加
六	≤30mg/kg	极缺乏	增加

3. 磷肥施肥标准

磷素是一切植物所必需的营养元素，是植物的三大营养元素之一。磷素是构成核蛋白、磷脂和植素等不可缺少的组分，参与植物内糖类和淀粉的合成和代谢。磷素可以促进农作物更有效地从土壤中吸收养分和水分，增进作物的生长发育，提早成熟，增多穗粒，籽实饱满，大大提高谷物、块根作物的产量。同时，它还可以增强作物的抗旱性和耐寒性，提高块根作物中糖和淀粉的含量。但是过量施用磷肥，会造成土壤中的硅被固定，不能被植物吸收，引起作物缺硅；土壤含磷量过高，作物吸磷越多，导致植株呼吸作用过于旺盛，消耗的干物质大于积累，造成繁殖器官提前发育，引起作物过早成熟，籽粒小，产量低；造成农业的面源污染，引起水体富营养化。土壤有效磷，也称为速效磷，包括全部水溶性磷、部分吸附态磷及有机态磷，是土壤中可被植物吸收的磷组分。

根据第二次全国土地调查暂行规程的标准，将耕地土壤有效磷含量分为六级，根据各级有效磷含量高低提出施肥方向。磷肥施肥标准详见表7.8。

表 7.8　磷肥施肥标准

等级	土壤有效磷含量	评价	施肥方向
一	＞40mg/kg	极丰富	控制
二	20～40mg/kg	丰富	稳定
三	10～20mg/kg	最适宜	稳定
四	5～10mg/kg	适宜	补充
五	3～5mg/kg	缺乏	增加
六	≤3mg/kg	极缺乏	增加

4. 钾肥施肥标准

钾素是作物生长必需的营养元素，是植物的三大营养元素之一。钾素可以促进纤维素的合成，使作物生长健壮，茎秆粗硬，增强对病虫害和倒伏的抵抗能力；促进光合作用，能增强作物对二氧化碳的吸收和转化；促进糖和脂肪的合成，能提高产品质量；调节细胞液浓度和细胞壁渗透性，能提高作物抗病虫害、抗干旱和抗寒的能力。过量施钾会造成土壤环境污染及水体污染，会削弱庄稼生产能力，作物对钙等阳离子的吸收量下降，造成叶菜"腐心病"、苹果"苦痘病"等。土壤中速效钾以钾离子的形式存在于土壤溶液中或吸附在带负电荷胶体的表面，是能被植物直接吸收利用的钾。

根据第二次全国土地调查暂行规程的标准，将耕地土壤速效钾含量分为六级，根据各级速效钾含量高低提出施肥方向。钾肥施肥标准详见表 7.9。

表 7.9　钾肥施肥标准

等级	土壤速效钾含量	评价	施肥方向
一	＞200mg/kg	极丰富	控制
二	150～200mg/kg	丰富	稳定
三	100～150mg/kg	最适宜	稳定
四	50～100mg/kg	适宜	补充
五	30～50mg/kg	缺乏	增加
六	≤30mg/kg	极缺乏	增加

7.3　施肥分区结果

运用耕地地力评价成果，根据花溪区不同区域、地貌类型、土壤养分状况、作物布局、土壤改良利用、当前化肥使用量、生产管理水平和历年化肥试验结果进行统计分析和综合研究，按照花溪区不同区域的现状，将花溪区耕地划分为 3 个施肥分区。根据分区提出不同区域不同作物在氮、磷、钾肥施用上的建议。

7.4 施肥分区概述与施肥建议

7.4.1 中西部控氮稳磷控钾区

1. 范围与概况

该区处于花溪区的西部,包括溪北、党武、湖潮、久安、马铃、麦坪、青岩、石板、燕楼,总面积55188.14hm^2,约占花溪区总面积的57.24%。该区共有耕地23782.80hm^2,其中水田7643.98hm^2,旱地16138.82hm^2。

该区南部地貌类型以泥盆系、石炭系、二叠系地层形成的岩溶中山与侵蚀中山峡谷、侵蚀低中山丘陵和缓丘、低丘为主,一般海拔999～1529.5m,相对高差500m。其中,岩溶中山与侵蚀中山峡谷主要分布在麦坪乡、久安乡;侵蚀低中山丘陵主要分布在燕楼乡、马铃乡;缓丘、低丘主要分布在湖潮、石板、党武、青岩等区域。该区地势低缓地区,洼地、沟谷较多,面积较广,多已开垦为稻田,土层较厚,水源较好,是发展水稻等作物的主要地带,为花溪区西部地区的主产粮、油作物地区。

该区气候温和湿润,适宜多种农作物生长,年平均气温14.1～14.4℃。≥4℃(80%保证率)年积温4800～5000℃;≥0℃(80%保证率)年积温3800～4000℃。最冷月份平均温度3.6～4℃,最热月份平均温度22.2～22.6℃。无霜期270天左右。日照时数1260～1350h,日照太阳总辐射是花溪区内较丰富的地区。年降水量1150～1200mm,光热条件较好,适宜秋收作物生长发育;但降雨时空分布不均,加上地质条件限制,不利于蓄水、保水,水资源利用率低,影响农作物生产。该区主要灾害天气有春旱、倒春寒(三月下旬至四月下旬)、雹灾(4～5月)、夏旱(7～8月)和秋季低温等,影响农作物产量。

2. 土壤养分状况

1)有机质含量分布状况

按照第二次全国土地调查规程的土壤养分分级标准,将该区耕地土壤有机质含量评价分为六个等级。一等土壤有机质含量＞40g/kg,面积为16780.69hm^2,占该区耕地面积的70.56%;二等土壤有机质含量为30～40g/kg,面积为4922.65hm^2,占该区耕地面积的20.70%;三等土壤有机质含量为20～30g/kg,面积为1741.20hm^2,占该区耕地面积的7.32%;四等土壤有机质含量为10～20g/kg,面积为305.85hm^2,占该区耕地面积的1.29%;五等土壤有机质含量为6～10g/kg,面积为32.41hm^2,占该区耕地面积的0.14%;六等土壤有机质含量≤6g/kg,该区没有土壤有机质为六等的耕地。从统计结果看,该区土壤有机质平均含量为47.80g/kg,土壤有机质含量处于极丰富水平,详见表7.10。

表7.10 中西部控氮稳磷控钾区耕地土壤有机质含量等级表

等级	评级标准	面积/hm^2	比例/%	评价
一	＞40g/kg	16780.69	70.56	极丰富

等级	评级标准	面积/hm²	比例/%	评价
二	30～40g/kg	4922.65	20.70	丰富
三	20～30g/kg	1741.20	7.32	最适宜
四	10～20g/kg	305.85	1.29	适宜
五	6～10g/kg	32.41	0.14	缺乏
六	≤6g/kg	0.00	0.00	极缺乏
该区耕地面积	—	23782.80	100.00	—

2）碱解氮含量分布状况

按照第二次全国土地调查规程的土壤养分分级标准，对该区耕地土壤碱解氮含量进行评价分级，分为六个等级，一等土壤碱解氮含量大于150mg/kg，面积为18466.76hm²，占该区耕地面积的77.65%；二等土壤碱解氮含量为120～150mg/kg，面积为3527.36hm²，占该区耕地面积的14.83%；三等土壤碱解氮含量为90～120mg/kg，面积为1380.92hm²，占该区耕地面积的5.81%；四等土壤碱解氮含量为60～90mg/kg，面积为249.33hm²，占该区耕地面积的1.05%；五等土壤碱解氮含量为30～60mg/kg，面积为158.43hm²，占该区耕地面积的0.67%；六等土壤碱解氮含量≤30mg/kg，该区没有土壤碱解氮为六等的耕地。从统计结果看，该区土壤碱解氮平均含量为189.80mg/kg，土壤碱解氮含量处于极丰富水平，详见表7.11。

表7.11 中西部控氮稳磷控钾区耕地土壤碱解氮含量等级表

等级	评级标准	面积/hm²	比例/%	评价
一	>150mg/kg	18466.76	77.65	极丰富
二	120～150mg/kg	3527.36	14.83	丰富
三	90～120mg/kg	1380.92	5.81	最适宜
四	60～90mg/kg	249.33	1.05	适宜
五	30～60mg/kg	158.43	0.67	缺乏
六	≤30mg/kg	0.00	0.00	极缺乏
该区耕地面积	—	23782.80	100.00	—

3）有效磷含量分布状况

按照第二次全国土地调查规程的土壤养分分级标准，对该区耕地土壤有效磷含量进行评价分级，分为六个等级，一等土壤有效磷含量>40mg/kg，面积为1488.76hm²，占该区耕地面积的6.26%；二等土壤有效磷含量为20～40mg/kg，面积为7591.69hm²，占该区耕地面积的31.92%；三等土壤有效磷含量为10～20mg/kg，面积为9980.83hm²，占该区耕地面积的41.97%；四等土壤有效磷含量为5～10mg/kg，面积为3466.20hm²，占该区耕地面积的 14.57%；五等土壤有效磷含量为 3~5mg/kg，面积为 750.77hm²，占该区耕地面积的 3.16%；六等土壤有效磷含量≤3mg/kg，面积为 504.56hm²，占该区耕地面积的 2.12%。从统计结果看，该区土壤有效磷平均含量为 19.48mg/kg，土壤有效磷含量处于最适宜水平，详见表 7.12。

表 7.12 中西部控氮稳磷控钾区耕地土壤有效磷含量等级表

等级	评级标准	面积/hm²	比例/%	评价
一	>40mg/kg	1488.76	6.26	极丰富
二	20~40mg/kg	7591.69	31.92	丰富
三	10~20mg/kg	9980.83	41.97	最适宜
四	5~10mg/kg	3466.20	14.57	适宜
五	3~5mg/kg	750.77	3.16	缺乏
六	≤3mg/kg	504.56	2.12	极缺乏
该区耕地面积	—	23782.80	100.00	—

4）速效钾含量分布状况

按照第二次全国土地调查规程的土壤养分分级标准，对该区耕地土壤速效钾含量进行评价分级，分为六个等级，一等土壤速效钾含量>200mg/kg，面积为13799.60hm²，占该区耕地面积的 58.02%；二等土壤速效钾含量为 150~200mg/kg，面积为6613.29hm²，占该区耕地面积的 27.81%；三等土壤速效钾含量为 100~150mg/kg，面积为3014.12hm²，占该区耕地面积的 12.67%；四等土壤速效钾含量为 50~100mg/kg，面积为176.76hm²，占该区耕地面积的 0.74%；五等土壤速效钾含量 30~50mg/kg，面积为179.04hm²，占该区耕地面积的 0.75%；六等土壤速效钾含量≤30mg/kg，该区没有土壤速效钾为六等的耕地。从统计结果看，本该土壤速效钾平均含量为 223.37mg/kg，土壤速效钾含量处于极丰富水平，详见表 7.13。

表 7.130 中西部控氮稳磷控钾区耕地土壤速效钾含量等级表

等级	评级标准	面积/hm²	比例/%	评价
一	>200mg/kg	13799.60	58.02	极丰富
二	150~200mg/kg	6613.29	27.81	丰富
三	100~150mg/kg	3014.12	12.67	最适宜
四	50~100mg/kg	176.76	0.74	适宜
五	30~50mg/kg	179.04	0.75	缺乏
六	≤30mg/kg	0.00	0.00	极缺乏
该区耕地面积	—	23782.80	100.00	—

3. 施肥建议

根据该区对水稻、玉米、辣椒在不同地力条件下的肥效田间试验，土壤养分状况分析，农户施肥调查数据和种植管理水平得出：该区土壤中氮素含量为极丰富水平，磷素含量为最适宜水平，钾素含量为极丰富水平，故施肥上采取控氮稳磷控钾为主要施肥措施。根据不同作物，提出如表7.14所示的施肥建议。

表 7.14 中西部控氮稳磷控钾区施肥建议表

作物名称	推荐施肥量/(kg/亩)			
	氮肥	磷肥	钾肥	有机肥
水稻	9~11	7~9	9~11	700~900
玉米	10~12	10~11	10~12	900~1100
辣椒	14~16	3~4	12~14	900~1100

注：表中各种作物的推荐施肥只是给出指导性的施肥范围，具体施肥时，必须根据作物品种和土壤养分含量给出具体施肥量和施肥方案。

7.4.2 东部稳氮稳磷稳钾区

1. 范围与概况

该区包括贵筑、清溪、孟关、小碧、高坡，总面积32186.07hm²，约占花溪区总面积的33.38%。该区共有耕地10244.92hm²，其中水田4968.40hm²，旱地5276.52hm²。

该区北部包括贵筑、清溪、孟关、小碧，以丘陵盆地地貌为主，地势较平缓、开阔，地面起伏不大，海拔1050~1200m。该区域内沟谷多为冲积层，土层深厚肥沃，是发展粮、油作物的最适宜地区。水热条件好，气候温暖湿润。年平均气温14~15℃，≥10℃（80%保证率）年平均积温4200~4400℃。最冷月份平均气温4.5℃~4.9℃，最热月平均气温23.1~23.7℃；无霜期275~295天。年平均日照总时数1200~1300h。雨量充沛，年平均降水量1170~1200mm，冬半年降水量200~250mm，能满足农作物一年二熟的需要。该区灾害性天气主要有倒春寒、秋风、秋雨、夏旱、伏旱，但水利化程度较高，旱灾威胁不严重。清溪、孟关、小碧等地的局部地区有冰雹灾害，秋风秋雨对水稻等作物也有一定影响。该区光、热、水配合较好，是花溪区发展粮食、经济作物和果树的最适宜地区。

该区南部包括高坡乡，地貌类型属低中山台地，由于地势北高南低，垂直差异明显。北部四周被断层深谷所包围，形成地势最高的地垒式台地，大部分地区海拔在1400m以上，多为台坪和台丘。地势高，气候冷凉湿润，雾多，秋风及凌冻较强，无霜期较短，凌冷期长，为15~30天。年平均气温12.5~14.2℃；≥10℃年平均积温3400~3600℃，最冷月份平均气温2.8℃，最热月份平均气温21.4℃，无霜期240~260天。年平均日照总时数1250～1350h，年降水量1150～1200mm。该区主要灾害性天气有倒春寒、干旱、秋风和凌冻，而冷凉湿润的气候最易诱发稻瘟病等病害。因此，灾害性天气是该区农业生产的主要障碍因素。

2. 土壤养分状况

1) 有机质含量分布状况

按照第二次全国土地调查规程的土壤养分分级标准，将该区耕地土壤有机质含量评价分为六个等级。一等土壤有机质含量＞40g/kg，面积为4079.70hm²，占该区耕地面积的39.82%；二等土壤有机质含量为30～40g/kg，面积为2090.69hm²，占该区耕地面积的20.41%；三等土壤有机质含量为20～30g/kg，面积为3366.93hm²，占该区耕地面积的32.86%；四等土壤有机质含量为10～20g/kg，面积为539.66hm²，占该区耕地面积的5.27%；五等土壤有机质含量为6～10g/kg，面积为100.97hm²，占该区耕地面积的0.99%；六等土壤有机质含量≤6g/kg，面积为66.97hm²，占该区耕地面积的0.65%。从统计结果看，该区土壤有机质平均含量为37.13g/kg，土壤有机质含量处于丰富水平，详见表7.15。

表7.15 东部稳氮稳磷稳钾区耕地土壤有机质含量等级表

等级	评级标准	面积/hm²	比例/%	评价
一	＞40g/kg	4079.70	39.82	极丰富
二	30～40g/kg	2090.69	20.41	丰富
三	20～30g/kg	3366.93	32.86	最适宜
四	10～20g/kg	539.66	5.27	适宜
五	6～10g/kg	100.97	0.99	缺乏
六	≤6g/kg	66.97	0.65	极缺乏
该区耕地面积	—	10244.92	100.00	—

2) 碱解氮含量分布状况

按照第二次全国土地调查规程的土壤养分分级标准，对该区耕地土壤碱解氮含量进行评价分级，分为六个等级，一等土壤碱解氮含量＞150mg/kg，面积为5460.98hm²，占该区耕地面积的53.30%；二等土壤碱解氮含量为120～150mg/kg，面积为2227.53hm²，占该区耕地面积的21.74%；三等土壤碱解氮含量为90～120mg/kg，面积为1870.57hm²，占该区耕地面积的18.26%；四等土壤碱解氮含量为60～90mg/kg，面积为449.58hm²，占该区耕地面积的4.39%；五等土壤碱解氮含量为30～60mg/kg，面积为222.97hm²，占该区耕地面积的2.18%；六等土壤碱解氮含量≤30mg/kg，面积为13.30hm²，占该区耕地面积的0.13%。从统计结果看，该区土壤碱解氮平均含量为157.99mg/kg，土壤碱解氮含量处于极丰富水平，详见表7.16。

表 7.16 东部区耕地土壤碱解氮含量等级表

等级	评级标准	面积/hm²	比例/%	评价
一	>150mg/kg	5460.98	53.30	极丰富
二	120～150mg/kg	2227.53	21.74	丰富
三	90～120mg/kg	1870.57	18.26	最适宜
四	60～90mg/kg	449.58	4.39	适宜
五	30～60mg/kg	222.97	2.18	缺乏
六	≤30mg/kg	13.30	0.13	极缺乏
该区耕地面积	—	10244.92	100.00	—

3）有效磷含量分布状况

按照第二次全国土地调查规程的土壤养分分级标准，对该区耕地土壤有效磷含量进行评价分级，分为六个等级，一等土壤有效磷含量>40mg/kg，面积为398.50hm²，占该区耕地面积的3.89%；二等土壤有效磷含量为20～40mg/kg，面积为1414.99hm²，占该区耕地面积的13.81%；三等土壤有效磷含量为10～20mg/kg，面积为3945.08hm²，占该区耕地面积的38.51%；四等土壤有效磷含量为5～10mg/kg，面积为3189.62hm²，占该区耕地面积的31.13%；五等土壤有效磷含量为3～5mg/kg，面积为792.07hm²，占该区耕地面积的7.73%；六等土壤有效磷含量≤3mg/kg，面积为504.65hm²，占该区耕地面积的4.93%。从统计结果看，该区土壤有效磷平均含量为14.58mg/kg，土壤有效磷含量处于最适宜水平，详见表7.17。

表 7.17 东部区耕地土壤有效磷含量等级表

等级	评级标准	面积/hm²	比例/%	评价
一	>40mg/kg	398.50	3.89	极丰富
二	20～40mg/kg	1414.99	13.81	丰富
三	10～20mg/kg	3945.08	38.51	最适宜
四	5～10mg/kg	3189.62	31.13	适宜
五	3～5mg/kg	792.07	7.73	缺乏
六	≤3mg/kg	504.65	4.93	极缺乏
该区耕地面积	—	10244.92	100.00	—

4）速效钾含量分布状况

按照第二次全国土地调查规程的土壤养分分级标准，对该区耕地土壤速效钾含量进行评价分级，分为六个等级，一等土壤速效钾含量>200mg/kg，面积为3778.27hm²，占该区耕地面积的36.88%；二等土壤速效钾含量为150～200mg/kg，面积为2322.25hm²，占该区耕地面积的22.67%；三等土壤速效钾含量为100～150mg/kg，面积为3737.87hm²，占该区耕地面积的 36.49%；四等土壤速效钾含量为 50~100mg/kg，面积为 279.58hm²，占该区耕地面积的 2.73%；五等土壤速效钾含量为 30~50mg/kg，面积为 126.95hm²，占该区耕地面积的 1.24%；六等土壤速效钾含量≤30mg/kg，该区没有此类耕地土壤。从统计结果看，该区土壤速效钾平均含量为 183.80mg/kg，土壤速效钾含量处于丰富水平，详见表 7.18。

表 7.18 东部区耕地土壤速效钾含量等级表

等级	评级标准	面积/hm²	比例/%	评价
一	>200mg/kg	3778.27	36.88	极丰富
二	150~200mg/kg	2322.25	22.67	丰富
三	100~150mg/kg	3737.87	36.49	最适宜
四	50~100mg/kg	279.58	2.73	适宜
五	30~50mg/kg	126.95	1.24	缺乏
六	≤30mg/kg	0.00	0.00	极缺乏
该区耕地面积	—	10244.92	100.00	—

3. 施肥建议

根据该区对水稻、玉米、辣椒在不同地力条件下的肥效田间试验、土壤养分状况分析、农户施肥调查数据和种植管理水平得出：该区土壤中氮素含量为丰富水平，磷素含量为最适宜水平，钾素含量为丰富水平，故施肥上主要采取稳氮、稳磷、稳钾的施肥措施。根据不同作物，提出施肥建议如表 7.19 所示。

表 7.19 东部区施肥建议表

作物名称	推荐施肥量/(kg/亩)			
	氮肥	磷肥	钾肥	有机肥
水稻	11~13	7~9	11~13	900~1100
玉米	13~15	8~10	13~15	1100~1300
辣椒	17~19	3~6	14~16	1100~1300

注：表中各种作物的推荐施肥只是给出指导性的施肥范围，具体施肥时，必须根据作物品种和土壤养分含量给出具体施肥量和施肥方案。

7.4.3 黔陶稳氮补磷补钾区

1. 范围与概况

该区包括黔陶，总面积 7344.25hm²，约占花溪区总面积的 7.62%，该区共有耕地 1592.50hm²，其中水田 641.75hm²，旱地 950.75hm²。

该区地貌东面和东北面为山地,西面和西北面为缓丘陵地,中部和南部为河流冲积地。地势东高西低,山峦起伏较大,最高海拔为1655.9m,最低海拔为1030m,平均海拔为1343m。年均温15℃,年降水量1157.6mm,无霜期280天左右。该区灾害性天气主要有倒春寒、秋风、秋雨、夏旱、伏旱,但水利化程度较高,旱灾威胁不严重。秋风秋雨对水稻等作物也有一定影响。

2. 土壤养分状况

1) 有机质含量分布状况

按照第二次全国土地调查规程的土壤养分分级标准,将该区耕地土壤有机质含量评价分为六个等级。一等土壤有机质含量>40g/kg,面积为409.14hm^2,占该区耕地面积的25.69%;二等土壤有机质含量为30~40g/kg,面积为627.21hm^2,占该区耕地面积的39.39%;三等土壤有机质含量为20~30g/kg,面积为332.84hm^2,占该区耕地面积的20.90%;四等土壤有机质含量为10~20g/kg,面积为162.32hm^2,占该区耕地面积的10.19%;五等土壤有机质含量为6~10g/kg,面积为59.72hm^2,占该区耕地面积的3.75%;六等土壤有机质含量≤6g/kg,面积为1.27hm^2,占该区耕地面积的0.08%。从统计结果看,该区土壤有机质平均含量为33.36g/kg,土壤有机质含量处于丰富水平,详见表7.20。

表7.20 黔陶区耕地土壤有机质含量等级表

等级	评级标准	面积/hm^2	比例/%	评价
一	>40g/kg	409.14	25.69	极丰富
二	30~40g/kg	627.21	39.39	丰富
三	20~30g/kg	332.84	20.90	最适宜
四	10~20g/kg	162.32	10.19	适宜
五	6~10g/kg	59.72	3.75	缺乏
六	≤6g/kg	1.27	0.08	极缺乏
该区耕地面积	—	1592.50	100.00	—

2) 碱解氮含量分布状况

按照第二次全国土地调查规程的土壤养分分级标准,对该区耕地土壤碱解氮含量进行评价分级,分为六个等级,一等土壤碱解氮含量>150mg/kg,面积为391.58hm^2,占该区耕地面积的24.59%;二等土壤碱解氮含量为120~150mg/kg,面积为251.13hm^2,占该区耕地面积的15.77%;三等土壤碱解氮含量为90~120mg/kg,面积为316.04hm^2,占该区耕地面积的19.85%,四等土壤碱解氮含量为60~90mg/kg,面积为461.36hm^2,占该区耕地面积的28.97%;五等土壤碱解氮含量为30~60mg/kg,面积为172.39hm^2,占该区耕地面积的10.83%;六等土壤碱解氮含量≤30mg/kg,该区没有土壤碱解氮为六等的耕地。从统计结果看,该区土壤碱解氮平均含量为112.18mg/kg,土壤碱解氮含量处于最适宜水平,详见表7.21。

表 7.21 黔陶区耕地土壤碱解氮含量等级表

等级	评级标准	面积/hm²	比例/%	评价
一	>150mg/kg	391.58	24.59	极丰富
二	120~150mg/kg	251.13	15.77	丰富
三	90~120mg/kg	316.04	19.85	最适宜
四	60~90mg/kg	461.36	28.97	适宜
五	30~60mg/kg	172.39	10.83	缺乏
六	≤30mg/kg	0.00	0.00	极缺乏
该区耕地面积	—	1592.50	100.00	—

3）有效磷含量分布状况

按照第二次全国土壤普查规程的土壤养分分级标准，对该区耕地土壤有效磷含量进行评价分级，分为六个等级，一等土壤有效磷含量>40mg/kg，该区没有耕地土壤有效磷为一等的耕地；二等土壤有效磷含量为 20~40mg/kg，面积为 28.14hm²，占该区耕地面积的 1.77%；三等土壤有效磷含量为 10~20mg/kg，面积为 186.59hm²，占该区耕地面积的 11.72%；四等土壤有效磷含量为 5~10mg/kg，面积为 428.38hm²，占该区耕地面积的 26.90%；五等土壤有效磷含量为 3~5mg/kg，面积为 457.93hm²，占该区耕地面积的 28.76%；六等土壤有效磷含量≤3mg/kg，面积为 491.46hm²，占该区耕地面积的 30.86%。从统计结果看，该区土壤有效磷平均含量为 5.16mg/kg，土壤有效磷含量处于适宜水平，详见表 7.22。

表 7.22 黔陶区耕地土壤有效磷含量等级表

等级	评级标准	面积/hm²	比例/%	评价
一	>40mg/kg	0.00	0.00	极丰富
二	20~40mg/kg	28.14	1.77	丰富
三	10~20mg/kg	186.59	11.72	最适宜
四	5~10mg/kg	428.38	26.90	适宜
五	3~5mg/kg	457.93	28.76	缺乏
六	≤3mg/kg	491.46	30.86	极缺乏
该区耕地面积	—	1592.50	100.00	—

4）速效钾含量分布状况

按照第二次全国土地调查规程的土壤养分分级标准，对该区耕地土壤速效钾含量进行评价分级，分为六个等级，一等土壤速效钾含量>200mg/kg，面积为 14.76hm²，占该区耕地面积的 0.93%；二等土壤速效钾含量为 150~200mg/kg，面积为 87.74hm²，占该区耕地面积的 5.51%；三等土壤速效钾含量为 100~150mg/kg，面积为 323.82hm²，占该区耕地面积的 20.33%；四等土壤速效钾含量为 50～100mg/kg，面积为 665.50hm²，占该区耕地面积的 41.79%；五等土壤速效钾含量为 30～50mg/kg，面积为 500.67hm²，占该区耕地面积的 31.44%；六等土壤速效钾含量≤30mg/kg，该区没有土壤速效钾含量为六级的耕地。从统计结果看，该区土壤速效钾平均含量为 84.25mg/kg，土壤速效钾含量处于适宜水平，详见表 7.23。

表 7.23 黔陶区耕地土壤速效钾含量等级表

等级	评级标准	面积/hm²	比例/%	评价
一	>200mg/kg	14.76	0.93	极丰富
二	150～200mg/kg	87.74	5.51	丰富
三	100～150mg/kg	323.82	20.33	最适宜
四	50～100mg/kg	665.50	41.79	适宜
五	30～50mg/kg	500.67	31.44	缺乏
六	≤30mg/kg	0.00	0.00	极缺乏
该区耕地面积	—	1592.50	100.00	—

3. 施肥建议

根据该区对水稻、玉米、辣椒在不同地力条件下的肥效田间试验、土壤养分状况分析、农户施肥调查数据和种植管理水平得出：该区土壤中氮素含量为最适宜水平，磷素含量为适宜水平，钾素含量为适宜水平，故施肥上采取稳氮补磷补钾为主要施肥措施。根据不同作物，提出如表 7.24 所示的施肥建议。

表 7.24 黔陶区施肥建议表

作物名称	推荐施肥量/(kg/亩)			
	氮肥	磷肥	钾肥	有机肥
水稻	11～13	9～11	15～17	900～1100
玉米	13～15	8～10	13～15	700～900
辣椒	17～19	4～6	15～17	900～1100

注：表中各种作物的推荐施肥只是给出指导性的施肥范围，具体施肥时，必须根据作物品种和土壤养分含量给出具体施肥量和施肥方案。

第8章　花溪区耕地地力与种植业布局

农业是自然再生产和经济再生产交织在一起的生产部门，是一个农业生态系统、农业经济系统和农业技术系统所构成的复合体系；农业种植业区划布局是以研究种植业发展的地域分异规律为目的，是实现科学种植和农业产业结构调整的一项基础性工作。优化农业结构，发展特色农业是解决农民增收困难的根本途径之一。这就要求合理利用区域资源优势，选择适宜的耕地，建立无公害农产品生产基地，发展优质农产品。根据花溪区土壤属性、自然条件、农田基础设施等耕地质量的重要因素，提出种植业区划布局，对合理分配种植区域、充分利用耕地资源、促进农业产业结构调整、发展农业经济将起到积极作用，了解本地耕地地力及质量状况，对种植业结构的调整具有十分重要的现实意义。

8.1　种植业发展历史及现状

8.1.1　农业自然条件

详情见第 2 章 2.1 节。

1. 主要作物播种面积及产量

详情见第 2 章的 2.2.2 节。

2. 主要种植作物及品种

1）水稻

水稻是花溪区种植业的主要作物，是人们生活的主食，在全区均有种植。花溪区经过多年的引品种植，产量高、适应性强的品种主要有'B 优 811''B 优 827''D 优 369''G 优 802''G 优 902''Q 优 5 号''Q 优 6 号''丰优香占''富优 1 号''富优 978''红优 2009''杰优 8 号''金优 63''金优 785''金优 99''金优桂 99''全优'系列'三光 17''西农优 1 号''香优 109''香优 6 号''湘优 109''浙优 109''珍优 202''中优 107''中优 158''中优 5617''中优 608''中优 63''中优 808''中优 838'等品种。

2）玉米

玉米是花溪区近几年发展较快的种植作物，在全区境内均有种植，农民种植后主要作为畜牧业的精饲料。花溪区种植玉米的品种主要有'安单 13''登海 3632 号''登海 3 号''贵毕 302''贵单 6 号''贵单 8 号''贵原 8 号''海禾 1 号''尖玉 999''辽学 121''临奥 1 号''黔丹 19 号''黔丹 6 号''黔单 11 号''黔单 19''黔兴 5 号''黔学 10''黔玉 3 号''瑞玉 10 号''瑞玉 16 号''西山 99 号''兴原 99''雅玉 889''裕玉 207''豫玉9号''筑黄3号''遵义205号''遵义3号''遵义5号''遵义6号''遵义8号''遵义9号'等品种。

3）油菜

油菜是花溪区种植的主要油料作物，也是大田作物中的主要经济作物，在全区均有种植。主要种植品种有'贵杂3号''黔油10号''黔油12号''黔油18号''油研10号''油研50号''油研7号''油研8号''油研9号'等品种。

4）马铃薯

马铃薯是花溪区种植面积较大的一种作物，近几年发展也很快，无论是在播种面积还是在栽培技术上均得到了较快的提高，是该区重要辅助粮食和饲料之一。全区境内均适合种植。种植品种主要有本地品种，以及'鄂薯5号''克选10号''威芋3号''中薯强'等品种。

5）蔬菜

蔬菜在全区范围内都有种植，主要蔬菜种类有白菜、四季豆、豇豆、茄子、辣椒、萝卜、青菜、南瓜、黄瓜、番茄、雪里红、大葱、芹菜、蒜苗、小葱、菠菜、韭菜、生姜、香菜等。

3. 种植业存在的主要问题

1）种植结构不合理

花溪区长期以来，以粮食生产为主，对发展经济作物，开展多种经营重视不够，种植业结构不合理。种植业生产以一般性品种居多，优质、专用品种较少，农产品品质不高，优质产品相对不足，劣质产品常积压难卖；农产品深度开发相对滞后，以出售初级产品为主，加工产品少，精深加工产品更少。

2）自然灾害的侵袭抵御能力弱

花溪区种植业生产受自然灾害的威胁较大，主要是水灾、旱灾，其次是冰雹、倒春寒、秋风和病虫害等。

3）重用地、轻养地

随着农业生产的发展和农业机械化的推广，用作犁田的户用养牛大量减少，由此农家肥施用量逐年减少，土壤有机质得不到应有的补充，在化肥的供应和施用中，氮、磷、钾比例失调，以致土壤磷含量大增，缺钾含量明显减少。冷、阴、烂、锈田还得不到根本改变。

4）农业适用新技术普及利用率低

农业产业整体素质有待进一步提高，急需提高农业产业科技含量，农业科技人员数量不足，专业技术人员急需知识更新。虽然农民科学文化素质近年来有了较大的提高，但远不能适应现代化农业生产的需求，接受、应用现代科学技术的能力较弱；同时，实际生产中农民重技术轻观念，市场经济意识不强，缺乏科学的调整观，部分农民在安排生产上还仅凭感觉、经验，有一定的盲目性、随意性，常常一哄而上，从而造成暂时的产品积压难卖，丰产不丰收。

5）农村劳动力不足

花溪区农业发展仍是劳动密集型产业，劳动力是农业发展的主要因素。在现在的农村，劳动力资源严重不足，成年劳动力大部分出去打工，留守的都是老、弱、妇、孺，劳动力严重缺乏，造成农业发展缓慢。

8.2 种植业布局

8.2.1 布局原则和依据

1. 分区原则

种植业布局，涉及的因素是多方面的，是一个较复杂的问题。为了因地制宜地指导农业生产，进一步搞好种植业的合理布局，从县情出发，按地域分异规律，依据如下原则，由大同到小异，来进行种植业布局。

（1）自然条件的类似性。
（2）社会经济条件的类似性。
（3）农业生产条件的类似性。
（4）农业生产发展方向、途径相对一致性。
（5）与省地综合农业区划相衔接，并保持村界的完整性。

2. 分区依据

通过对花溪区农业生产条件的现状及发展方向进行全面、系统的综合分析，根据上述原则，确定分区主要指标。

地貌类型是自然条件地域分异的先导因素。海拔高低、地面坡度、岩性及岩组特征等，制约着气候、土壤、水、生物等自然资源特点及土地利用、生产布局和交通状况。

气候特征主要是垂直热量带的类型。热量的垂直分异，是形成花溪区立体农业的主要因素，直接影响农业资源的分布和生产布局。

生产水平和社会经济状况主要涵盖人口密度、人均土地面积、人均产值、人均粮食占有量、粮食单位面积产量等指标，这些因素是农业分区的辅助因素。

3. 总体思路

以科学发展观为指导，紧紧围绕现代农业这根主线，突出高效农业规模化工程载体，加快农业结构调整步伐，提高农业单位面积产出率，进一步提升农业产业发展水平，促进农民收入持续稳定增长。

8.2.2 种植业分区

根据花溪区地形地貌、土壤类型及性质、种植习惯与种植制度、气候条件、水文条件、生产水平和社会经济状况等，结合花溪区"十二五"规划，把花溪区分为四个区域。

（1）中部蔬菜区。

（2）东部稻油瓜果区。

（3）西部粮油经作区。

（4）东南部稻烟区。

1. 中部蔬菜区

该区主要包括贵筑、清溪、溪北、青岩等，总面积20154.14hm²，约占花溪区总面积的20.9%，共有耕地7192.64hm²，其中水田3315.20hm²，旱地3877.44hm²。

1）自然条件

该区地貌类型为丘陵与陡盆地，是花溪区水肥光热土壤条件最好的地区，年均温15℃，年降水量1157.6mm，无霜期280天。出露地层主要是三叠纪灰岩、侏罗纪紫色砂质岩及石炭系灰岩。该区是花溪区商品粮、油、蔬菜的主产区，海拔1100m左右，均有河流流贯其中，保灌面积在90%以上，自然土壤以薄层黄色石灰土为主，耕地土壤以大眼泥、潮泥田、鸭屎泥、黄泥田为主。盆地低洼地段，地下水位较高，往往分布有潜育型或沼泽型水稻土（如鸭屎泥、深脚烂泥田、浅脚烂泥田），其余地下水位较低的平坝多为良水型水稻土（大眼泥、龙凤大眼泥、潮泥、黑潮泥等），盆地边沿往往分布淹育型水稻土或旱地。

2）土壤概况

该区成土母岩主要有石灰岩坡残积物、泥质石灰岩坡残积物、砂页岩坡残积物、老风化壳、页岩等坡残积物，以及河流沉积物。耕地土种主要有大泥土、大眼泥田、黄砂泥土、龙凤大眼泥田、斑潮泥田。耕地土壤有机质、碱解氮、有效磷、速效钾平均含量分别是45.07g/kg、176.81mg/kg、21.13mg/kg、208.98mg/kg。耕地土壤的氮素含量为"丰富"水平，磷素含量为"丰富"水平，钾素含量为"极丰富"水平。

3）种植业发展方向

该区应充分利用农业自然资源条件较好、交通方便、市场需求量大、劳动力资源丰富、农业技术装备和技术力量较强的优势，发展城郊农村经济，加强商品生产基地建设，因此种植业应以特色蔬菜和水果为重点。推动一二三产业协调发展，采用多层次、复合式的经济网络结构体系，实现本区种—加—销"一条龙"的加工销售组合和经济体系。

蔬菜基地以贵筑、清溪、溪北、青岩等坝子为主，加强农田水利设施基本建设，建成万亩能排能灌、稳产高产的蔬菜生产区，实现周年均衡上市。果树基地建立在适宜种植果树的缓坡地，种植温带落叶果树，以生产桃、梨、李、葡萄等鲜果为主。

2. 东部稻油瓜果区

该区位于花溪区东北部，包括孟关乡、小碧乡、黔陶乡，总面积20505.99hm²，约占花溪区总面积的21.27%，该区共有耕地5892.65hm²，其中水田2385.64hm²，旱地3507.01hm²。

1）自然条件

该区地貌以丘陵居多，且本区南部以低山丘陵或低谷地貌为主。海拔为1200~1300m，气候温和，自然土壤以黄色石灰土、硅铝黄壤为主。耕地土壤以大眼泥、黄泥田、大土泥为主，低产土壤面积占30%左右，该区农作物以水稻、玉米、小麦、油菜为主，拥有连片自然牧地3000余亩，森林分布不均，山坡多为秃坡秃岭。

2）土壤概况

该区成土母岩主要有石灰岩坡残积物、砂页岩坡残积物、老风化壳、泥质白云岩坡残积物、河流沉积物、泥岩坡残积物、砂岩坡残积物。耕地土种主要有大泥土、黄砂泥土、大眼泥田、黄砂泥田、斑黄胶泥田、熟黄砂土。耕地土壤有机质、碱解氮、有效磷、速效钾平均含量分别是36.91g/kg、131.90mg/kg、11.03mg/kg、159.12mg/kg。耕地土壤的氮素含量为"丰富"水平，磷素含量为"最适宜"水平，钾素含量为"丰富"水平。

3）种植业发展方向

该区应充分利用丘盆坝地多、水热条件优越、交通方便、劳力充裕、经济基础好的优势，发展城郊粮、油、副食品生产，调整农村产业结构，建立农村商品生产基地。要在重点抓好粮、油生产的同时，也重点抓好蔬菜、瓜果等经济作物生产。调整好农、经用地结构，并逐步达到6∶4。

为实现上述目标，应逐步在本区范围内建设好粮、油、副食品生产基地，实现商品化、专业化生产。蔬菜基地应以孟关、小碧和黔陶的坝子地区为主，加强农田基本建设和土壤改良，建立稳产高产的优质蔬菜基地3万亩，实现集约化经营。果树基地以孟关乡的五星、沙坡等村，黔陶乡的骑龙、赵司、马场等村，以及小碧乡的下坝、甘庄、黄泥堡、二堡等村为主，建立集中连片果树基地和西瓜生产基地，以种桃、梨、李、杏、葡萄等温带落叶果树和西瓜为重点。经济作物基地应以孟关、小碧、黔陶的缓坡地为主，以种植花生、辣椒、大蒜、香葱、茶叶、蔬菜为重点，实现稳产高产，满足市场需求。

3. 西部粮油经作区

该区包括石板镇、党武乡、湖潮乡、久安乡、马铃乡、麦坪乡、燕楼乡。总面积43375.68hm^2，约占花溪区总面积的44.99%，该区共有耕地19256.68hm^2，其中水田5735.99hm^2，旱地13520.69hm^2。

1）自然条件

该区地貌类型表现为南部以泥盆系、石炭系、二叠系地层形成的岩溶中山与侵蚀中山峡谷、侵蚀低中山丘陵和缓丘、低丘为主，一般海拔999～1529.5m，相对高差500m。气候温和湿润，适宜多种农作物生长，年平均气温14.1～14.4℃。≥10℃（80%保证率）年积温3800～4000℃。无霜期270天左右。日照时数1260～1350h，是日照总辐射较丰富的地区。年降水量1150～1200mm，光热条件较好，适宜秋收作物生长发育；但降雨时空分布不均，加上地质条件限制，不利蓄水保水，水资源利用率低，影响农作物生产。该区主要灾害天气有春旱、倒春寒、雹灾、夏旱、秋季低温等，影响农作物产量。

2）土壤概况

该区成土母岩以白云岩坡残积物、砂页岩坡残积物、泥岩坡残积物、老风化壳、泥质石灰岩坡残积物为主。耕地土种主要有大泥土、黄砂泥土、大眼泥田、油黄泥土、斑黄胶泥田、岩泥土、幼黄砂土、大泥田、黄泥土、黄砂泥田、斑黄泥田。耕地土壤有机质、碱解氮、有效磷、速效钾平均含量分别是 46.98g/kg、190.87mg/kg、17.94mg/kg、221.15mg/kg。耕地土壤的氮素含量为"极丰富"水平，磷素含量为"最适宜"水平，钾素含量为"极丰富"水平。

3）种植业发展方向

该区地带性黄壤与石灰性土壤呈复区分布，土壤条件适宜的地区宜种植辣椒、大蒜、茶叶、果树等经济作物，建立商品生产基地。对于党武、磊庄、盖冗、谷蒙等地，应充分发挥辣椒、大蒜品质好、产量高、市场销路广的优势，组织农户大力发展，并建立辣椒、大蒜生产基地。生产上要不断地改进栽培管理技术，选育良种，合理施肥，提高单产和品质，搞好加工、贮藏、运销，积极试办产—供—销"一条龙"的农工商合作经济组织，搞好服务。本区黄壤地带茶叶品质较好，应加强对现有茶园和零星茶树的管理，搞好加工，提高单产和品质，以湖潮、燕楼等乡为重点，逐步将茶叶种植面积扩大到30000亩。

在有条件的石板、湖潮等乡镇，应有计划地开辟新菜地或进行粮、菜间作套种，生产部分季节性蔬菜，解决城镇和邻近工矿单位的蔬菜供应。同时，应充分利用该区缓丘坡地和闲空地建立集中连片果园，以家庭经营为主，大力种植苹果、梨、桃、李和葡萄等果树，逐步形成商品基地，提高单产和商品率。应组织部分农户培育花卉，满足城市人民需要。

4. 东南部稻烟区

该区包括高坡乡，总面积 10682.65hm^2，约占花溪区总面积的 11.08%，该区共有耕地 3278.24hm^2，其中水田 1817.30hm^2，旱地 1460.94hm^2。

1）自然条件

该区地貌为中山台地，海拔 1300～1655.9m，为全区最高处。由于地势较高，易受寒风侵袭，气候冷凉多雾，湿度大，冬季雪凌较多，年均温 13℃左右，无霜期 150～220天。岩性以粉砂岩及长石石英砂岩为主，中部五寨、杉坪一带，以白云质灰岩为主。黄壤分布面积较大，其次为黄色石灰土，耕地以冷沙泥田土、黄沙泥田土、大石砂等为主。低产耕地占总耕地面积的 70%以上，植被以松、杉为主，草本植物以禾科植物为主。农作物以水稻、玉米、马铃薯为主，多为一年一熟，生产水平较低，畜牧业在牛猪生产方面有一定基础。

2）土壤概况

该区成土母岩以石灰岩坡残积物、泥岩坡残积物、砂页岩坡残积物、变余砂岩残积物为主。耕地土种主要有冷浸田、大泥土、黄砂泥田、熟黄砂土。耕地土壤有机质、碱解氮、有效磷、速效钾平均含量分别是 35.08g/kg、176.08mg/kg、15.31mg/kg、175.75mg/kg。耕地土壤的氮素含量为"丰富"水平，磷素含量为"最适宜"水平，钾素含量为"丰富"水平。

3）种植业发展方向

该区科学种田基础较差，粮食作物单产低，增产潜力很大。应集中精力种好宜耕地，精耕细作，选用和推广耐寒的高产早熟良种。大力改造中低山产田土，扩大绿肥种植面积,增施热性肥料、有机肥料和磷肥,提高土温和土壤肥力。针对该区气候冷凉、生育期短、作物单产低的特点,要积极选用耐寒、早熟的良种,推广保温育秧、旱地育秧等新技术。合理安排播种时期,避开"秋风"危害。在干旱地区推广种植旱稻、地膜栽培杂交玉米等技术措施,实行集约化经营。要大力改革耕作制度,逐步推行一年二熟制,实行科学种田。根据该区气候和土壤条件,适宜种植马铃薯、烟草、大麦等农作物。应选择高产质优的良种,扩大种植面积,推广稻田种植皮大麦等技术,将复种指数提高到150%以上,逐步建成马铃薯、皮大麦和烟草生产基地。

8.3 对策与建议

8.3.1 依托市场,制定切实可行的布局调整方向

根据现代农业发展的要求,利用本地区域优势、自然资源、经济条件和技术水平,加强市场调研,制定切实可行的布局调整方向和具体实施方案,规划需依托市场、立足长远、因地制宜、统筹兼顾、科学布局、发挥优势、体现特色,实现生态效益、社会效益、经济效益的统一。

8.3.2 积极培育壮大农业市场主体,提高农业产业化水平

借助全省、全市农业产业结构调整的机遇,花溪区应以现有的农产品加工企业为依托,进一步完善龙头企业+农技部门+基地(农户)的利益共享、风险共担的产业化经营机制。增强龙头企业的带动能力,大力发展产业关联度大、市场竞争力强、辐射带动面广的农业龙头企业,增强龙头企业对当地农产品资源的消化能力、对产业发展的引领能力、对农户的带动能力。大力发展农民专业合作组织,积极推广"龙头企业+合作经济组织+农户"的一体化经营,促进农业增效、农民增收,增强现代农业发展活力。切实抓好农产品品牌营销,积极培育壮大农业市场主体,充分发挥龙头企业组织带动作用,引领农业产业发展,促进农民增收。

8.3.3 加强农田基础设施建设,提高耕地地力

随着人口的增加和人们活动的加强,森林面积减少,涵水能力越来越弱,水源量不断减少,加之降水时空分布不均,因此,多数地区灌溉水源的基础流量在减少,供水时间越来越短。在夏季作物需水量大和蒸发量增大的情况下,往往无水供应。为了确保农作物的稳产高产,今后应因地制宜地采取"以蓄为主,蓄、引、提相结合;以小型为主,中、小型相结合"的原则,进一步加强水利设施建设。对现有的尚未配套工程,要尽快完善工程配套;对长期失修的引水渠道,要进行普检工作,及时清理修补;对新修的提灌机械设备,要实行专人管理,定期检修,提高灌溉效益。

8.3.4　大力改造中低产田

对次生潜育化的稻田，要开沟排水，实行水旱轮作，在重施有机肥的基础上，增施钾肥。对冷浸田的改良主要采取"治本为主、本标结合"的综合措施。治本是搞工程改良，主要开好三沟（截洪沟、围沟、排灌沟），排五水（排渍水、常年水、冷泉水、锈水、山洪水）；治标主要实行冬季翻犁炕冬，增施有机肥和钾肥。对一些坡塝梯田，要进一步解决水源的问题，除抓好现有水利设施的配套、维修和加强管理，提高工程灌溉效益外，要有计划地兴建一些小型的山塘水库，加高夯实田埂，提高稻田的蓄水保水能力；对于冲沟低洼地区，要根据地形和水位高低，以治本改造为主，修建好科学的、永久性的排灌系统，充分发挥土壤潜在肥力。

8.3.5　完善体系，推进农业标准化建设

积极发展无公害（绿色、有机）农产品生产，制定好各类作物标准化生产的技术规程，建立农产品标准化示范基地，把种植业的产前、产中、产后环节纳入标准化管理轨道，完善农产品质量检验检测体系，加强监督管理，全面提升农产品在国内外的市场竞争力。

8.3.6　改革不合理的耕作制度，实行科学种田

改革栽培制度、施肥制度，合理布局作物，提高土地利用率，合理用地，积极养地，不断提高土壤的生产能力和农作物产量，是目前增加粮食和经济作物收入的一项科学且行之有效的重要措施。

8.3.7　加强农技队伍建设，推广先进适用技术

稳定农技推广体系，加强对农技推广人员的技术培训和知识更新。根据耕地特性，加大农业测土配方施肥技术、高产栽培技术的推广力度，分类指导，全面提高农业生产科技水平，确保生态、特色、高效农业的健康发展。

第9章 花溪区土壤养分与耕地土壤肥力

9.1 自 然 条 件

花溪区自然条件详见第2章的2.1.3节。

9.2 耕地土壤类型及分布

根据地力评价数据，花溪区现有耕地面积 35620.22hm² （下同），其中水田 13254.13hm²、旱地 22366.09hm²，分别占耕地面积的 37.21%和 62.79%。

9.2.1 耕地土壤类型

根据第二次全国土地调查分类系统，花溪区内土壤分为黄壤、石灰土、紫色土、潮土、沼泽土和水稻土6个土类，17个亚类、42个土属、75个土种。根据贵州省土壤分类标准统计归并后，花溪区的耕地土壤分为黄壤、石灰土、紫色土、潮土和水稻土 5 个土类，14 个亚类，26 个土属，44 个土种。根据表 9.1 的结果，水稻土的面积最大，面积为 13254.13hm²，占耕地面积的 37.21%，在全区各个乡镇均有分布。

表 9.1 花溪区耕地土壤类型面积统计表

土类名称	地类名称	面积/hm²	比例/%
潮土	旱地	64.58	0.02
黄壤	旱地	9699.33	27.22
石灰土	旱地	12528.89	35.19
紫色土	旱地	73.29	0.02
水稻土	水田	13254.13	37.21
合计面积		35620.22	100.00

1. 黄壤类

花溪区黄壤类耕地包括黄壤、黄壤性土 2 个亚类 5 个土属 8 个土种，总面积 9699.33hm²。黄壤为花溪区地带性土壤，是分布较广、面积较大的一类土壤，在各乡镇均有分布，且面积较大。分布集中的有久安、湖潮、燕楼、高坡、马铃、小碧等地区及青岩的东部，麦坪、石板的北部，党武的南部，黔陶的西南和孟关的西部、北部。花溪区黄壤成土母质主要有砂页岩、砂岩、页岩等风化物及第四纪黏土母质。土体一般较深厚，酸性强。土壤剖面具有黄化层，较瘦瘠，磷素养分甚缺，适于杉、松、油茶、茶等植物生长。垦耕的黄泥土适于玉米、油茶、小麦、烤烟、辣椒等作物生长。

2. 石灰土类

花溪区石灰土类耕地总面积 12528.89hm²。由碳酸盐岩发育的石灰土在花溪区的分布遍及全区各地，分布较多的乡镇有石板、党武、青岩、马铃等。这类土壤由于受母岩的影响，不表现地带性特征，富含钙、铝等矿物元素，利于有机质的积累。经人工开垦后的农耕地，适种性较广泛，但不同碳酸盐岩母质发育的石灰土特性差异较大。酸碱度一般为中性至微碱性，有石灰反应，土层薄，抗旱性差，宜于柏树、油桐、杜仲、棕榈等植物的生长。

3. 紫色土类

花溪区紫色土类耕地包括石灰性紫色土、酸性紫色土和中性紫色土 3 个亚类 3 个土属 3 个土种，总面积 73.29hm²。由侏罗纪棕紫色砂页岩发育而成的紫色土，在花溪区分布范围小，集中分布在杨中—陈亮—中曹向斜地带。紫色土抗冲力弱，易于水土流失，但母岩酥软，物理风化迅速，成土快，故土体更替较快。紫色土因母岩含矿物养分丰富，加之矿物风化蚀变作用弱，延缓了盐基的淋失。这类土壤磷钾养分丰富，但有机质贫乏，氮素养分含量相对较低，是发展经济林、用材林的良好土壤。垦耕的紫色土土壤肥力高，宜种作物多。

4. 潮土类

花溪区潮土类耕地只有潮土 1 个亚类 1 个土属 1 个土种，总面积 64.58hm²。由近代河流沉积物发育而成的潮土，由于在花溪区大部分区域水源丰富，已垦殖为水稻土。现有潮土面积不多。潮土类因生产条件好，在花溪区已全部开垦为耕作土壤。其土种主要是潮沙泥土，宜耕性、宜种性均好，水肥气热协调，有机质丰富，氮、磷、钾养分含量均高，适宜发展蔬菜等作物。

5. 水稻土类

花溪区水稻土类耕地包括漂洗型水稻土、潜育型水稻土、渗育型水稻土、脱潜型水稻土、淹育型水稻土和潴育型水稻土 6 个亚类 14 个土属 29 个土种，总面积 13254.13hm²。水稻土类是各种地带性土壤经过人类水耕熟化培育而成的耕作土，多连片集中分布于河谷、槽谷坝地和缓坡塝地区，在海拔 1400m 的平缓山地，也有少量分布。淹育型水稻土多分布在地势较高的坡塝地段，熟化程度低、水源缺乏，灌溉条件差，土壤肥力低。潴育型水稻土主要分布在低坝区，其熟化程度高，灌溉条件好，土壤肥力高。潜育型水稻土和沼泽型水稻土因所处的地势低洼,长期渍水,致使土粒分散、土壤结构受到破坏,水温低,还原物质多,有效养分少,次生潜育化严重。侧渗型水稻土多处于缓坡的中下部,多为砂页岩分布地带,由于长期侧流的漂洗和黏性母质长期潜水,使土壤质地黏重,养分缺乏。矿毒型水稻土因长期受锈水侵蚀或煤锈水灌溉,土壤有毒物质多,呈酸性反应。

9.2.2 土壤类型分布

土壤的形成及其分布规律,是土壤受不同的生物气候条件和各种成土因素综合作用的结果。虽然花溪区的地形地貌、母岩母质、植被条件、气候和时间及土壤的成土因素复杂,但花溪区经纬度差异不大,仅跨经度 25′,纬度 23′。经纬方向处于同一生物气候带。土壤无水平分布规律。气候虽有温热、温和、温凉之分,未引起地带性土壤类型的明显变化。因此,无明显的垂直分布规律。

由于地形地貌复杂,区域性成土条件各异。土壤区域分布规律十分明显。表现为不同地貌组合条件下有不同的土壤组合。

1. 低中山丘陵宽谷盆地土壤组合

花溪区丘陵盆地较多,约占全区总面积的 12.2%,较大的盆地有花溪、青岩、孟关、湖潮、麦乃、赵司等。尽管面积大小不一,但土壤分布规律有相似之处。例如,麦乃坝中心地势较低,地下水位高,土壤为潜育型水稻土(深脚烂泥田)。稍高部位,地下水位较低,分布有土壤肥力较高的潜育型水稻土紫泥田、紫油泥田。盆地边缘为淹育型肥力较低的浅血泥田、黄砂泥田,再上是血泥土和紫色土。再如青岩低山丘陵盆地海拔 1050~1250m,东西宽约 1500m。盆地底处为深脚烂泥田、潮泥田,稍高处为潴育型水稻土、潮泥田土、大眼泥、龙凤大眼泥。盆地边缘为大泥土、黄色石灰土、黄泥土、硅铝质黄壤。剖析以上两盆地的土壤分布,从盆地中心至边缘的土壤分布规律是:潜育型水稻土—潴育型水稻土—淹育型水稻土—旱耕地—山丘自然土壤。盆地为花溪区稻油蔬菜的主产区,这类地区低产土壤主要是深脚烂泥田和坡旁田,必须切实解决盆地中心的排水和盆地边缘的灌溉问题。

2. 低山丘陵土壤组合

花溪区低山丘陵地貌典型的有石板、麦坪、党武、燕楼、小碧、湖潮等地区。面积占土地总面积的 58%,海拔 1200m 左右。主要为三叠纪薄层石灰岩,二叠纪砂页岩出露地区,以丘陵土丘为多见。其土壤分布规律以石板公社为例:海拔 1200~1300m,一般山丘与平地海拔相差 50~100m,坡度平缓,一般坡度<20°。北部为砂页岩母质,南部为薄层灰岩母质,由南向北土壤的分布规律是,薄层灰岩丘陵分布着中层黄色石灰土、大泥土,坡麓分布着大泥土、大眼泥田。缓丘地带分布着硅铁质黄壤、黄胶泥田、黄泥土;北部砂页岩低山丘陵分布着硅铝质黄壤、黄泥田、冷沙泥田、冷浸田、煤锈田、燧石、扁砂土、冷砂土。丘陵地区地表水源易于流失。地下水资源虽然丰富,但由于田高水低,难于利用,干旱缺水是这一地区农业生产上存在的主要矛盾。因此历史以来以旱地作物为主。

3. 低中山槽谷及河谷土壤组合

花溪区低山槽谷典型的有马铃、高坡、久安及黔陶、燕楼的一部分。面积占全区总面积的 29.8%。这类地区海拔 1300m 以上，相对高度相差 200～500m。现以马铃乡为例加以说明，马铃乡群山起伏、山坡陡峻，东南部海拔 1030～1350m，西北部海拔 1200～1550m，东南部河谷两岸的狭长地带分布着潮砂泥田、大土泥，溪谷以南山地交错分布着薄层黄色石灰土、大土泥、岩泥等土壤。河谷以北山地分布着薄层黄色石灰土、大土泥、大眼泥田、硅铝质黄壤和黄泥土等。西北部槽谷地带槽谷及山冲下部为洪积母质发育的黄砂田、石渣子土，山冲分布着岩泥、冷浸田、冷沙田、煤锈田，山原多为冷砂土、薄层黄色石灰土和厚层硅铝质黄壤，低山槽谷地区山大坡陡，坡度一般大于 25°，甚至达到 60°以上，水土流失是农业生产上存在的主要矛盾。

9.3 花溪区第二次土壤普查土壤养分状况

9.3.1 耕地土壤有机质含量

花溪区耕作土壤有机质含量＞40g/kg 的耕地面积为 3904.00hm^2，占耕地面积的 16.23%；土壤有机质含量 30～40g/kg 的耕地面积为 12919.67hm^2，占耕地面积的 53.71%；土壤有机质含量 20～30g/kg 的耕地面积为 7028.73hm^2，占耕地面积的 29.22%；土壤有机质含量≤20g/kg 的耕地面积 202.07hm^2，占耕地面积的 0.84%。详见表 9.2。

表 9.2 花溪区第二次土壤普查耕地土壤有机质含量统计表

评价等级	第二次土壤普查结果（1984 年）	
	耕地面积/hm^2	百分比/%
＞40g/kg	3904.00	16.23
30～40g/kg	12919.67	53.71
20～30g/kg	7028.73	29.22
≤20g/kg	202.07	0.84
合计	24054.47	100.00

9.3.2 耕地土壤碱解氮含量

花溪区土壤的碱解氮含量＞150mg/kg 的耕地面积为 2961.07hm^2，占耕地面积的 12.31%；土壤碱解氮含量 120～150mg/kg 的耕地面积为 14129.60hm^2，占耕地面积的 58.74%；土壤碱解氮含量 90～120mg/kg 的耕地面积为 6759.33hm^2，占耕地面积的 28.10%；土壤碱解氮含量≤90mg/kg 的耕地面积为 204.47hm^2，占耕地面积的 0.85%。详见表 9.3。

表 9.3 花溪区第二次土壤普查耕地土壤碱解氮含量统计表

评价等级	第二次土壤普查结果（1984年）	
	面积/hm²	百分比/%
>150mg/kg	2961.07	12.31
120~150mg/kg	14129.60	58.74
90~120mg/kg	6759.33	28.10
≤90mg/kg	204.47	0.85
合计	24054.47	100.00

9.3.3 土壤有效磷含量

花溪区土壤有效磷含量>20mg/kg的耕地面积为86.60hm²，占耕地面积的0.36%；土壤有效磷含量10~20mg/kg的耕地面积为5063.47hm²，占耕地面积的21.05%；土壤有效磷含量5~10mg/kg的耕地面积为4892.67hm²，占耕地面积的20.34%；土壤有效磷含量≤5mg/kg的耕地面积为14011.73hm²，占耕地面积的58.25%。详见表9.4。

表 9.4 花溪区第二次土壤普查耕地土壤有效磷含量统计表

评价等级	第二次土壤普查结果（1984年）	
	面积/hm²	百分比/%
>20mg/kg	86.60	0.36
10~20mg/kg	5063.47	21.05
5~10mg/kg	4892.67	20.34
≤5mg/kg	14011.73	58.25
合计	24054.47	100.00

9.3.4 土壤速效钾含量

花溪区土壤速效钾含量150~200mg/kg的耕地面积为168.33hm²，占耕地面积的0.70%；土壤速效钾含量100~150mg/kg的耕地面积为15534.40hm²，占耕地面积的64.58%；土壤速效钾含量50~100mg/kg的耕地面积为2198.07hm²，占耕地面积的9.14%；土壤速效钾含量≤50mg/kg的耕地面积为6153.67hm²，占耕地面积的25.58%。详见表9.5。

表 9.5 花溪区第二次土壤普查耕地土壤速效钾含量统计表

评价等级	第二次土壤普查结果（1984年）	
	面积/hm²	百分比/%
150~200mg/kg	168.33	0.70
100~150mg/kg	15534.40	64.58

续表

评价等级	第二次土壤普查结果（1984年）	
	面积/hm²	百分比/%
50～100mg/kg	2198.07	9.14
≤50mg/kg	6153.67	25.58
合计	24054.47	100.00

9.4 耕地各土壤类型养分含量现状

从表9.6的统计结果看，耕地各种土壤类型之间的养分含量平均值相差不大，只是同种土壤类型在不同条件下的养分含量有差异。

表9.6 各类型土壤类型的养分含量表

名称		潮土	黄壤	石灰土	水稻土	紫色土
pH	最小	4.30	4.30	7.60	5.00	4.90
	最大	7.57	7.45	8.40	7.59	8.06
	均值	**6.15**	**5.91**	**6.50**	**5.91**	**5.95**
有机质/(g/kg)	最小	10.50	1.60	3.20	1.60	13.70
	最大	87.40	89.35	89.10	89.40	78.31
	均值	**48.06**	**45.37**	**42.28**	**43.80**	**35.91**
碱解氮/(mg/kg)	最小	35.40	30.90	30.00	30.00	45.40
	最大	308.60	399.20	399.20	399.20	335.70
	均值	**164.45**	**174.56**	**176.84**	**175.69**	**150.37**
有效磷/(mg/kg)	最小	0.80	0.10	0.10	0.10	2.80
	最大	61.40	79.50	79.60	79.90	76.80
	均值	**13.37**	**18.45**	**15.96**	**17.19**	**25.52**
速效钾/(mg/kg)	最小	41.00	33.00	40.00	33.00	49.00
	最大	402.00	496.00	497.00	498.00	486.00
	均值	**152.02**	**207.59**	**198.08**	**204.89**	**236.87**

9.4.1 耕地各土壤类型的酸碱度（pH）的情况

耕地pH的最大值为8.40，最小值为4.30，平均值为6.91。耕地各种土壤类型之间的pH平均数大小关系为：石灰土（6.50）＞潮土（6.15）＞紫色土（5.95）＞黄壤（5.91）＝水稻土（5.91）。

9.4.2 耕地各土壤类型的有机质含量的情况

耕地有机质含量的最大值为 89.40g/kg，最小值为 1.60g/kg，平均值为 43.71g/kg。耕地各种土壤类型之间的有机质含量平均数大小关系为：潮土（48.06g/kg）＞黄壤（45.37g/kg）＞水稻土（43.80g/kg）＞石灰土（42.28g/kg）＞紫色土（35.91g/kg）。

9.4.3 耕地各土壤类型的碱解氮含量的情况

耕地碱解氮含量的最大值为 399.20mg/kg，最小值为 30.00mg/kg，平均值为 175.59mg/kg。耕地各种土壤类型之间的碱解氮含量平均数大小关系为：石灰土（176.84mg/kg）＞水稻土（175.69mg/kg）＞黄壤（174.56mg/kg）＞潮土（164.45mg/kg）＞紫色土（150.37mg/kg）。

9.4.4 耕地各土壤类型的有效磷含量的情况

耕地有效磷含量的最大值为 79.90mg/kg，最小值为 0.10mg/kg，平均值为 17.15mg/kg。耕地各种土壤类型之间的有效磷含量平均数大小关系为：紫色土（25.52mg/kg）＞黄壤（18.45mg/kg）＞水稻土（17.19mg/kg）＞石灰土（15.96mg/kg）＞潮土（13.37mg/kg）。

9.4.5 耕地各土壤类型的速效钾含量的情况

耕地速效钾含量的最大值为 498.00mg/kg，最小值为 33.00mg/kg，平均值为 203.21mg/kg。耕地各种土壤类型之间的速效钾含量平均数大小关系为：紫色土（236.87mg/kg）＞黄壤（207.59mg/kg）＞水稻土（204.89mg/kg）＞石灰土（198.08mg/kg）＞潮土（152.02mg/kg）。

9.5 土壤养分评价标准与方法

9.5.1 评价标准

根据第二次全国土地调查暂行规程的标准进行分级。针对不同养分，进行如下分类。

1. 土壤有机质

土壤有机质含量按大于 40g/kg、30～40g/kg、20～30g/kg、10～20g/kg、6～10g/kg、小于 6g/kg 划分为 6 个等级。

2. 土壤碱解氮

土壤碱解氮含量按大于 150mg/kg、120～150mg/kg、90～120mg/kg、60～90mg/kg、30～60mg/kg、小于 30mg/kg 划分为 6 个等级。

3. 土壤速效钾

土壤速效钾含量按大于 200mg/kg、150～200mg/kg、100～150mg/kg、50～100mg/kg、30～50mg/kg、小于 30mg/kg 划分为 6 个等级。

4. 土壤有效磷

土壤有效磷含量按大于 40mg/kg、20～40mg/kg、10～20mg/kg、5～10mg/kg、3～5mg/kg、小于 3mg/kg 划分为 6 个等级。

5. 土壤酸碱度（pH）

土壤酸碱度（pH）按大于 8.5、7.5～8.5、6.5～7.5、5.5～6.5、4.5～5.5、小于 4.5 划分为 6 个等级。

9.5.2 评价方法

将取样实验分析结果（样品平均值）按第二次全国土地调查暂行规程的标准，标注在取样的位置上，每个土壤样品在底图上都会落在一定的图斑内，然后把相同等级的图斑归并，即成土壤养分草图。

9.6 土壤养分评价结果

根据对花溪区 30233 个耕地土壤评价单元土壤养分理化分析值的整理，按照第二次全国土地调查暂行规程的标准和方法对土壤养分进行综合评价分级。花溪区耕地土壤有机质、速效钾、有效磷、pH 等 5 项养分指标均为六级，现将花溪区土壤养分等级、各类型土壤养分等级状况，以及各乡镇土壤养分情况分述如下。

9.6.1 土壤养分要素等级概况及分布

1. 有机质等级与分布

按照第二次全国土地调查规程的土壤养分分级标准，对花溪区耕地土壤有机质含量进行评价分级，分为六个等级，一等土壤有机质含量＞40g/kg，面积为 21269.52hm^2，占全区耕地面积的 59.71%；二等土壤有机质含量为 30～40g/kg，面积为 7640.55hm^2，占全区耕地面积的21.45%；三等土壤有机质含量为20~30g/kg，面积为5440.98hm²，占全区耕地面积的15.28%，四等土壤有机质含量为10~20g/kg，面积为1007.83hm²，占全区耕地面积的2.83%；五等土壤有机质含量为6~10g/kg，面积为193.09hm²，占全区耕地面积的0.54%；六等土壤有机质含量≤6g/kg，面积为68.24hm²，占全区耕地面积的0.19%。详见表9.7。

根据评价结果可以看出，全区耕地土壤有机质含量处于丰富水平，96%以上的土壤属于一、二、三等，局部少部分土壤属于四、五和六等，面积为68.24hm²，占全区耕地面积的0.19%。耕地土壤有机质丰富的区域主要是在青岩、贵筑、湖潮等。清溪街道和孟关、高坡的耕地土壤有机质含量较低。

表9.7 花溪区耕地土壤有机质含量等级表

等级	评级标准	面积/hm²	比例/%
1	>40g/kg	21269.52	59.71
2	30~40g/kg	7640.55	21.45
3	20~30g/kg	5440.98	15.28
4	10~20g/kg	1007.83	2.83
5	6~10g/kg	193.09	0.54
6	≤6g/kg	68.24	0.19
全区耕地面积		35620.22	100.00

注：表中统计数据为修约后数据，因此加和数据与合计数据有偏差。

2. 碱解氮等级与分布

按照第二次全国土地调查规程的土壤养分分级标准，对花溪区耕地土壤碱解氮含量进行评价分级，分为六个等级，一等土壤碱解氮含量>150mg/kg，面积为24319.32hm²，占全区耕地面积的68.27%；二等土壤碱解氮含量为120~150mg/kg，面积为6006.02hm²，占全区耕地面积的16.86%；三等土壤碱解氮含量为90~120mg/kg，面积为3567.53hm²，占全区耕地面积的10.02%；四等土壤碱解氮含量为60~90mg/kg，面积为1160.26hm²，占全区耕地面积的3.26%；五等土壤碱解氮含量为30~60mg/kg，面积为553.80hm²，占全区耕地面积的1.55%，六等土壤碱解氮含量<30mg/kg，全区只有13.30hm²耕地的土壤碱解氮含量为六等级，占全区耕地面积的0.04%。详见表9.8。

根据评价结果可以看出，全区耕地土壤碱解氮含量较高，95%以上的土壤属于一、二、三等，局部少部分土壤属于四、五和六等。耕地土壤碱解氮丰富的区域主要是青岩、贵筑、湖潮等。小碧、高坡、黔陶的耕地土壤碱解氮含量较低。

表9.8 花溪区土壤碱解氮含量等级表

等级	评级标准	面积/hm²	比例/%
一	>150mg/kg	24319.32	68.27
二	120~150mg/kg	6006.02	16.86

续表

等级	评级标准	面积/hm²	比例/%
三	90～120mg/kg	3567.53	10.02
四	60～90mg/kg	1160.26	3.26
五	30～60mg/kg	553.80	1.55
六	≤30mg/kg	13.30	0.04
全区耕地面积		35620.22	100.00

3. 有效磷等级与分布

按照第二次全国土地调查规程的土壤养分分级标准，对花溪区耕地土壤有效磷含量进行评价分级，分为六个等级，一等土壤有效磷含量＞40mg/kg，面积为1887.26hm²，占全区耕地面积的5.30%；二等土壤有效磷含量为20～40mg/kg，面积为9034.81hm²，占全区耕地面积的25.36%；三等土壤有效磷含量为10～20mg/kg，面积为14112.50hm²，占全区耕地面积的39.62%；四等土壤有效磷含量为5～10mg/kg，面积为7084.20hm²，占全区耕地面积的19.89%；五等土壤有效磷含量为3～5mg/kg，面积为2000.77hm²，占全区耕地面积的5.62%；六等土壤有效磷含量≤3mg/kg，面积为1500.68hm²，占全区耕地面积的4.21%。见表9.9。

根据评价结果可以看出，土壤有效磷含量集中在5～40mg/kg，占全区耕地面积的84.87%，说明花溪区耕地土壤的磷含量处于中等水平。花溪区耕地土壤缺磷区域主要集中在高坡、黔陶、贵筑等。花溪区耕地属于整体有效磷适宜水平。

表9.9 花溪区土壤有效磷含量等级表

等级	评级标准	面积/hm²	比例/%
一	＞40mg/kg	1887.26	5.30
二	20～40mg/kg	9034.81	25.36
三	10～20mg/kg	14112.50	39.62
四	5～10mg/kg	7084.20	19.89
五	3～5mg/kg	2000.77	5.62
六	≤3mg/kg	1500.68	4.21
全区耕地面积		35620.22	100.00

4. 速效钾等级与分布

按照第二次全国土壤普查规程的土壤养分分级标准，对花溪区耕地土壤速效钾含量进行评价分级，分为六个等级，一等土壤速效钾含量＞200mg/kg，面积为17592.63hm²，占全区耕地面积的49.39%；二等土壤速效钾含量为150～200mg/kg，面积为9023.29hm²，占全区耕地面积的 25.33%；三等土壤速效钾含量为 100~150mg/kg，面积为 7075.81hm²，占全区耕地面积的 19.86%；四等土壤速效钾含量为 50~100mg/kg，面积为 1121.84hm²，占全区耕地面积的 3.15%；五等土壤速效钾含量为 30~50mg/kg，面积为 806.66hm²，占全区耕地面积的 2.26%；没有土壤速效钾含量≤30mg/kg 的耕地。见表 9.10。

根据评价结果可以看出，全区耕地土壤速效钾含量较高，94.58%以上的土壤属于一、二、三等，局部少部分土壤属于四、五等，没有六等的耕地。从土壤速效钾含量分布图可以看出，花溪区除黔陶乡外，各乡镇整体耕地土壤速效钾都处于适宜、丰富水平。黔陶乡耕地土壤速效钾含量平均值为 84.25mg/kg，处于钾缺乏水平。

表 9.10 花溪区土壤速效钾含量等级表

等级	评级标准	面积/hm²	比例/%
一	>200mg/kg	17592.63	49.39
二	150~200mg/kg	9023.29	25.33
三	100~150mg/kg	7075.81	19.86
四	50~100mg/kg	1121.84	3.15
五	30~50mg/kg	806.66	2.26
六	≤30mg/kg	0.00	0.00
全区耕地面积		35620.22	100.00

5. 酸碱性（pH）等级与分布

按照第二次全国土地调查规程的土壤养分分级标准，对花溪区耕地土壤酸碱度（pH）进行评价分级，分为六个等级，一等土壤 pH 为 6.5~7.5，面积为 9165.08hm²，占全区耕地面积的 25.73%；二等土壤 pH 为 5.5~6.5，面积为 15587.41hm²，占全区耕地面积为 43.76%；三等土壤 pH 为 7.5~8.5，面积为 220.85hm²，占全区耕地面积的 0.62%；四等土壤 pH 为 4.5~5.5，面积为 9898.86hm²，占全区耕地面积的 27.79%；五等土壤 pH 小于 4.5，面积为 748.02hm²，占全区耕地面积的 2.10%；无 pH 大于 8.5 的耕地土壤，见表 9.11。

根据评价结果可知，首先，弱酸性土壤占的比重较大且分布广，达到耕地的 71.55%；其次，中性土壤占耕地的 25.73%；再次，弱碱性土壤占耕地的 0.62%。强酸或强碱性土壤占的比重较低，根据花溪区土壤 pH 分布图，中性耕地土壤主要是分布在青岩、湖潮和高坡，酸性耕地土壤主要是分布在久安、燕楼。碱性耕地土壤主要是分布在小碧、石板、党武。

表 9.11 花溪区土壤 pH 等级表

等级	评级标准	面积/hm²	比例/%
1	6.5~7.5	9165.08	25.73
2	5.5~6.5	15587.41	43.76

续表

等级	评级标准	面积/hm²	比例/%
3	7.5~8.5	220.85	0.62
4	4.5~5.5	9898.86	27.79
5	≤4.5	748.02	2.10
6	>8.5	0.00	0.00
全区耕地面积		35620.22	100.00

注：表中统计数据为修约后数据，因此加和数据与合计数据有偏差。

9.6.2 土壤养分要素与花溪区第二次土壤普查（1984年）结果对比情况

为全面掌握自第二次土壤普查后，特别是自农村第一轮土地承包责任制以来，花溪区广大农民群众在用地与养地结合方面产生的变化及取得的成效，将本次测土配方施肥项目取得的土壤养分测试数据与第二次土壤普查测试结果进行对比，其结果如下。

1. 耕地土壤有机质变化情况

从表9.12中耕地有机质养分各等级所占耕地总面积的百分比看出，花溪区耕地土壤有机质含量较第二次土壤普查测试值有所提高。土壤有机质含量>40g/kg的耕地面积较第二次土壤普查时提高了43.48个百分点；土壤有机质含量在30~40g/kg的耕地面积所占百分比下降了32.26个百分点；土壤有机质含量在20~30g/kg的耕地面积所占百分比下降了13.94个百分点；土壤有机质含量≤20g/kg的耕地面积所占百分比提高了2.72个百分点。这主要是由于农民在长期耕种过程中，注重有机肥的施用。农业部门推广种植绿肥和秸秆还田等项目，使得耕地土壤的有机质含量有所上升。

表9.12 耕地土壤有机质含量变化情况表

评价等级	地力评价结果（2012年）		第二次土壤普查结果（1984年）		增减百分点
	面积/hm²	百分比/%	面积/hm²	百分比/%	
>40g/kg	21269.52	59.71	3904.00	16.23	43.48
30~40g/kg	7640.55	21.45	12919.67	53.71	−32.26
20~30g/kg	5440.98	15.28	7028.73	29.22	−13.94
≤20g/kg	1269.12	3.56	202.07	0.84	2.72
合计	35620.22	100.00	24054.47	100.00	—

2. 耕地土壤碱解氮变化情况

从表9.13中耕地碱解氮养分各等级所占总耕地面积的百分比看出，花溪区耕地土壤碱解氮的整体水平较第二次土壤普查测试值有所提高。土壤碱解氮含量>150mg/kg的耕地面积较第二次土壤普查时提高了 55.96 个百分点；土壤碱解氮含量在 120~150mg/kg 的耕地面积所占百分比下降了 41.88 个百分点；土壤碱解氮含量在 90~120mg/kg 的耕地面积所占百分比下降了 18.08 个百分点；土壤碱解氮含量≤90mg/kg 的耕地面积所占百分比提高了 4.00 个百分点。这主要是由于农民在长期耕种过程中，注重氮肥的施用，加之农业部门推广种植绿肥和秸秆还田等项目，所以耕地土壤的碱解氮含量有所上升。

表 9.13　耕地土壤碱解氮含量变化情况表

评价等级	地力评价结果（2012 年）		第二次土壤普查结果（1984 年）		增减百分点
	面积/hm²	百分比/%	面积/hm²	百分比/%	
>150mg/kg	24319.32	68.27	2961.07	12.31	55.96
120~150mg/kg	6006.02	16.86	14129.60	58.74	−41.88
90~120mg/kg	3567.53	10.02	6759.33	28.10	−18.08
≤90mg/kg	1727.35	4.85	204.47	0.85	4.00
合计	35620.22	100.00	24054.47	100.00	—

3. 耕地土壤有效磷含量变化情况

表 9.14 的统计结果表明，花溪区耕地土壤有效磷含量有大幅的提高，土壤有效磷含量>20mg/kg 的耕地面积所占百分比较第二次土壤普查大幅提高了 30.30 个百分点；土壤有效磷含量在 10~20mg/kg 的耕地面积所占百分比大幅增加了 18.57 个百分点；土壤有效磷含量在 5~10mg/kg 的耕地面积所占百分比小幅下降了 0.45 个百分点；土壤有效磷含量≤5mg/kg 的耕地面积所占百分比大幅下降了 48.42 个百分点。土壤中的磷素主要受到成土母质、酸碱度和施肥量的影响，花溪区的磷只是出露在小部分区域的地层，不是花溪区的主要成土母质。并且土壤中的磷素很容易被固定而不易移动，因此花溪区土壤中磷素的本底值较低。但是，由于近年来农业部门对耕作施肥技术进行了推广，指导农民进行正确的施肥，在一定程度上提高了耕地土壤中磷含量水平。

表 9.14　耕地土壤有效磷含量变化情况表

评价等级	地力评价结果（2012 年）		第二次土壤普查结果（1984 年）		增减百分点
	面积/hm²	百分比/%	面积/hm²	百分比/%	
>20mg/kg	10922.07	30.66	86.60	0.36	30.30
10~20mg/kg	14112.50	39.62	5063.47	21.05	18.57
5~10mg/kg	7084.20	19.89	4892.67	20.34	−0.45
≤5mg/kg	3501.45	9.83	14011.73	58.25	−48.42
合计	35620.22	100.00	24054.47	100.00	—

4. 耕地土壤速效钾含量变化情况

从表9.15中养分各等级所占总耕地面积的百分比看出，花溪区耕地土壤速效钾含量与第二次土壤普查测试值相比有很大程度的增加。土壤速效钾含量＞150mg/kg的耕地面积占花溪区总耕地面积的百分比增加了74.02个百分点；土壤速效钾含量100~150mg/kg的耕地面积占比降低了44.72个百分点；土壤速效钾含量50~100mg/kg的耕地面积占比下降了5.99个百分点；土壤速效钾含量≤50mg/kg的耕地面积占比降低了23.32个百分点。由测试结果对比可见，目前耕地速效钾含量较第二次土壤普查时有明显提高，归结其原因，这与花溪区农业部门长期以来加强农业技术推广，农民逐步提高耕地土壤钾肥施用量有关，特别是对于青岩、石板等蔬菜种植区域大量施用复合肥。

表9.15 耕地土壤速效钾含量变化情况表

评价等级	地力评价结果（2012年） 面积/hm²	百分比/%	第二次土壤普查结果（1984年） 面积/hm²	百分比/%	增减百分点
＞150mg/kg	26615.92	74.72	168.33	0.70	74.02
100~150mg/kg	7075.82	19.86	15534.40	64.58	−44.72
50~100mg/kg	1121.84	3.15	2198.07	9.14	−5.99
≤50mg/kg	806.66	2.26	6153.67	25.58	−23.32
合计	35620.22	100.00	24054.47	100.00	—

9.7 耕地土壤肥力

通过本次测土配方施肥的耕地地力评价与分析，与第二次土壤普查数据进行纵向对比发现，花溪区各土壤养分含量均不同程度地较第二次土壤普查时的养分含量有所提高。这充分表明改革开放后，随着农民生产积极性的提升，对耕地的利用已从简单经营转变为用地与养地的结合，大量推广有机肥和作物秸秆还田还土，增施钾肥，改善了土壤结构与理化性状，使土壤酸碱度更趋于中性，土壤有效磷、碱解氮、有机质、速效钾等养分含量均有不同程度的提高。在耕地面积逐步缩小的情况下，为提高粮食单产、稳定粮食总产奠定了坚实的基础。

通过耕地地力评价和土壤养分分析，基本摸清了花溪区当前的土壤养分状况，为建立县级施肥专家系统，指导花溪区开展配方施肥奠定了坚实的理论和实践基础。

第10章 花溪区水稻适宜性评价

10.1 水稻基本概况

水稻（拉丁名/学名：*Oryza sativa*；英文名：rice），亦称稻谷或谷子，是一年生禾本科草本植物。

10.1.1 特征形态

水稻的根属须根系，不定根发达，穗为圆锥花序，自花授粉。一年生栽培谷物。秆直立，高30～100cm。叶二列互生，线状披针形，叶舌膜质，2裂。圆锥花序疏松；小穗长圆形，两侧压扁，含3朵小花，颖极退化，仅留痕迹，顶端小花两性，外稃舟形，有芒；雄蕊6；退化2花仅留外稃位于两性花之下，常误认作颖片。

10.1.2 基本特性

水稻原产亚洲热带地区，水稻可以分为籼稻和粳稻、早稻和中晚稻、糯稻和非糯稻。水稻是一年生禾本科植物，高约1.2m，叶长而扁，圆锥花序由许多小穗组成。水稻喜高温、多湿、短日照，对土壤要求不严，以水稻土为宜。幼苗发芽最低温度10～12℃，最适温度28～32℃。分蘖期日均20℃以上，穗分化适温30℃左右；低温使枝梗和颖花分化延长。抽穗适温25～35℃。开花最适温30℃左右，低于20℃或高于40℃，受精受严重影响。相对湿度以50%～90%为宜。穗分化至灌浆盛期是结实关键期；营养状况平衡和高光效的群体，对提高结实率和粒重意义重大。抽穗结实期需大量水分和矿质营养；同时需增强根系活力和延长茎叶功能期。每形成1kg稻谷需水500～800kg。每生产100kg稻谷需2.5kg纯氮、1.9kg五氧化二磷（P_2O_5）、2.7kg氧化钾（K_2O）。

稻的生长非常快，成熟期最久一年，最快则三到四个月。晚熟杂交稻的生育期在155天以上，中熟品种的一般生育期在145～155天之间，早熟品种的一般生育期在135～145天之间，因此在气候温和的地区，一年可种三季稻。

10.1.3 种植技术

水稻的种植技术，包括稻田管理和插秧，起源于中国。目前稻的耕种除传统的人工耕种方式外，还有高度机械化的耕种方式，但仍不失下列步骤。

整地：种稻之前，必须先将稻田的土壤翻过，使其松软，这个过程分为粗耕、细耕和盖平三个阶段。过去主要依靠水牛等兽力带动犁具进行整地犁田，如今则大多使用机器整地。

育苗：农民先在某块田中培育秧苗，此田往往会被称为秧田，在撒下稻种后，农民多半会在土上撒一层稻壳灰；现代则多由专门的育苗中心使用育苗箱来使稻苗成长，好的稻苗是稻作成功的关键。在秧苗长高约八厘米时，便可进行插秧。

插秧：将秧苗仔细地插进稻田中，间隔有序。传统的插秧法会使用秧绳、秧标或插秧轮在稻田中做记号。手工插秧时，农民会在左手的大拇指上戴分秧器，以便将秧苗分出，并插进土里。气候条件对插秧的影响相当大，如大雨会将秧苗打坏。现代多由插秧机插秧，但在土地起伏大，形状不是方形的稻田中，还是需要人工插秧，秧苗一般会呈南北走向。此外，还有更为便利的抛秧方式。

除草除虫：秧苗成长时，需时刻照顾，并拔除杂草，有时也需用农药来除掉害虫（如福寿螺）。

施肥：秧苗在抽高，长出第一节稻茎的时期称为分蘖期，在这期间往往需要施肥，让稻苗成长得健壮，保障日后结穗米质的饱满和数量。

灌排水：水稻比较依赖这个程序。而旱稻的灌排水过程与其他水稻相比较不一样，但是一般都需在插秧后、幼穗形成时，以及抽穗开花期加强水分灌溉。

收成：当稻穗垂下，金黄饱满时，便可以开始收成。过去是农民一束一束用镰刀割下，再扎起，利用打谷机使稻穗分离。现代则采用收割机，将稻穗卷入后，直接将稻穗与稻茎分离，一粒一粒的稻穗便成为稻谷。

干燥、筛选：收成的稻谷需要进行干燥处理，过去多在三合院的前院晒谷，需时时翻动，让稻谷干燥。筛选则是将瘪谷等杂质筛掉，用电动分谷机、风车或手工抖动分谷，利用风力将饱满有重量的稻谷自动筛选出来。

10.1.4 水稻病虫害

1. 水稻病害

水稻的三大主要病害是稻瘟病、白叶枯病、稻纹枯病。其他重要病害有稻曲病、恶苗病、水稻霜霉病等。

1）稻瘟病

稻瘟病又名稻热病，俗称火烧瘟、吊头瘟、掐颈瘟等，是流行最广、危害最大的世界性真菌病害之一，主要危害寄主植物的地上部分。由于危害时期和部位不同，可分为苗瘟、叶瘟、穗颈瘟、枝梗瘟、粒瘟等。寄主范围包括水稻、小麦、马唐等多种禾本科植物。稻瘟病病菌主要在病稻草上越冬，第二年从病稻草上传入稻田中侵染为害。病菌主要靠风传播，雨、水流、昆虫也可传播。在天气转暖且有雨淋的情况下，越冬病菌会大量复苏、增殖，并从堆在田边的病稻草上转移到水稻上为害。

2）白叶枯病

白叶枯病是水稻中后期的重要病害之一，发病轻重及对水稻影响与发病早迟有关，抽穗前发病对产量影响较大。白叶枯病主要在叶子上表现症状，有叶缘型和凋萎型。叶缘型常见于分蘖末期至孕穗期发生，病菌多从水孔侵入，病斑从叶尖或叶缘开始发生黄褐或暗绿色短条斑，沿叶脉上、下扩展，病、健交界处有时呈波纹状，以后叶片变为灰白色或黄色而枯死。籼稻病斑为黄褐色，粳稻病斑为灰白色。田间湿度大时，病部有淡黄色露珠状的菌脓，干后呈小粒状。凋萎型一般发生在秧苗移栽后一个月左右，病叶多在心叶下1~2叶处迅速失水、青卷，最后枯萎，似螟虫危害造成的枯心，其他叶片相继青萎。病株的主蘖和分蘖均可发病直至枯死，引起稻田大量死苗、缺丛。

3）稻纹枯病

稻纹枯病发生普遍，也是水稻的主要病害之一。从苗期到穗期都可发生，尤以分蘖盛期至抽穗期危害最重，主要危害叶鞘，次为叶片和穗部。病害发生先在叶鞘近水面处产生暗绿色水渍状的小斑点，扩大呈椭圆形，最后呈云纹状，由下向上蔓延至上部叶鞘。病鞘因组织受破坏而使上面的叶片枯黄。在干燥时，病斑中央为灰白色或草绿色，边缘暗褐色。潮湿时，病部长有许多白色蛛丝状菌丝体，逐渐形成白色绒球状菌块，变成暗褐色菌块，最后变成暗褐色菌核，菌核容易脱落土中。另外，也能产生白色粉状霉层，即病菌的担孢子。纹枯病严重为害时引起植株倒伏或整株丛腐烂而死。

2. 水稻害虫

1）灰飞虱

灰飞虱暴发的因素主要有8个：①粳稻面积扩增，感虫感病品种覆盖面积大，携带病毒的灰飞虱数量增加。②少免耕、麦套稻、稻套稻有利于灰飞虱增殖。③麦田杂草防治放松，三边（田边、沟边、路边）杂草无人清理。④秋季代数量猛增，越冬基数增加。⑤全球气候变暖，暖冬频率增加。⑥对路农药不多，农药质量不高，施药技术不佳。⑦吡虫啉防效降低，可能已发生抗药性。⑧治螟用药频率高，有机磷农药为主，农田天敌减少。

2）稻纵卷叶螟

21世纪江淮稻区稻纵卷叶螟迁入代数和迁入数量增加。第4代（8月下旬~9月上中旬）本地虫源滞留在本地，水稻正处穗期，功能叶受害，产量损失大。不迁出的原因是：①栽培制度变革，营养条件有利于第4代激增。粳稻叶片营养条件有利于生存与繁殖。②秋季持续高温，有利于增加第4代滞留量。稻纵卷叶螟是喜温喜湿性昆虫，温度是影响发育与繁殖的关键因素，25~28℃为最适温度。③无节制施用高毒农药影响了生物多样性，天敌作用降低。

3）三化螟

三化螟只危害水稻，是一种单食性的害虫。三化螟成虫口器退化，白天静居在稻丛中，黄昏开始活动，有强烈的趋光扑灯习性，夜间交尾和产卵。在产卵时，它们选择生长嫩绿茂密的水稻植株进行产卵。秧田卵块多产于叶尖，大田卵块多产于稻叶中、上部。初孵幼虫称为蚁螟，蚁螟破卵壳后，以爬行或吐丝漂移分散，自找适宜的部位蛀入危害。蚁螟在秧苗期蛀入较难，侵入率低；分蘖期极易蛀入，蛀食心叶，形成枯心苗。幼虫一生要转株数次，可以造成3~5根枯心苗，形成枯心塘。圆秆拔节期蚁螟蛀入较难，孕穗到破口露穗期为蚁螟蛀入最有利时机，也是形成白穗的主要原因。幼虫转移有负泥转移习性。幼虫老熟的第一、二代在近水面处稻茎内化蛹。越冬幼虫在稻桩结薄茧过冬，第二年4~5月在稻桩内化蛹。

10.2 花溪区水稻种植现状

10.2.1 水稻种植品种

水稻是花溪区种植业的主要作物，是人们生活的主食。花溪区经过多年的引品种植，产量高、适应性强的品种主要有'B优811''B优827''D优369''G优802''G优902''Q优5号''Q优6号''丰优香占''富优1号''富优978''红优2009''杰优8号''金优63''金优785''金优99''金优桂99''全优系列''三光17''西农优1号''香优109''香优6号''湘优109''浙优109''珍优202''中优107''中优158''中优5617''中优608''中优63''中优808''中优838'等。

10.2.2 水稻种植面积

2011年花溪区水稻种植面积为5357hm^2，水稻总产量为31084t。全区14个乡镇均种植水稻，以青岩镇种植面积最大，其面积为810hm^2，水稻产量达到4996t。湖潮乡的种植水平最高，平均产量达到6348.17kg/hm^2（表10.1）。

表10.1 2011年花溪区各乡（镇、街道）水稻种植面积及产量（2011年统计数据）

乡（镇、街道）	种植面积/hm^2	产量/t	平均产量/(kg/hm^2)
贵筑街道	200	1160	5800.00
清溪街道	170	986	5800.00
溪北街道	100	580	5800.00
青岩镇	810	4996	6167.90
石板镇	315	1827	5800.00
孟关乡	523	3221	6158.70
党武乡	412	2493	6050.97
湖潮乡	629	3993	6348.17
久安乡	353	1735	4915.01
麦坪乡	457	2488	5444.20
高坡乡	735	3677	5002.72
黔陶乡	150	870	5800.00
马铃乡	226	1371	6066.37
燕楼乡	277	1687	6090.25
花溪区	5357	31084	5802.50

10.3 评价指标选择的原则

详见本书 5.2.3 节。

10.4 参评指标的选择及权重的确定

10.4.1 参评指标的选择

详见本书 5.2.3 节。

10.4.2 参评指标权重的确定

详见本书 5.2.4 节。

10.4.3 单因素评价指标的隶属度计算

详见本书 5.2.5 节。

10.4.4 水田水稻适宜性评价等级划分

根据花溪区农业局提供数据，花溪区田坝、河流阶地等条件较好的耕地，水稻产量可以达到 5800~6100kg/hm²（386~406kg/亩）；而冷浸田、烂泥田等条件较差的耕地，水稻产量小于 4900kg/hm²（326kg/亩）。因此，根据水稻种植情况将花溪区水田分为高度适宜、适宜、勉强适宜和不适宜四个等级。

将计算出的 IFI 值（评价综合指数）从小到大进行排列，做成一条反"（"曲线。运用 Origin7.5 分析软件找出曲线由小到大的最大变化斜率，以此 IFI 值作为不适宜与勉强适宜的分界值；采用同样的方法，找出曲线由大到小的最大变化斜率，以此 IFI 值作为高度适宜与适宜的分界值；确定高度适宜和不适宜的 IFI 的分界值后，适宜和勉强适宜采用等距划分中间 IFI 值的方法进行划定。

水田水稻适宜性评价结果，以 0.74 为不适宜最大值，0.88 为高度适宜最小值，适宜和勉强适宜按 0.0700 为间距等距离划分。详见表 10.2。

表 10.2 综合评分值划分地力等级

等级	IFI
高度适宜	>0.8800
适宜	0.8100~0.8800

续表

等级	IFI
勉强适宜	0.7400~0.8100
不适宜	<0.7400

10.5 水稻适宜性评价结果

10.5.1 水田水稻适宜性评价结果

通过对花溪区水田进行水稻适宜性评价,其评价结果见表10.3。在全区13254.13hm²的水田中,高度适宜种植水稻的面积有4940.27hm²,占水田面积的37.27%;适宜种植水稻的面积有3753.33hm²,占水田面积的28.32%;勉强适宜种植水稻的面积有2318.82hm²,占水田面积的17.50%;不适宜种植水稻的面积有2241.72hm²,只占水田面积的16.91%。通过对花溪区耕地进行水稻适宜性评价,花溪区大部分区域种植水稻的适宜性较好。花溪区不适宜种植水稻的区域主要分布在高海拔、低积温、冷凉的高坡。

表10.3 花溪区水田水稻适宜性评价

适宜性等级	面积/hm²	比例/%
高度适宜	4940.27	37.27
适宜	3753.33	28.32
勉强适宜	2318.82	17.50
不适宜	2241.72	16.91
全区水田面积	13254.13	100.00

10.5.2 水田水稻适宜性特性

1. 高度适宜区域

高度适宜区域主要分布在地势开阔的平地、丘陵、丘谷盆地和中山缓坡;成土母质为各类母岩风化坡积物、河流沉积物;剖面构型为Aa-Ap-W-C、Aa-Ap-W-G、Aa-Ap-P-C;水稻土为潴育型。70 cm内无任何障碍层次,结构和耕性好,宜种性广,肥劲稳足而长,熟化度很高;水源有保证,灌排水设施较完备,部分为泉水灌溉,旱涝无忧,能满足大小季作物的需水要求,保证灌溉。熟制多为一年一至二熟,水稻产量一般在6100kg/hm²以上。

2. 适宜区域

适宜区域主要分布在平地、低中山沟谷坡和丘陵中下部较开阔的缓坡;成土母质为各类岩石风化坡残积物以及溪河沉积物；剖面构型为 Aa-Ap-W-C、Aa-Ap-P-C、Aa-Ap-Gw-G、Aa-Ap-W-C；水稻土类型为潴育、淹育；100cm 内无任何障碍层次。结构性和耕性较好，宜耕期较长，宜种性广，供肥较稳足而长，熟化度较高。水源基本有保证，部分有完善的灌溉排水设施，部分为泉水灌溉，能满足大小季作物需水要求，灌溉条件介于保证灌溉和有效灌溉之间。熟制为一年二熟，水稻产量为 5800~6100kg/hm^2。

3. 勉强适宜区域

勉强适宜区域主要分布在丘陵坡脚、低中山丘陵坡腰、低中山丘陵坡顶，中山坡腰、中山坡脚；成土母质为各类母岩风化物的残坡积物和溪河沉积物、受铁锈水污染的各种风化物；剖面构型为 Aa-Ap-C、Aa-Ap-W-C、Aa-Ap-P-C、Am-G-C、Aa-G-Pw、M-G；水稻土类型为潴育、沼泽、淹育、侧渗、矿毒；结构和耕性差，宜种性不广，供肥不足，易坐苑脱肥，小季作物生长差。水源保证率较差，以泉水灌溉为主，部分有不完备的灌排设施，部分能基本保证大小季作物的需水要求，较易旱易涝。熟制为一年一至二熟，水稻产量为 5400~5800kg/hm^2。

4. 不适宜区域

不适宜区域主要分布在低中山沟谷地势较高的坡腰、丘陵坡顶、中山坡顶、平地和低中山丘陵坡腰地段；成土母质为各类母岩风化物的残坡积物、湖沼沉积物；剖面构型为 Aa-Ap-C、Aa-G-Pw、Aa-Ap-W-C、Aa-Ap-P-C、M-G；水稻土类型为淹育、潴育、矿毒、潜育、沼泽；结构和耕性差，宜种性窄，供肥不足，易坐苑脱肥，具浅、瘦、黏或砂的特点，小季作物生长极差，多为冬闲田。水源基本无保证，泉水灌溉有少量不完备的灌溉设施，属排水不畅或望天田，易涝易旱。熟制为一年一熟，水稻产量小于 5400kg/hm^2。

10.5.3 水田水稻适宜性区域分布概况

1. 高度适宜区域分布及面积概况

花溪区水田高度适宜种植水稻区总面积为 4940.27hm^2，在花溪区的 15 个乡（镇、街道）均有分布。高度适宜水稻种植的面积以青岩镇为最大，总面积为 1127.84hm^2，占高度适宜种植水稻总面积的 22.83%；其次是湖潮乡，面积是 817.95hm^2，占高度适宜种植水稻总面积的 16.56%；高度适宜种植区域总面积最小的乡镇是高坡乡，面积仅为 8.11hm^2，占高度适宜种植水稻总面积的 0.16%。各乡（镇、街道）高度适宜水稻种植面积如表 10.4 所示。

表 10.4 各乡（镇、街道）高度适宜水稻种植面积统计表

乡（镇、街道）	面积/hm^2	比例/%
党武乡	304.83	6.17
高坡乡	8.11	0.16
贵筑街道	318.13	6.44

续表

乡（镇、街道）	面积/hm²	比例/%
湖潮乡	817.95	16.56
久安乡	121.42	2.46
马铃乡	108.49	2.20
麦坪乡	462.49	9.36
孟关乡	310.23	6.28
黔陶乡	57.45	1.16
青岩镇	1127.84	22.83
清溪街道	265.00	5.36
石板镇	106.22	2.15
溪北街道	163.30	3.31
小碧乡	606.51	12.28
燕楼乡	162.29	3.29
合计	4940.27	100.00

2. 适宜区域分布及面积概况

花溪区水田适宜种植水稻区总面积为3753.33hm²，在花溪区的15个乡（镇、街道）均有分布。适宜水稻种植的区域在各乡镇分布较为均匀，其中以湖潮乡的面积最大，总面积为447.09hm²，占适宜种植水稻总面积的11.91%；其次是石板镇，面积是422.84hm²，占适宜种植水稻总面积的11.27%；适宜种植区域总面积最小的乡镇是小碧乡，面积仅为2.38hm²，占适宜种植水稻总面积的0.06%。各乡（镇、街道）适宜水稻种植面积如表10.5所示。

表10.5 各乡（镇、街道）适宜水稻种植面积统计表

乡（镇、街道）	面积/hm²	比例/%
党武乡	391.42	10.43
高坡乡	119.29	3.18
贵筑街道	203.65	5.43
湖潮乡	447.09	11.91
久安乡	197.27	5.26
马铃乡	193.77	5.16
麦坪乡	307.43	8.19
孟关乡	352.68	9.40
黔陶乡	172.09	4.58
青岩镇	338.94	9.03
清溪街道	385.39	10.27

续表

乡（镇、街道）	面积/hm²	比例/%
石板镇	422.84	11.27
溪北街道	23.32	0.62
小碧乡	2.38	0.06
燕楼乡	195.77	5.22
合计	3753.33	100.00

3. 勉强适宜区域分布及面积概况

花溪区水田勉强适宜种植水稻区总面积为2318.82hm²，在花溪区的15个乡（镇、街道）均有分布。勉强适宜水稻种植的面积以高坡乡为最大，总面积为409.03hm²，占勉强适宜种植水稻总面积的17.64%；其次是孟关乡，面积是267.28hm²，占勉强适宜种植水稻总面积的11.53%；勉强适宜种植区域面积最小的是溪北街道，面积仅为16.62hm²，占勉强适宜种植水稻总面积的0.72%。各乡（镇、街道）勉强适宜水稻种植面积统计如表10.6所示。

表10.6 各乡（镇、街道）勉强适宜水稻种植面积统计表

乡（镇、街道）	面积/hm²	比例/%
党武乡	148.67	6.41
高坡乡	409.03	17.64
贵筑街道	72.77	3.14
湖潮乡	212.90	9.18
久安乡	119.26	5.14
马铃乡	78.27	3.38
麦坪乡	157.51	6.79
孟关乡	267.28	11.53
黔陶乡	173.99	7.50
青岩镇	184.96	7.98
清溪街道	115.59	4.99
石板镇	112.23	4.84
溪北街道	16.62	0.72
小碧乡	81.34	3.51
燕楼乡	168.40	7.26
合计	2318.82	100.00

4. 不适宜区域分布及面积概况

花溪区水田不适宜种植水稻区总面积2241.72hm²，分布在花溪区的14个乡（镇、街

道）。不适宜水稻种植的面积以高坡乡为最大，总面积为 1280.87hm²，占不适宜种植水稻总面积的 57.14%；其次是黔陶乡，面积是 238.23hm²，占不适宜种植水稻总面积的 10.63%；不适宜种植区域总面积最小的是清溪街道，面积仅为 8.38hm²，占不适宜种植水稻总面积的 0.37%。各乡（镇、街道）不适宜水稻种植面积统计如表 10.7 所示。

表 10.7 各乡（镇、街道）不适宜水稻种植面积统计表

乡（镇、街道）	面积/hm²	比例/%
党武乡	12.29	0.55
高坡乡	1280.87	57.14
贵筑街道	38.30	1.71
湖潮乡	68.40	3.05
久安乡	98.12	4.38
马铃乡	97.65	4.36
麦坪乡	52.28	2.33
孟关乡	51.84	2.31
黔陶乡	238.23	10.63
青岩镇	53.01	2.36
清溪街道	8.38	0.37
石板镇	37.00	1.65
小碧乡	71.62	3.20
燕楼乡	133.74	5.97
合计	2241.72	100.00

10.6 各乡镇水稻适宜性分布

由表 10.8 的统计结果可知，花溪区水田高度适宜和适宜水稻种植区域主要分布在青岩镇、湖潮乡、麦坪乡、党武乡、孟关乡、清溪街道等乡镇。花溪区不适宜和勉强适宜水稻种植区域主要分布在高坡乡、黔陶乡、燕楼乡等乡镇。

表 10.8 各乡（镇、街道）水稻适宜性概况表

乡（镇、街道）	评价等级	面积/hm²	比例/%
党武乡	高度适宜	304.83	35.56
	适宜	391.42	45.66
	勉强适宜	148.67	17.34
	不适宜	12.29	1.43
党武乡汇总		857.21	100.00

续表

乡（镇、街道）	评价等级	面积/hm²	比例/%
高坡乡	高度适宜	8.11	0.45
	适宜	119.29	6.56
	勉强适宜	409.03	22.51
	不适宜	1280.87	70.48
高坡乡汇总		1817.30	100.00
贵筑街道	高度适宜	318.13	50.27
	适宜	203.65	32.18
	勉强适宜	72.77	11.50
	不适宜	38.30	6.05
贵筑街道汇总		632.85	100.00
湖潮乡	高度适宜	817.95	52.90
	适宜	447.09	28.91
	勉强适宜	212.90	13.77
	不适宜	68.40	4.42
湖潮乡汇总		1546.34	100.00
久安乡	高度适宜	121.42	22.65
	适宜	197.27	36.80
	勉强适宜	119.26	22.25
	不适宜	98.12	18.30
久安乡汇总		536.07	100.00
马铃乡	高度适宜	108.49	22.69
	适宜	193.77	40.52
	勉强适宜	78.27	16.37
	不适宜	97.65	20.42
马铃乡汇总		478.18	100.00
麦坪乡	高度适宜	462.49	47.21
	适宜	307.43	31.38
	勉强适宜	157.51	16.08
	不适宜	52.28	5.34
麦坪乡汇总		979.71	100.00
孟关乡	高度适宜	310.23	31.59
	适宜	352.68	35.91
	勉强适宜	267.28	27.22
	不适宜	51.84	5.28
孟关乡汇总		982.03	100.00

续表

乡（镇、街道）	评价等级	面积/hm²	比例/%
黔陶乡	高度适宜	57.45	8.95
	适宜	172.09	26.82
	勉强适宜	173.99	27.11
	不适宜	238.23	37.12
黔陶乡汇总		641.76	100.00
青岩镇	高度适宜	1127.84	66.16
	适宜	338.94	19.88
	勉强适宜	184.96	10.85
	不适宜	53.01	3.11
青岩镇汇总		1704.75	100.00
清溪街道	高度适宜	265.00	34.22
	适宜	385.39	49.77
	勉强适宜	115.59	14.93
	不适宜	8.38	0.49
清溪街道汇总		774.36	100.00
石板镇	高度适宜	106.22	15.66
	适宜	422.84	62.34
	勉强适宜	112.23	16.55
	不适宜	37.00	5.45
石板镇汇总		678.29	100.00
溪北街道	高度适宜	163.30	80.35
	适宜	23.32	11.47
	勉强适宜	16.62	8.18
溪北街道汇总		203.24	100.00
小碧乡	高度适宜	606.51	79.61
	适宜	2.38	0.31
	勉强适宜	81.34	10.68
	不适宜	71.62	9.40
小碧乡汇总		761.85	100.00
燕楼乡	高度适宜	162.29	24.58
	适宜	195.77	29.65
	勉强适宜	168.40	25.51
	不适宜	133.74	20.26
燕楼乡汇总		660.20	100.00
全区水田面积		13254.13	—

10.7 水稻发展方向及区域布局

10.7.1 发展方向

优质、高产、高效是水稻生产发展的核心任务，围绕这一核心问题，未来，花溪区在水稻新品种推广上，应选择优质、高产、高效、生育期适中的品种，以最大化地优化花溪区稻米的品质结构，提高优质稻米占稻米总产的百分比；在技术上，应围绕提高单产、改善品质结构上，着力推广配方施肥技术、旱育稀植技术、机械化耕作与收获技术、病虫害综合防治技术等综合配套技术。

10.7.2 区域布局

根据水稻适宜性评价结果，花溪区水稻生产宜采取如下布局。

1. 中西、西南及北部水稻主种植区

该区包括花溪区中西部的石板镇、湖潮乡、麦坪乡、党武乡、孟关乡、溪北街道、清溪街道和贵筑街道，西南部的马铃乡、燕楼乡，以及北部的久安乡。区内谷岭相间，地势起伏较大，气候温和，光热条件好，水资源丰富，年平均气温为15.0～15.5℃，≥10℃积温为3600～4200℃，全年无霜期255天，年降水量1180～1200mm，全年日照1250～1290h。本区气候温热，农业生产水平较高，为全区粮、油主产区。

该区热量条件和水利条件较好，有利于水稻的生长发育。推广种植中晚熟、优质、高产的优质稻品种，采取单双季稻种植。

2. 东南部水稻次种植区

该区包括花溪区东南部的高坡乡、黔陶乡。以低中山台地为主，切割零碎。气候冷凉湿润，雨量较多，年降水量在1150～1200mm，年均温度12.5～14℃，≥10℃的积温3400～3600℃，海拔多在1100～1529m，沟谷切割深，个别地区海拔相对高差达600m，耕地多分布在坡旁和丘陵地形上。

由于科学种田基础较差，粮食作物单产低，增产潜力很大。应集中精力种好宜耕地，精耕细作，选用和推广耐寒的高产早熟良种。针对本区气候冷凉、生育期短、作物单产低的特点，要积极选用耐寒、早熟的良种，推广保温育秧、旱地育秧等新技术。在干旱地区推广种植旱稻，实行集约化经营。要大力改革耕作制度，逐步推行一年二熟制，实行科学种田。

第 11 章　花溪区玉米适宜性评价

11.1　玉米基本概况

玉米（拉丁名/学名：*Zea mays L.*；英文名：maize、corn），亦称玉蜀黍、包谷、苞米，是一年生禾本科草本植物。

11.1.1　特征形态

玉米的根为须根系，除胚根外，还从茎节上长出节根；从地下节根长出的称为地下节根，一般 4~7 层；从地上茎节长出的节根又称支持根、气生根，一般 2~3 层。株高 1~4.5m，秆呈圆筒形。全株一般有叶 15~22 片，叶身宽而长，叶缘常呈波浪形。花为单性，雌雄同株。雄花生于植株的顶端，为圆锥花序；雌花生于植株中部的叶腋内，为肉穗花序。雄穗开花一般比雌花吐丝早 3~5 天。

11.1.2　基本特性

玉米喜温，种子发芽的最适温度为 25~30℃。拔节期日均 18℃以上。从抽雄到开花日均 26~27℃。灌浆和成熟需保持在 20~24℃；低于 16℃或高于 25℃，淀粉酶活性受影响，导致籽粒灌浆不良。

玉米为短日照作物，在 12h 以内的日照条件下，植株生长矮小，抽雄和成熟期提早。如给予长日照条件，则植株生长高大，茎叶繁茂，但发育缓慢，开花延迟，甚至不能形成果穗。一般早熟品种对光照长短的反应较迟钝，晚熟品种则较灵敏。光合作用为四碳途径，属四碳作物。能有效利用强光，在弱光和低 CO_2 浓度下也能进行光合作用。

玉米在砂壤、壤土、黏土上均可生长。适宜的土壤 pH 为 5~8，以 6.5~7.0 最适。耐盐碱能力差，特别是氯离子对玉米的危害较大。

玉米品种可分为早熟、中熟和晚熟 3 类，其积温要求分别为 2000~2300℃、2300~2500℃和 2500~2800℃。晚熟杂交玉米的生育期在 155 天以上，中熟品种一般生育期在 145~155 天之间，早熟品种一般生育期在 135~145 天之间。

11.1.3　种植技术

玉米是高产作物，需肥量较大，必须合理施肥才能满足玉米在整个生育期对养分的需要。据试验，生产 100kg 玉米籽实，需 2.5kg 氮、1kg 磷、2.1kg 钾。若亩产 500kg 玉米，亩需 33kg 尿素或 50kg 硝铵、31kg 过磷酸钙、13kg 硫酸钾。

玉米生长的三个阶段需肥数量比例不同，苗期需肥量占需肥总量的 2%，穗期占 85%，粒期占 13%。玉米从拔节到大喇叭口期，是需肥的高峰期，施肥时应做到合理施肥，即底肥、种肥、追肥结合；氮肥、磷肥、钾肥结合；农肥、化肥、生物菌肥结合。底肥要施足，这是基础，一般亩施腐熟的有机肥 2000kg、五氧化二磷 7.5kg、钾肥 5.5kg 做底肥。

对于底肥、种肥施入水平不高，且地力条件较差、种植晚熟品种的地块，可在玉米 6~7 叶期，进行追肥，亩追尿素 15kg 左右，深追 15cm 以上，提高化肥利用率；底肥、种肥施入水平高的地块，亩追尿素 10kg 左右。

玉米追肥要及早进行，方法一是前边追肥，后边趟地，追肥和趟地要结合；二是用镐刨坑，深追 15cm 以上；追肥时，要化肥和生物肥相结合，促进根系良好发育，一般情况下，亩追尿素 10~15kg，加生物菌肥 1kg，能促进玉米提早成熟。

在抽穗期灌浆期，亩用 0.25kg 磷酸二氢钾和 0.5kg 尿素，兑水 50kg，进行叶面喷施，可防秃尖、缺粒，增加产量，提高质量。对于有机食品玉米，不能用化肥，最好用发酵好的有机肥做底肥，追肥用饼肥，肥效平稳而持久，效果好于化肥，而且后劲长。但在追肥时，饼肥与作物幼苗应保持适当距离，以免饼肥发酵时产生的热量灼烧幼苗。

11.1.4 病虫害

玉米病害主要有大、小斑病，丝黑穗病，青枯病，病毒病和茎腐病等。玉米虫害主要有玉米螟、地老虎、蝼蛄、红蜘蛛、高粱条螟和黏虫等。

1. 玉米黑粉病

症状：玉米整个生长期地上部分均可受害，但在抽雄期症状表现突出。植株各个部分可产生大小不一的瘤状物，大的病瘤直径可达 15cm，小的仅达 1~2cm。发病初期，瘤外包裹着一层白色发亮的薄膜，后呈灰色，干裂后撒出黑粉。叶片上有时产生豆粒大小的瘤状堆。雄穗上产生囊状的瘿瘤。其他部位则多为大型瘤状物。

发病条件和传播途径：高温干旱，施氮肥过多，病害易发生。以病菌的厚垣孢子在土中或病残体及堆放的秸秆上越冬。越冬的厚垣孢子萌发产生小孢子，供气流、雨水和昆虫传播。从植株幼嫩组织、伤口、虫伤处侵入为害。

2. 玉米螟

为害状：玉米螟取食叶肉或蛀食未展开心叶，造成"花叶"；抽穗后钻蛀茎秆，使雌穗发育受阻而减产。蛀孔处遇风易断，则减产更严重。幼虫直接蛀食雌穗嫩粒，造成籽粒缺损、霉烂、变质。

发生条件和传播途径：一般越冬基数大的年份，田间 1 代卵量和被害株率就高。越冬幼虫耐寒力强，冬季严寒对其影响不大，春寒能延迟越冬幼虫羽化。湿度是玉米螟数量变动的重要因素。越冬幼虫咬食潮湿的秸秆或吸食雨水、雾滴，取得足够水分后才能化蛹、羽化并正常产卵。低湿对其化蛹、羽化、产卵和幼虫成活不利。以高龄幼虫在寄主植物秸秆、穗轴或根茬中越冬，来春化蛹、羽化、成虫产卵于寄主植物叶背，孵化成幼虫后形成为害。

3. 黏虫

为害状：以幼虫取食为害。食性很杂，尤其喜食禾本科植物。咬食叶组织，形成缺刻，大发生时常将叶片全部吃光，仅剩光秆，抽出的麦穗、玉米穗亦能被咬断。食料缺乏时，成群迁移，老熟后，停止取食。

发生条件和传播途径：黏虫喜温暖高湿的条件，在 1 代黏虫迁入期的 5 月下旬至 6 月降雨偏多时，2 代黏虫就会大发生。高温、低湿不利于黏虫的生长发育。黏虫为远距离迁飞性害虫。在花溪区不能越冬，一代成虫从南部初始虫源基地远距离迁飞至花溪区产卵，二代黏虫幼虫造成危害。

4. 玉米红蜘蛛

为害状：以成、若螨刺吸玉米叶背组织汁液，被害处呈失绿斑点，影响光合作用。为害严重时，叶片变白、干枯，籽粒秕瘦，造成减产，对玉米生产造成严重影响。

发生条件与传播途径：玉米红蜘蛛喜高温低湿的环境条件，干旱少雨年份或季节发生较重。以雌成螨在作物、杂草根际或土缝里越冬。越冬雌成螨不食不动，抗寒力强。春季气温达 7~12℃以上产卵孵化，发育至若螨和成螨时，转移至杂草和玉米上为害。7~8 月进入为害盛期。

5. 玉米矮花叶病

症状：最初在幼苗心叶基部细脉间出现许多椭圆形褪绿小点，排列成一条至多条断断续续的虚线，以后发展为实线。病部继续扩大，在粗脉间形成许多黄色条纹，不受粗脉的限制，作不规则的扩大，与健部相间形成花叶症状。病部继续扩大，形成许多大小不同的圆形绿斑，变黄、棕、紫或干枯。重病株的黄叶、叶鞘、雄花有时出现褪绿斑，植株矮小，不能抽穗、迟抽穗或不结实。

发病条件与传播途径：蚜虫吸食带病毒杂草和带毒种子长成的幼苗后即带病毒，再到健苗上取食，即把病毒传到玉米或其他寄主上。随着蚜虫数量的增长及迁飞，该病在田间扩散、蔓延，造成多次侵染，容易造成玉米的大面积受害。病害流行区由于杂草和种子带毒率高，只要有发病环境条件再配合大面积种植感病品种，极易使该病流行起来。气温达到 20~25℃时，有利于蚜虫的迁飞与传毒活动，如田间毒源多，蚜虫带毒率高，有利于该病流行；当气温达到 26~29℃时，对该病有抑制作用；较长时间的降雨对蚜虫的迁飞、传毒不利。

11.2 花溪区玉米种植现状

11.2.1 玉米种植品种

玉米种植品种详见 9.1.2 节。

11.2.2 玉米种植面积

花溪区 2011 年玉米种植面积为 3132hm²，玉米总产量为 10888t。全区 14 个乡镇均种植玉米，以石板镇种植面积最大，其面积为 380hm²，玉米产量达到 1320t。党武乡的种植水平最高，达到 4067.55kg/hm²（表 11.1）。

表 11.1　2011 年花溪区各乡（镇、街道）玉米种植面积及产量

乡（镇、街道）	种植面积/hm²	产量/t	平均产量/(kg/hm²)
贵筑街道	115	399	3469.57
清溪街道	6	21	3500.00
溪北街道	73	253	3465.75
青岩镇	232	926	3991.38
石板镇	380	1320	3473.68
孟关乡	220	741	3368.18
党武乡	237	964	4067.51
湖潮乡	229	896	3912.66
久安乡	323	909	2814.24
麦坪乡	333	1299	3900.90
高坡乡	331	867	2619.34
黔陶乡	80	278	3475.00
马铃乡	273	973	3564.10
燕楼乡	300	1042	3473.33
合计	3132	10888	3476.37

11.3　评价指标选择的原则

（1）选取的指标必须对玉米的种植有较大的影响；
（2）选取的指标在评价区域内应有较大的变异；
（3）评价指标在时间序列上应具有相对的稳定性；
（4）评价指标与评价区域的大小有密切的关系；
（5）评价指标的选择和评价标准的确定要考虑当地的自然地理特点和社会经济发展水平；
（6）定性与定量相结合的原则；
（7）评价指标必须有很好的操作性和实际意义。

11.4 参评指标的选择及权重的确定

11.4.1 参评指标的选择

根据地力评价指标的选择和对玉米生长发育影响较大的因素，经过多次会议上专家的讨论，最终选择了耕层厚度、有机质、坡度等 10 个指标，见表 11.2，详见 6.2.3 节。

表 11.2 花溪区耕地玉米适宜性评价指标体系

理化性状	土体构型	立地条件
土体厚度	耕层质地	抗旱能力
耕层厚度	速效钾	地形部位
	有效磷	海拔
	有机质	坡度

11.4.2 参评指标权重的确定

本章首先对玉米的适宜性评价因素构造层次结构。根据专家组的讨论意见，花溪区玉米适宜性评价指标体系选定 10 个要素作为参评因素，并根据各个要素间的关系构造了以下层次结构，见表 11.3。

表 11.3 花溪区耕地玉米适宜性评价指标体系

理化性状	土体构型	立地条件
土体厚度	耕层质地	抗旱能力
耕层厚度	速效钾	地形部位
	有效磷	海拔
	有机质	坡度

为对玉米适宜性指标各参评因素进行数量化评估，邀请专家组比较同一层次各因素对上一层次的相对重要性。将专家们的初步评价结果经计算后再反馈给各位专家，经多轮反复形成最终的判断矩阵，再通过计算得出各指标组合权重。

各指标组合权重见表 11.4。

表 11.4 花溪区耕地玉米适宜性评价参评指标权重层次分析结果表

目标层	适宜性评价			
准则层	土体构型	理化性状	立地条件	组合权重
	0.1695	0.4252	0.4053	$\sum C_i A_i$

续表

目标层		适宜性评价			
		土体构型	理化性状	立地条件	组合权重
指标层	土体厚度	0.3333			0.0565
	耕层厚度	0.6667			0.1130
	耕层质地		0.1690		0.0719
	速效钾		0.1821		0.0774
	有效磷		0.3079		0.1309
	有机质		0.3409		0.1449
	抗旱能力			0.1992	0.0807
	地形部位			0.1372	0.0556
	海拔			0.2973	0.1205
	坡度			0.3663	0.1485

11.4.3 单因素评价指标的隶属度计算

根据模糊数学的理论，我们将选定的评价指标与耕地生产能力的关系分为戒上型、戒下型、峰型、直线型以及概念型 5 种类型的隶属函数。本次评价选用了戒上型函数、直线型函数和概念型函数 3 种函数模型。

各指标的隶属度见表 11.5。

11.4.4 适宜性评价方法

适宜性评价的方法同 5.2.1 节。

根据花溪区农业局提供数据，花溪区平坝、河流阶地等条件较好的耕地，玉米产量可以达到 3450~4050kg/hm^2（230~270kg/亩）；而坡垮地、石旮旯地等条件较差的耕地，玉米产量小于 3000kg/hm^2（200kg/亩）。因此，根据玉米种植情况将花溪区耕地分为高度适宜、适宜、勉强适宜和不适宜四个等级。

将计算出的 IFI 值（评价综合指数）从小到大进行排列，构建一条反 "（" 曲线。运用 Origin75 分析软件找出曲线由小到大的最大变化斜率，以此 IFI 值作为不适宜与勉强适宜的分界值；采用同样的方法，找出曲线由大到小的最大变化斜率，以此 IFI 值作为高度适宜与适宜的分界值；确定高度适宜和不适宜的 IFI 的分界值后，适宜和勉强适宜采用等距划分中间 IFI 值的方法进行划定。

花溪区玉米适宜性评价结果，以 0.86 为不适宜最大值，0.64 为高度适宜最小值，适宜和勉强适宜按 0.1100 为间距等距离划分。详见表 11.6。

表 11.5　花溪区耕地玉米适宜性评价各指标的隶属度

编号	指标名称	函数类型	函数公式	a	b	上限 c	左下限 U_{t1}	右下限 U_{t2}	条件
1	速效钾	概念型	a	0	0	0	0	0	贵州亚类＝'潴育型水稻土'
2	速效钾	戒上型	$1/[1+a\times(u-c)^2]$	0.000127	0.005882	200	30	0	地类名称＝'旱地' or '贵州亚类＝'漂洗型水稻土' or '贵州亚类＝'淹育型水稻土' or '贵州亚类＝'脱潜型水稻土'
3	有机质	概念型	a	0	0	0	0	0	贵州亚类＝'潴育型水稻土'
4	有机质	戒上型	$1/[1+a\times(u-c)^2]$	0.003179	0.0225	40	6	0	地类名称＝'旱地' or '贵州亚类＝'漂洗型水稻土' or '贵州亚类＝'淹育型水稻土' or '贵州亚类＝'脱潜型水稻土'
5	有效磷	概念型	a	0	0	0	0	0	贵州亚类＝'潴育型水稻土'
6	有效磷	戒上型	$1/[1+a\times(u-c)^2]$	0.002485	0.05	20	3	0	地类名称＝'旱地' or '贵州亚类＝'漂洗型水稻土' or '贵州亚类＝'淹育型水稻土' or '贵州亚类＝'脱潜型水稻土'
7	土体厚度	概念型	a	0	0	0	0	0	贵州亚类＝'潴育型水稻土'
8	土体厚度	正直线型	$a+b\times u$	0.0125	0	80	40	0	地类名称＝'旱地' or '贵州亚类＝'漂洗型水稻土' or '贵州亚类＝'淹育型水稻土' or '贵州亚类＝'脱潜型水稻土'
9	耕层厚度	概念型	a	0	0	0	0	0	贵州亚类＝'潴育型水稻土'
10	耕层厚度	正直线型	$a+b\times u$	0.1667	0.0333	25	10	0	地类名称＝'旱地' or '贵州亚类＝'漂洗型水稻土' or '贵州亚类＝'淹育型水稻土' or '贵州亚类＝'脱潜型水稻土'
11	海拔	概念型	a	0	0	0	0	0	贵州亚类＝'潴育型水稻土'
12	海拔	负直线型	$a-b\times u$	2.54	0.0014	1100	1600	0	地类名称＝'旱地' or '贵州亚类＝'漂洗型水稻土' or '贵州亚类＝'淹育型水稻土' or '贵州亚类＝'脱潜型水稻土'
13	抗旱能力	概念型	a	0	0	0	0	0	贵州亚类＝'潴育型水稻土'
14	抗旱能力	正直线型	$a+b\times u$	−0.1675	0.0467	25	10	0	地类名称＝'旱地' or '贵州亚类＝'漂洗型水稻土' or '贵州亚类＝'淹育型水稻土' or '贵州亚类＝'脱潜型水稻土'

第 11 章 花溪区玉米适宜性评价

续表

编号	指标名称	函数类型	函数公式	a	b	上限 c	左下限 U_{t1}	右下限 U_{t2}	条件
15	耕层质地	概念型	a	0	0	0	0	0	贵州亚类 = '潜育型水稻土'
16	耕层质地	概念型	a	0.4	0	0	0	0	(耕层质地 = '砂土及壤质砂土') and (地类名称 = '旱地' or 贵州亚类 = '漂洗型水稻土' or 贵州亚类 = '淹育型水稻土' or 贵州亚类 = '潴育型水稻土')
17	耕层质地	概念型	a	0.5	0	0	0	0	(耕层质地 = '黏土') and (地类名称 = '旱地' or 贵州亚类 = '漂洗型水稻土' or 贵州亚类 = '淹育型水稻土' or 贵州亚类 = '潴育型水稻土' or 贵州亚类 = '脱潜型水稻土')
18	耕层质地	概念型	a	0.6	0	0	0	0	(耕层质地 = '砂质壤土' or 贵州亚类 = '漂洗型水稻土' or 贵州亚类 = '淹育型水稻土' or 贵州亚类 = '潴育型水稻土')
19	耕层质地	概念型	a	0.7	0	0	0	0	(耕层质地 = '粉砂质水稻土' and 贵州亚类 = '潴育型水稻土' or 贵州亚类 = '淹育型水稻土' or 贵州亚类 = '脱潜型水稻土')
20	耕层质地	概念型	a	0.8	0	0	0	0	(耕层质地 = '壤土' or 贵州亚类 = '漂洗型水稻土' or 贵州亚类 = '淹育型水稻土' or 贵州亚类 = '潴育型水稻土') and (地类名称 = '潴育型水稻土')
21	耕层质地	概念型	a	0.9	0	0	0	0	(耕层质地 = '粉砂质黏壤土') and (地类名称 = '旱地' or 贵州亚类 = '漂洗型水稻土' or 贵州亚类 = '淹育型水稻土' or 贵州亚类 = '潴育型水稻土')
22	耕层质地	概念型	a	1	0	0	0	0	(耕层质地 = '黏壤土' or 贵州亚类 = '旱地' or 贵州亚类 = '漂洗型水稻土' or 贵州亚类 = '淹育型水稻土' or 贵州亚类 = '潴育型水稻土' or 贵州亚类 = '脱潜型水稻土')
23	地形部位	概念型	a	0	0	0	0	0	贵州亚类 = '潜育型水稻土'

续表

编号	指标名称	函数类型	函数公式	a	b	上限 c	左下限 U_{l1}	右下限 U_{l2}	条件
24	地形部位	概念型	a	0.3	0	0	0	0	(地形部位 = '中山坡顶') and (地类名称 = '旱地' or 贵州亚类 = '漂洗型水稻土' or 贵州亚类 = '潴育型水稻土' or 贵州亚类 = '淹育型水稻土' or 贵州亚类 = '脱潜型水稻土')
25	地形部位	概念型	a	0.4	0	0	0	0	(地形部位 = '低中山沟谷坡顶' or 地形部位 = '中山坡腰') and (地类名称 = '旱地' or 贵州亚类 = '漂洗型水稻土' or 贵州亚类 = '淹育型水稻土' or 贵州亚类 = '潴育型水稻土' or 贵州亚类 = '脱潜型水稻土')
26	地形部位	概念型	a	0.5	0	0	0	0	(地形部位 = '低中山沟谷坡腰' or 地形部位 = '中山沟谷坡顶') and (地类名称 = '旱地' or 贵州亚类 = '漂洗型水稻土' or 贵州亚类 = '淹育型水稻土' or 贵州亚类 = '潴育型水稻土' or 贵州亚类 = '脱潜型水稻土')
27	地形部位	概念型	a	0.6	0	0	0	0	(地形部位 = '低中山沟谷坡脚' or 地形部位 = '丘陵坡顶') and (地类名称 = '旱地' or 贵州亚类 = '漂洗型水稻土' or 贵州亚类 = '淹育型水稻土' or 贵州亚类 = '潴育型水稻土' or 贵州亚类 = '脱潜型水稻土')
28	地形部位	概念型	a	0.7	0	0	0	0	(地形部位 = '低中山丘陵坡顶' or 地形部位 = '丘陵坡腰' or 地形部位 = '台地') and (地类名称 = '旱地' or 贵州亚类 = '漂洗型水稻土' or 贵州亚类 = '淹育型水稻土' or 贵州亚类 = '潴育型水稻土' or 贵州亚类 = '脱潜型水稻土')
29	地形部位	概念型	a	0.8	0	0	0	0	(地形部位 = '丘谷盆地坡腰' or 地形部位 = '丘陵坡脚') and (地类名称 = '旱地' or 贵州亚类 = '漂洗型水稻土' or 贵州亚类 = '淹育型水稻土' or 贵州亚类 = '潴育型水稻土' or 贵州亚类 = '脱潜型水稻土')
30	地形部位	概念型	a	0.9	0	0	0	0	(地形部位 = '丘谷盆地坡脚') and (地类名称 = '旱地' or 贵州亚类 = '漂洗型水稻土' or 贵州亚类 = '淹育型水稻土' or 贵州亚类 = '潴育型水稻土' or 贵州亚类 = '脱潜型水稻土')

续表

编号	指标名称	函数类型	函数公式	a	b	上限 c	左下限 U_{t1}	右下限 U_{t2}	条件
31	地形部位	概念型	a	1	0	0	0	0	（地形部位='平地'）and（地类名称='旱地' or 贵州亚类='漂洗型水稻土' or 贵州亚类='潴育型水稻土' or 贵州亚类='淹育型水稻土' or 贵州亚类='脱潜型水稻土'）
32	坡度	概念型	a	0	0	0	0	0	贵州亚类='潜育型水稻土'
33	坡度	概念型	a	0	0	0	0	0	（地类名称='旱地' or 贵州亚类='漂洗型水稻土' or 贵州亚类='潴育型水稻土' or 贵州亚类='淹育型水稻土' or 贵州亚类='脱潜型水稻土'）
34	坡度	概念型	a	0.6	0	0	0	0	（坡度角='5'）and（地类名称='旱地' or 贵州亚类='漂洗型水稻土' or 贵州亚类='潴育型水稻土' or 贵州亚类='淹育型水稻土' or 贵州亚类='脱潜型水稻土'）
35	坡度	概念型	a	0.8	0	0	0	0	（坡度角='4'）and（地类名称='旱地' or 贵州亚类='漂洗型水稻土' or 贵州亚类='潴育型水稻土' or 贵州亚类='淹育型水稻土' or 贵州亚类='脱潜型水稻土'）
36	坡度	概念型	a	0.9	0	0	0	0	（坡度角='3'）and（地类名称='旱地' or 贵州亚类='漂洗型水稻土' or 贵州亚类='潴育型水稻土' or 贵州亚类='淹育型水稻土' or 贵州亚类='脱潜型水稻土'）
37	坡度	概念型	a	1	0	0	0	0	（坡度角='2'）and（地类名称='旱地' or 贵州亚类='漂洗型水稻土' or 贵州亚类='潴育型水稻土' or 贵州亚类='淹育型水稻土' or 贵州亚类='脱潜型水稻土'）

表 11.6 综合评分值划分地力等级

等级	IFI
高度适宜	>0.8600
适宜	0.7500~0.8600
勉强适宜	0.6400~0.7500
不适宜	<0.6400

11.5 耕地玉米适宜性评价

11.5.1 耕地玉米适宜性评价结果

对花溪区耕地进行玉米适宜性评价,其评价结果见表 11.7。在全区 35620.22hm² 耕地中,高度适宜种植玉米的面积有 11095.02hm²,占耕地面积的 31.15%;适宜种植玉米的面积有 14576.55hm²,占耕地面积的 40.92%;勉强适宜种植玉米的面积有 6747.58hm²,占耕地面积的 18.94%;不适宜种植玉米的面积有 3201.07hm²,只占耕地面积的 8.99%。这说明花溪区大部分耕地都是适合种植玉米的,勉强适宜的区域主要是坡度较大、土层较薄、抗旱能力弱的耕地,不适宜种植玉米的区域中,绝大部分都是分布在坡度大于 25°的坡耕地和排水能力差的烂泥田等。

表 11.7 花溪区耕地玉米适宜性评价

适宜性等级	面积/hm²	比例/%
高度适宜	11095.02	31.15
适宜	14576.55	40.92
勉强适宜	6747.58	18.94
不适宜	3201.07	8.99
全区耕地面积	35620.22	100

11.5.2 耕地玉米适宜性特性

1. 高度适宜区域

高度适宜区域主要分布在平地、丘陵坡脚和丘陵坡腰的平缓地段。其中,低中山沟谷、低中山丘陵、丘谷盆地和中山的坡腰和坡脚的平缓地带,以及村寨附近的台地、坝地和城郊也有少量分布。成土母质为各类岩石的风化坡残积物和河流冲、淤积物;剖面构型一般为 Aa-Ap-W-C 或 A-B-C;土体厚度为 60~100cm;耕层厚度为 13~25cm;水土流失强度为微度-轻度侵蚀;土壤类型为砂质壤土-黏壤土;主要为坡度<5°的缓坡梯土、坝土和台土;以抗旱能力>30天的水浇地为主;结构和耕性好,宜耕期长,宜肥性和宜种性广,具有松、深、肥和返潮回润的特点,保水肥力强,供肥性强,肥劲稳足而长。熟制为一年二至三熟,玉米产量大于7500kg/hm²。

2. 适宜区域

适宜区域主要分布在平地和不同海拔的丘陵中下部开阔至半开阔的沟谷平缓地段;岩溶低山丘陵中下部开阔的缓坡坡麓及平坦地段和山原洼地;河流一、二级阶地和村寨附近。成土母质为各类岩石风化坡残积物和河流冲积物;剖面构型一般为A-B-C或Aa-Ap-W-C;土体厚度为40~100cm;耕层厚度为12~25cm;水土流失等级为微度-强度侵蚀;土壤类型为砂质黏壤土-黏壤土;地面坡度划分上,多数是坡度<10°的缓坡梯土、坝土和沟槽土,极少数是坡度为10°~20°的坡土;以抗旱能力>15天的水浇地为主,少数为15天;结构和耕性较好,宜肥性和宜种性广,保水肥力强,供肥性强,热量条件稍差;熟制为一年二至三熟,玉米产量大于5250kg/hm²。

3. 勉强适宜区域

勉强适宜区域主要分布在丘陵下部半开阔的平缓地段,平地及中山和低中山沟谷和低中山丘陵的平缓地带;成土母质为岩石风化坡残积物、老风化壳、河流冲积物;剖面构型一般为A-B-C、A-AH-R;土体厚度为40~100cm;耕层厚度为12~25cm;水土流失等级划分上,大部分为中度-极强度侵蚀,极少数为微度或极强度侵蚀;土壤类型为黏壤土-黏土;地面坡度划分上,部分是坡度为10°以下的缓坡梯土、坝土和沟槽土,多数是坡度为15°~25°的坡土和坡式梯土,少数是坡度为25°~35°的陡坡土和陡坡梯土;抗旱能力一般为10~30天;多数结构和耕性较差,宜耕期短,宜肥性和宜种性较广,保水肥力较弱,供肥性较弱,肥劲不足且易脱肥,部分结构和耕性较好,宜耕期较长,宜肥性和宜种性广,保水肥力和供肥性较强,肥劲稳长。少数高寒区的土性冷,有机矿化度低,养分释放慢;熟制一般为一年二熟,高寒区一年一至二熟;玉米产量为3000~5250kg/hm²。

4. 不适宜区域

不适宜区域主要分布在高海拔区域的丘陵中上部半开阔的缓坡山脊和顶部台地,岩溶中低山中下部的缓丘、盆地和洼地边缘及石旮旯地,半开阔的缺水小盆地边缘,河岸两侧高地和河谷陡坡地;成土母质为岩石风化坡残积物、红色老风化壳和洪淤积物;剖面构型一般为A-B-C;土体厚度为40~60cm;耕层厚度为10~15cm;水土流失等级为强度-剧烈侵蚀;土壤类型为黏壤土-黏土;地面坡度划分上,少数是坡度为10°以下的缓坡土、梯土、坝土、台土和沟槽土,多数是10°~25°的坡土和梯化坡土,部分是25°~35°的斜坡土和陡坡梯土;抗旱能力一般为10~30天,部分为7天以下;结构和耕性差,宜耕期短,宜肥性和宜种性窄,保水肥力较强,供肥力弱,肥劲不足,具有黏、酸、瘦的特点。熟制一般为一年一熟;玉米产量小于3000kg/hm²。

11.5.3 耕地玉米适宜性区域分布概况

1. 高度适宜区域分布及面积概况

花溪区耕地高度适宜种植玉米区总面积为11095.02hm²，在花溪区15个乡（镇、街道）均有分布。高度适宜种植玉米的面积以湖潮乡为最大，面积为2003.94hm²，占高度适宜区域总面积的18.06%；其次是青岩镇，面积为1812.49hm²，占高度适宜区域总面积的16.34%；高度适宜种植玉米总面积最小的地区是高坡乡，面积为151.52hm²，占高度适宜区域总面积的1.37%。各乡（镇、街道）高度适宜种植玉米面积统计见表11.8。

表11.8 各乡（镇、街道）高度适宜种植玉米面积统计表

乡（镇、街道）	面积/hm²	比例/%
贵筑街道	520.73	4.69
清溪街道	370.70	3.34
溪北街道	314.78	2.84
青岩镇	1812.49	16.34
石板镇	400.83	3.61
孟关乡	839.42	7.57
党武乡	642.93	5.79
湖潮乡	2003.94	18.06
久安乡	558.62	5.03
麦坪乡	1343.11	12.11
高坡乡	151.52	1.37
黔陶乡	161.64	1.46
马铃乡	474.21	4.27
燕楼乡	773.76	6.97
小碧乡	726.34	6.55
合计	11095.02	100.00

2. 适宜区域分布及面积概况

花溪区耕地适宜种植玉米区总面积为14576.55hm²，在花溪区15个乡（镇、街道）均有分布。适宜种植玉米的面积以党武乡为最大，面积为1858.47hm²，占适宜区域总面积的12.75%；其次是湖潮乡，面积为1732.63hm²，占适宜区域总面积的11.89%；适宜种植玉米总面积最小的乡（镇、街道）是小碧乡，面积为306.81hm²，占适宜区域总面积的2.10%。各乡（镇、街道）适宜种植玉米面积统计见表11.9。

表 11.9 各乡（镇、街道）适宜种植玉米面积统计表

乡（镇、街道）	面积/hm²	比例/%
贵筑街道	638.45	4.38
清溪街道	428.27	2.94
溪北街道	317.84	2.18
青岩镇	1407.29	9.65
石板镇	1219.51	8.37
孟关乡	751.07	5.15
党武乡	1858.47	12.75
湖潮乡	1732.63	11.89
久安乡	748.59	5.14
麦坪乡	1130.99	7.76
高坡乡	1048.94	7.20
黔陶乡	469.29	3.22
马铃乡	1013.41	6.95
燕楼乡	1504.99	10.32
小碧乡	306.81	2.10
合计	14576.55	100.00

3. 勉强适宜区域分布及面积概况

花溪区耕地勉强适宜种植玉米区总面积 6747.58hm²，在花溪区 15 个乡（镇、街道）均有分布。勉强适宜种植玉米面积最大的是小碧乡，面积为 931.62hm²，占勉强适宜区域总面积的 13.81%；其次是高坡乡，面积为 923.99hm²，占勉强适宜区域总面积的 13.69%；勉强适宜种植玉米总面积最小的区域是溪北街道，面积为 3.72hm²，占勉强适宜区域总面积的 0.06%。各乡（镇、街道）勉强适宜种植玉米面积统计见表 11.10。

表 11.10 各乡（镇、街道）勉强适宜种植玉米面积统计表

乡（镇、街道）	面积/hm²	比例/%
贵筑街道	442.83	6.56
清溪街道	96.42	1.43
溪北街道	3.72	0.06
青岩镇	204.34	3.03
石板镇	456.10	6.76
孟关乡	499.18	7.40
党武乡	581.10	8.61
湖潮乡	259.06	3.84

续表

乡（镇、街道）	面积/hm²	比例/%
久安乡	492.23	7.29
麦坪乡	166.57	2.47
高坡乡	923.99	13.69
黔陶乡	602.54	8.93
马铃乡	616.95	9.14
燕楼乡	470.93	6.98
小碧乡	931.62	13.81
合计	6747.58	100.00

4. 不适宜区域分布及面积概况

花溪区耕地不适宜种植玉米区总面积 3201.07hm²，在花溪区 15 个乡（镇、街道）均有分布。不适宜种植玉米的面积以高坡乡为最大，面积为 1153.77hm²，占不适宜区域总面积的 36.04%；其次是青岩镇，面积为 449.01hm²，占不适宜区域总面积的 14.03%；不适宜种植玉米总面积最小的是溪北街道，面积为 16.66hm²，占不适宜区域总面积的 0.52%。各乡（镇、街道）不适宜种植玉米面积统计见表 11.11。

表 11.11　各乡（镇、街道）不适宜种植玉米面积统计表

乡（镇、街道）	面积/hm²	比例/%
贵筑街道	122.49	3.83
清溪街道	46.64	1.46
溪北街道	16.66	0.52
青岩镇	449.01	14.03
石板镇	63.46	1.98
孟关乡	155.6	4.86
党武乡	40.96	1.28
湖潮乡	193.89	6.06
久安乡	257.11	8.03
麦坪乡	81.94	2.56
高坡乡	1153.77	36.04
黔陶乡	359.03	11.22
马铃乡	83.51	2.61
燕楼乡	86.88	2.71
小碧乡	90.12	2.82
合计	3201.07	100.00

11.6 各乡(镇、街道)玉米适宜性概况

对花溪区不同乡(镇、街道)的耕地进行玉米适宜性评价,表11.12的统计结果表明,花溪区高度适宜和适宜玉米种植区域分布在青岩镇、石板镇、孟关乡、党武乡、湖潮乡、麦坪乡、燕楼乡、贵筑街道、清溪街道、溪北街道、久安乡、马铃乡等地。花溪区不适宜和勉强适宜玉米种植区域分布在高坡乡、小碧乡、黔陶乡等地。

表11.12 各乡(镇、街道)玉米适宜性概况表

乡(镇、街道)	评价等级	面积/hm²	比例/%
贵筑街道	高度适宜	520.73	30.2
	适宜	638.45	37.02
	勉强适宜	442.83	25.68
	不适宜	122.49	7.1
贵筑街道汇总		1724.5	100
清溪街道	高度适宜	370.70	39.35
	适宜	428.27	45.46
	勉强适宜	96.42	10.24
	不适宜	46.64	4.95
清溪街道汇总		942.03	100
溪北街道	高度适宜	314.78	48.21
	适宜	317.84	48.67
	勉强适宜	3.72	0.57
	不适宜	16.66	2.55
溪北街道汇总		653.00	100
青岩镇	高度适宜	1812.49	46.8
	适宜	1407.29	36.33
	勉强适宜	204.34	5.28
	不适宜	449.01	11.59
青岩镇汇总		3873.13	100
石板镇	高度适宜	400.83	18.73
	适宜	1219.51	56.99
	勉强适宜	456.10	21.31
	不适宜	63.46	2.97
石板镇汇总		2139.90	100
孟关乡	高度适宜	839.42	37.39
	适宜	751.07	33.45

续表

乡（镇、街道）	评价等级	面积/hm²	比例/%
孟关乡	勉强适宜	499.18	22.23
	不适宜	155.60	6.93
孟关乡汇总		2245.27	100
党武乡	高度适宜	642.93	20.58
	适宜	1858.47	59.5
	勉强适宜	581.10	18.6
	不适宜	40.96	1.31
党武乡汇总		3123.46	100
湖潮乡	高度适宜	2003.94	47.83
	适宜	1732.63	41.36
	勉强适宜	259.06	6.18
	不适宜	193.89	4.63
湖潮乡汇总		4189.52	100
久安乡	高度适宜	558.62	27.16
	适宜	748.59	36.4
	勉强适宜	492.23	23.93
	不适宜	257.11	12.5
久安乡汇总		2056.55	100
麦坪乡	高度适宜	1343.11	49.33
	适宜	1130.99	41.54
	勉强适宜	166.57	6.12
	不适宜	81.94	3.01
麦坪乡汇总		2722.61	100
高坡乡	高度适宜	151.52	4.62
	适宜	1048.94	32
	勉强适宜	923.99	28.19
	不适宜	1153.77	35.2
高坡乡汇总		3278.25	100
黔陶乡	高度适宜	161.64	10.15
	适宜	469.29	29.47
	勉强适宜	602.54	37.84
	不适宜	359.03	22.55
黔陶乡汇总		1592.50	100
马铃乡	高度适宜	474.21	21.67
	适宜	1013.41	46.31

续表

乡（镇、街道）	评价等级	面积/hm²	比例/%
马铃乡	勉强适宜	616.95	28.2
	不适宜	83.51	3.82
马铃乡汇总		2188.08	100
燕楼乡	高度适宜	773.76	27.28
	适宜	1504.99	53.06
	勉强适宜	470.93	16.6
	不适宜	86.88	3.06
燕楼乡汇总		2836.56	100
小碧乡	高度适宜	726.34	35.35
	适宜	306.81	14.93
	勉强适宜	931.62	45.34
	不适宜	90.12	4.39
小碧乡汇总		2054.89	100
全区耕地面积		35620.22	

11.7 玉米发展方向及区域布局

11.7.1 发展方向

优质、高产、高效是玉米生产发展的核心任务，围绕这一核心问题，未来，花溪区在玉米新品种推广上，应选择优质、高产、高效且生育期适中的品种，以最大化地优化花溪区玉米的品质结构，提高优质玉米占玉米总面积的百分比；在技术上，应围绕提高单产、改善品质结构，着力推广配方施肥技术、旱育稀植技术、机械化耕作与收获技术、病虫害综合防治技术等综合配套技术。

11.7.2 区域布局

根据玉米适宜性评价结果，花溪区玉米生产宜采取如下布局。

1. 花溪区中部、西部玉米主种植区

该区包括花溪区的湖潮乡、青岩镇、孟关乡、党武乡、麦坪乡、燕楼乡、马铃乡、石板镇、久安乡、贵筑街道、清溪街道和溪北街道。

该区地貌特征为丘陵、丘陵盆地和低中山河谷及槽谷，海拔多在1060～1500m。气候温和，雨量充沛，年降水量1120～1200mm，并且多集中在4～8月，特别利于秋收作物的生长。热能资源丰富，无霜期250～280天，光照条件好，年平均温度14.5℃，≥10℃的积温3400～4400℃，熟制多以一年两熟为主，少数地方也有少量的一年三熟。

该区耕地较为连片集中，坝地较多，灌溉水资源丰富。推广种植优质、高产、抗病、耐旱的中熟或晚熟杂交玉米品种。

2. 花溪区东部玉米次种植区

该区包括花溪区高坡乡、黔陶乡和小碧乡等区域。

该区地貌特征属于中山台地、低中山槽谷和低山丘陵，海拔多在1200～1655m，雨量较多，年降水量1120～1180mm，气候冷凉多湿，雾罩多，无霜期200天左右。光照条件差，该区全年平均温度13～14.7℃，≥10℃的积温3400～4400℃。

该区耕地分布于低中山槽谷地段，由于地势高，易受风寒侵袭，造成田间小气候差异大，微生物活动较弱，有机物质的分解转化慢。重点推广耐寒、早熟、高产优质杂交玉米品种。

第 12 章　花溪区辣椒适宜性评价

12.1　辣椒基本概况

辣椒（拉丁学名：*Capsicum annuum* L.；英文名：pepper），亦称番椒、海椒、辣子、辣角、秦椒等，是一年或多年生草本植物。

12.1.1　特征形态

辣椒为一年生草本，高 40~75cm。单叶，互生，卵形、矩圆状卵形至卵状披针形，长 3~10cm，宽 1.5~3.5cm，先端渐尖，基部渐狭，全缘；叶柄长 4~7cm。花单生于叶腋；花萼钟形，宿存，先端 5~7 浅裂；花冠白色，辐状，5~7 裂，裂片长椭圆形，镊合状排列；雄蕊 5~7，插生于花冠筒近基部，花药长圆形，紫色，纵裂；雌蕊 1，子房 2 室，少 3 室；胚珠多数。浆果下垂，长圆锥形，先端常弯曲，内部有空腔，未成熟时绿色，成熟后变为红色，稀浅黄色，因栽培品种不同，变异很大，有灯笼形或球形等。

12.1.2　基本特性

辣椒原产于南美洲热带雨林气候区，在其物种的系统发育和个体发育过程中，逐渐形成了喜温、耐旱、喜光而又较耐弱光的特点。

温度：辣椒属喜温作物，辣椒种子发芽的适宜温度为 25~30℃，温度超过 35℃或低于 10℃都不能发芽。25℃时发芽需 4~5 天，15℃时需 10~15 天，12℃时需 20 天以上，10℃以下则难以发芽。苗期往往地温、气温较低，生长缓慢，需采取人工增温措施来防寒防冻；种子出芽后，随秧苗的长大，耐低温的能力随之增强，具有三片以上真叶能在 5℃以上不受冷害。种子出芽后在 25℃时，生长迅速，但极瘦弱，必须降低温度至 20℃左右，保持幼苗缓慢健壮生长，使子叶肥大，对初生真叶和花芽分化有利。

辣椒生长发育的适宜温度为 20~30℃，温度低于 15℃生长发育基本停止，持续低于 5℃则植株可能受害，0℃时植株易产生冻害。辣椒在生长发育时期适宜的昼夜温差为 6~10℃，以白天 26~27℃、夜间 16~20℃较为适合，这样的温度可以使辣椒白天能有较强的光合作用，夜间能较快且充分地把养分运转至根系、茎尖、花芽、果实等生长中心部位，并且减少呼吸作用对营养物质的消耗。植株开花授粉期要求夜间温度在 15.5~20.5℃为适宜，低于 15℃，则受精不良，大量落花；低于 10℃，则不开花，花粉死亡，易引起落花落果，坐得住的幼果也不肥大，极易变形。辣椒又怕炎热，白天温度升到 35℃以上时，花粉变态或不孕，不能受精而落花，即使受精，果实也不发育而干萎。

果实发育和转色，要求温度在25℃以上。总的来说，辣椒成株对温度的适应范围较广，虽能耐受一定高温，但更喜温不耐寒。植株生长适宜的温度因生长发育的过程而不同，从子叶展开到5～8片真叶期，对温度要求严格，如果温度过高或过低，将影响花芽的形成，最后影响产量。品种不同对温度的要求也有很大差异。大果型品种比小果型品种不耐高温。

光照：辣椒属喜光植物，除了在发芽阶段不需要光照外，其他生育阶段都要求有充足的光照。幼苗生长发育阶段需要良好的光照条件，这是培育壮苗的必要条件，如果光照足，幼苗的节间就短，茎粗壮，叶片厚，颜色深，根系发达，抗逆性强，不易感病，苗齐苗壮，从而为高产打下良好的基础；光照不足，幼苗节间伸长，含水量增加，叶片较薄，颜色浅、根系不发达，幼苗瘦弱，抗逆性差，易感染病害，对以后的产量有很大的影响。要注意在晴天增加通风见光，生长发育阶段光照充足，是促进辣椒枝叶茂盛，叶片厚，开花、结果多，果实发育良好，产量高的重要条件。在安排辣椒生产时，要注意选地远离树、房屋，辣椒田周围不要有高秆作物，防止人为遮光导致辣椒减产。另外，要讲究栽培密度，防止过密造成植株枝叶拥挤，互相遮光，还要及时中耕除草，防止与杂草争夺空间。特别是炎热的夏季，易引起高温干旱，使辣椒的生长发育受阻，还易引起病害。因此，夏季要注意加强畦土的覆盖和灌溉降温。

水分：辣椒是茄果类中较耐旱的作物，蒸发所耗的水分比其他植物少得多，因为它的叶片比同科其他作物的叶片小，叶背绒毛稀少。一般小果类型辣椒品种特别是干椒比大果类型甜椒品种耐旱，在生长发育过程中所需水分相对较少。辣椒在各生育期的需水量不同，种子只有吸收充足的水分才能发芽，但由于种皮较厚，吸水速度较慢，所以催芽前先要浸泡种子6～8h，使其充分吸水。浸泡时间过短，达不到催芽的目的，而且有可能因吸水不充足、不均匀，在催芽处理过程中会伤害种子；浸泡时间过长，会造成营养外流、氧气不足而影响种子的活力。幼苗植株需水较少，此时又值低温弱光季节，土壤水分过多，通气性差，缺少氧气，根系发育不良，植株生长纤弱，抗逆性差，利于病菌侵入，造成大量死苗，故在此期间，苗床应以控温降湿为主，避免灌水，晴天中午揭开覆盖物加强通风降湿。移栽后，植株生长量加大，需水量随之增加，此期内要适当浇水，满足植株生长发育的需要，但仍要适当控制水分。初花期，要增加水分，果实膨大期，也需供应充足的水分。在多雨季节，要搞好排水沟，做到畦土不积水。炎热季节，要注意培土覆盖保水、降温，加强灌溉增加水分的供应量。土地选择时，要选土层深、保水好的地块，为了高产稳产，最好能做到排灌系统配套完善。

养分：辣椒的生长发育对氮、磷、钾等肥料都有较高的要求，此外，还要吸收钙、镁、铁、硼、铜、锰等多种微量元素。整个生育期中，辣椒对氮的需求最多，占60%，钾占25%，磷为第三位，占15%。在各个不同的生长发育时期，需肥的种类和数量也有差异。幼苗期苗子嫩弱瘦小，生长量小，需肥量也相对较小，但肥料质量要好，需要充分腐熟的有机肥和一定比例的磷、钾肥，尤其是磷、钾肥能促进根系发达。辣椒幼苗期就进行花芽分化，氮、磷肥对幼苗发育和花的形成有显著的影响，氮肥过量，易延迟花芽的发育分化，磷肥不足，不但发育不良，而且花的形成迟缓，产生的花数也少，并形成不能结实的短柱花。移栽后,对氮、磷肥的需求增加,合理施用氮、磷肥可促进根系发育,为植株旺盛生长打下基础。氮肥施用过多,植株易发生徒长,推迟开花坐果,而且枝叶嫩弱,容易感染病毒病、疮痂病、疫病。初花后进入坐果期,氮肥的需求量逐渐加大,到盛花、盛果期达到高峰期。氮肥供给分枝、发叶所需养分,磷、钾肥促进植株根系生长和果实膨大,以及增加果实的色泽。辣椒的辣味受氮、磷、钾肥含量比例的影响:氮肥多,磷、钾肥少时,辣味降低;氮肥少,磷、钾肥多时,则辣味浓;大果型品种如甜椒类型需氮肥较多,小果型品种需氮肥较少。辣椒为多次成熟、多次采收的作物,生育期和采收期较长,需肥量较多,故除了施足基肥外,还应在每次采收后施肥,以满足植株的旺盛生长和开花结果的需要。对越夏连秋栽培的辣椒,多施氮肥,促进植株抽发新生枝叶,施磷、钾肥增强植株抗病力,促进果实膨大,提早翻秋花,多开花坐果,提高辣椒的质量和产量。在施用氮、磷、钾肥的同时,还可根据植株的生长情况施用适量钙、镁、铁、硼、铜、锰肥等多种微肥,预防各种缺素症。在花期增施浓度为0.2%硼肥,喷在植株花叶上,以加速花器官的发育,增加花粉,促进花粉萌发、花粉管伸长和受精,改善花而不实现象,但浓度不能过量。间接缺钙常发生在供钙不足的果实和贮藏器官上。缺镁症状多出现在老叶上,其症状表现为叶脉间缺绿或变黄,严重时坏死。叶片缺镁时变硬、变脆,叶脉扭曲,过早脱落。叶缺镁后植株生殖生长推迟。植株缺铁症状与缺镁较为相似,缺铁失绿症状总是出现在幼叶,多数情况下,发生在叶脉之间。植株缺铜时生长矮小,幼叶扭曲变形,顶生分生组织坏死。如果叶片中铜浓度过高,就会产生铜元素毒害症。植株缺锌后,叶脉间失绿、黄化或白化。多数情况下缺锌,植株节间变短,老叶失绿(有时嫩叶也失绿),叶片变小,类似病毒症状。缺锌后种子产量受到很大影响。当锌离子过量时,不耐锌植株会出现锌害症。其表现是根伸长生长受阻,嫩叶出现缺绿症。

土壤条件:辣椒对土壤类型的要求不严格,红壤土、砂质土、黑壤土等各类土壤都可以栽植,但要获得高产优质,对土壤的选择还是有讲究的。一般来说,土质黏重、肥水条件较差的缓坡地,只宜栽植耐旱、耐瘠的线椒或可以避旱保收的早熟辣椒;大果型肉质较厚的品种须栽培在土质疏松、肥水条件良好的河岸或湖区的砂质土壤上,或在灌溉方便、土层深厚肥沃的土壤上,才能获得高产。

12.1.3 种植技术

1. 整地

辣椒生长期长,根系弱,为使其不断开花结果,必须有良好的土壤条件和营养条件,定植前需翻地10~15cm深。每亩施厩肥5000kg,可掺施过磷酸钙15~20kg,并修建短灌、短排作沟渠,沟沟相通,使雨后田间不积水。

2. 定植

适期定植,促早发根。早发苗是掌握定植期及定植后管理的主要原则。辣椒又以沟栽或平栽为宜，定植时浅覆土，以后逐渐培土封垄。因为定植后只依靠干旱条件进行蹲苗会损伤根系，所以辣椒苗期管理要小蹲苗或不蹲苗，持续促进植株生长。

3. 定植密度

辣椒株型紧凑，适于密植。试验证明，辣椒密植增产潜力大，尤其对于一直生长到秋季的青椒。适当密植有利于早封垄，由于地表覆盖遮阴，土温及土壤湿度变化小，暴雨后根系不至于被暴晒，起到促根促秧的作用。一般青椒生产密度为每亩3000～4000穴（双株），行距50～60cm，株距25～30cm。一般多采用双株或3株1穴。定植方式有大垄单行密植、大小垄相同密植及大垄双行密植等，都能获得较高的产量。

4. 田间管理

辣椒喜温、喜水、喜肥，但高温易得病，水涝易死秧，肥多易烧根。整个生育期内的不同阶段有不同的管理要求：定植后采收前要促根、促秧；开始采收至盛果期要促秧、攻果；进入高温季节后要保根、保秧，防止败秧和死秧；结果后期要继续加强管理，增产增收。

1）开始采收前的管理

此期地温低、根系弱，应大促小控。即轻浇水，早追肥；勤中耕，小蹲苗。缓苗水轻浇，可结合追少许粪水，浇后及时中耕，增温保墒，促进发根。蹲苗不宜过长，约10天，可小浇小蹲，调节根秧关系。蹲苗结束后，及时浇水、追肥，提高早期产量。追肥以氮肥为主，并配合施些磷钾肥，促秧棵健壮，防止落花，及时摘除第一花下方主茎上的侧枝。

2）始收期至盛果期的管理

这一阶段气温逐渐升高，降水量逐渐增多，病虫害陆续发生，是决定产量高低的关键时期。为防止早衰，应提前采收门椒，及时浇水，经常保持土壤湿度，促秧攻果，争取在高温季节封垄。进入盛果期，封垄前应培土保根，并结合培土进行追肥。

3）高温季节及其以后的管理

高温雨季易诱发病毒病，落花落果严重，有时大量落叶。因此，高温干旱年份必须灌在旱期头，而不能灌在旱期尾，始终保持土壤湿润，抑制病毒病的发生与发展。雨后施少量化肥保秧，还要及时灌溉，防止雨季后干旱而形成病毒病高峰。高温季节应在早晚灌溉。盛花期喷稀释800～1000倍的矮壮素3～4次，有较好的保花增产效果。

4）缩果后期的管理

高温雨季过后，天气转凉，青椒植株恢复正常生长，必须加强管理，促进第二次结果盛期的形成，增加后期产量。应及时浇水，并结合浇水追施速效肥料，补充土壤营养之不足。

一般花谢后2～3周，果实充分膨大、色泽青绿时就可采收，也可在果实变黄或红色成熟时再采摘。注意尽量分多次采摘，连果柄一起摘下，保留较多果实在植株上，可提高产量。

12.1.4 病虫害

病虫害是制约辣椒丰产的一大障碍。辣椒的病害主要有炭疽病、疮痂病、疫病、病毒病等，虫害则主要是蚜虫、烟青虫等。

1. 病害的发病症状

（1）炭疽病：此病主要危害果实和叶片。果实发病初期呈水浸状黄褐色斑点，病斑多为近圆形或不规则形，呈褐色；叶片受害后呈现出水浸状褪绿色斑点，后发展成边缘为深褐色、中央为灰白色的圆形病斑，病叶易干缩脱落。

（2）疮痂病：又名细菌性斑点病，主要危害叶片、茎蔓、果实。叶片染病后初期出现许多圆形或不规则状的黑绿色至黄褐色斑点，有时出现轮纹；茎蔓染病后病斑呈不规则条斑或斑块；果实染病后出现圆形或长圆形墨绿色病斑。

（3）疫病：果实初染病后出现暗绿色水浸状斑，然后迅速变褐软腐；茎和枝染病后出现环绕表皮扩展的褐色条斑，病部以上枝叶迅速凋萎。

（4）病毒病：受害植株一般表现为花叶、黄化、坏死、畸形等多种症状。

炭疽病、疮痂病、疫病多在高温多雨的条件下发生，病毒病则容易在高温干旱的气候条件下发生。

2. 病害的综合防治

预防病害的发生，首先是选用抗病品种。其次是实行轮作，与非茄科作物轮作2~3年，并结合深耕，使病残体充分腐烂，加速病菌死亡。此外，在栽培中还应加强田间管理，避免栽植过密，并增施磷肥和钾肥，实行高垄覆膜栽培，以提高植株抗病力。

3. 病害的药剂防治

（1）炭疽病：可选用15%百菌清可湿性粉剂800倍液加70%甲基托布津可湿性粉剂800倍液混合喷洒，每7~10天喷一次，连喷3次。

（2）疮痂病：发病初期及时喷药保护，常用药剂有农用链霉素（或新植霉素）、代森锰锌等，按各药剂的说明书配制药液，每隔10天左右喷一次，共喷2~3次。

（3）疫病：可在辣椒定植时、缓苗后和开花盛期等阶段喷施43%瑞毒铜可湿性粉剂500倍液，也可喷施58%瑞毒锰锌可湿性粉剂400~500倍液，注意药剂的交替使用。

（4）病毒病：可喷洒20%病毒A可湿性粉剂500倍液或1.5%植病灵乳剂1000倍液，每隔10天左右喷一次，连喷3~4次。

4. 虫害的防治

（1）蚜虫：在辣椒育苗、定植后及生长前期可采取扣膜及遮阳网覆盖的方法阻隔蚜虫侵入危害，后期可叶面喷施抗蚜威、蚜虱净、吡虫啉和敌敌畏等药剂，每5~7天喷一次，连喷2~3次。

（2）棉铃虫和烟青虫：在成虫期用 4.5%甲敌粉毒土撒施防治，幼虫前期用 2%灭扫利或功夫乳油 1000～1500 倍液喷洒防治。

12.2 花溪区辣椒种植现状

12.2.1 辣椒种植品种

辣椒是花溪区种植业的主要作物，花溪区内辣椒的早熟及中晚熟品种主要有'早青109''亮剑''辣丰 3 号''早丰 1 号''农望 808''早丰 18 号''抗王 1 号''更新 9 号''天生''红利''理想单生''新甜椒 2 号''湘冠 8 号''红辣 8 号''长辣 7 号''云关椒''党武辣椒''遵义朝天椒''绥阳辣椒''百宜辣椒''新冠军 2 号''福湘佳丽''大果 299'等。

12.2.2 辣椒种植面积

2011 年花溪区辣椒种植面积为 1653hm^2，辣椒总产量为 31775t。全区 15 个乡（镇、街道）均有种植辣椒，以党武乡的种植面积最大，其面积为 446hm^2，辣椒产量达到 6690t。马铃乡的种植水平最高，达到 2000.00kg/亩（表 12.1）。

表 12.1　2011 年花溪区各乡（镇、街道）辣椒种植面积及产量

乡（镇、街道）	种植面积/hm^2	产量/t	平均产量/(kg/亩)
贵筑街道	45	1012	1499.26
清溪街道	5	81	1080.00
溪北街道	1	22	1466.67
青岩镇	105	1890	1200.00
石板镇	260	5265	1350.00
孟关乡	20	300	1000.00
党武乡	446	6690	1000.00
湖潮乡	400	9200	1533.33
久安乡	3	71	1577.78
麦坪乡	150	2000	888.89
高坡乡	40	872	1453.33
黔陶乡	5	85	1133.33
马铃乡	130	3900	2000.00
燕楼乡	43	387	600.00
花溪区	1653	31775	1281.51

12.3 评价指标选择的原则

（1）选取的指标必须对辣椒的种植有较大的影响；
（2）选取的指标在评价区域内应有较大的变异；
（3）评价指标在时间序列上应具有相对的稳定性；
（4）评价指标与评价区域的大小有密切的关系；
（5）评价指标的选择和评价标准的确定要考虑当地的自然地理特点和社会经济发展水平；
（6）定性与定量相结合的原则；
（7）评价指标必须有很好的操作性和实际意义。

12.4 参评指标的选择及权重的确定

12.4.1 参评指标的选择

根据地力评价指标的选择及对辣椒影响较大的因素，经专家多次会议讨论，最终选定耕层厚度、有机质、坡度等11个指标，见表12.2。

表 12.2 花溪区耕地辣椒适宜性评价指标体系

土体构型	立地条件	理化性状
土体厚度	灌溉能力	碱解氮
耕层厚度	坡度	酸碱度
	排水能力	有效磷
		速效钾
		耕层质地
		有机质

（1）灌溉能力：坡度、耕层厚度、耕层质地、有机质、有效磷、速效钾详述见5.2.3节。
（2）排水能力：排除与处理多余水量的能力。农田排水是改善农业生产条件，保证作物高产稳产的重要措施之一，排水能力的强弱是耕地地力的一个重要影响因子。花溪区耕地排水能力分为弱、较弱、中、较强和强5个等级。
（3）土体厚度：深厚的土壤层次对作物根系所需要的水分、养分、温度均有良好的调控作用，而浅薄的土层则不能发挥土壤肥力，难以满足作物生命活动的需要，因此土体厚度成为衡量土壤优劣和生产力高低的重要标志。花溪区耕地的土体厚度在40～100cm。
（4）碱解氮：氮素是构成一切生命的重要元素。在作物生产中，作物对氮的需要量较大，土壤供氮不足是引起农产品产量下降和品质降低的主要限制因子。同时氮素肥料施用过量会造成水体富营养化、地下水硝态氮积累及毒害等问题。碱解氮是植物所能吸收施用的氮素。花溪区耕地土壤碱解氮含量在30～399.2mg/kg。

（5）酸碱度：土壤酸碱度对土壤养分的有效性及植物生长有着较大的影响。就种植辣椒而言，适宜辣椒生长的土壤酸碱度为微酸性或中性，在土壤呈酸性且高湿的情况下，辣椒易发生青枯病和疫病。花溪区耕地土壤酸碱度在4.3～8.4。

12.4.2 参评指标权重的确定

本章对辣椒适宜性评价因素构造层次结构。花溪区辣椒适宜性评价指标体系根据专家组的讨论意见，选定11个要素作为参评因素，并根据各个要素间的关系构造了以下层次结构，见表12.3。

表12.3 花溪区耕地辣椒适宜性评价指标体系

土体构型	立地条件	理化性状
土体厚度	灌溉能力	碱解氮
耕层厚度	坡度	酸碱度
	排水能力	有效磷
		速效钾
		耕层质地
		有机质

为了对辣椒适宜性指标各参评因素进行量化评估，邀请专家组对同一层次各因素对上一层次的相对重要性进行比较。将专家们的初步评价结果经计算后再反馈给各位专家，经多轮讨论和修正，形成最终的判断矩阵，进而计算得出各指标组合权重。

各指标组合权重见表12.4。

表12.4 花溪区耕地辣椒适宜性评价参评指标权重层次分析结果表

目标层		适宜性评价			
准则层		土体构型	立地条件	理化性状	组合权重
		0.1389	0.2778	0.5833	$\sum C_i A_i$
指标层	土体厚度	0.2500			0.0347
	耕层厚度	0.7500			0.1042
	灌溉能力		0.1335		0.0371
	坡度		0.4084		0.1134
	排水能力		0.4581		0.1273
	碱解氮			0.0586	0.0342

续表

目标层		适宜性评价			
		土体构型	立地条件	理化性状	组合权重
指标层	酸碱度			0.1466	0.0855
	有效磷			0.1652	0.0964
	速效钾			0.1871	0.1092
	耕层质地			0.2129	0.1242
	有机质			0.2296	0.1339

12.4.3 单因素评价指标的隶属度计算

根据模糊数学的理论，将选定的评价指标与耕地生产能力的关系分为戒上型、戒下型、峰型、直线型以及概念型 5 种类型的隶属函数。本次评价选用了戒上型函数、直线型函数和概念型函数 3 种函数模型。

各指标的隶属度见表 12.5。

12.4.4 适宜性评价方法

适宜性评价的方法一是用单位面积产量来表示，如果以 Y 代表作物单位面积产量，$X_1, X_2, \cdots, X_n$ 代表各参评因子的参量，则有

$$Y = f(X_1, X_2, X_3, \cdots, X_n) \tag{12.1}$$

式（12.1）一般可表示为：$Y = F（C \cdot A \cdot S）$，其中 C 代表作物状态集，A 为气候环境变量集，S 为土壤环境变量集。该方法的优点在于，一旦上述函数关系成立，就可以根据调查点自然参评因子的参量估算作物单位面积产量。但是，在生产实践中，很多因子是不可控和易变的。除耕地的自然要素外，单位面积产量还会因耕种者的技术水平、经济能力的差异有很大变化。

辣椒适宜性评价的另一种表示方法，是用耕地自然要素评价的指数来表示，其关系式为

$$\text{IFI} = b_1 X_1 + b_2 X_2 + \cdots + b_n X_n \tag{12.2}$$

式中，IFI 为辣椒适宜性指数；X 为耕地自然属性（参评因素）；b 为该参评因素对辣椒的贡献率，可采用层次分析法或专家评估法求得。

根据花溪区农业局提供的数据，花溪区平坝、河流阶地等条件较好的耕地，辣椒产量（鲜线椒产量）可以达到 6000～8250kg/hm²（400～550kg/亩）；而坡膀地、石旮旯地等条件较差的耕地，辣椒产量小于 3750kg/hm²（250kg/亩）。因此，根据辣椒种植情况将花溪区耕地分为高度适宜、适宜、勉强适宜和不适宜四个等级。

将计算出的 IFI 值（评价综合指数）从小到大进行排列，绘制成一条反 "（" 曲线。运用 Origin75 分析软件找出曲线由小到大的最大变化斜率，以此 IFI 值作为不适宜与勉强

表 12.5 花溪区耕地辣椒适宜性评价各指标的隶属度

编号	指标名称	函数类型	函数公式	a	b	上限 c	左下限 U_{t1}	右下限 U_{t2}	条件
1	pH	概念型	a	0	0	0	0	0	贵州亚类 = '潜育型水稻土'
2	pH	峰型	$1/[1 + a \times (u-c)^2]$	0.684177	0	6	5	8	地类名称 = '旱地' or 贵州亚类 = '渗育型水稻土' or 贵州亚类 = '漂洗型水稻土' or 贵州亚类 = '淹育型水稻土' or 贵州亚类 = '脱潜型水稻土'
3	速效钾	概念型	a	0	0	0	0	0	贵州亚类 = '潜育型水稻土'
4	速效钾	戒上型	$1/[1 + a \times (u-c)^2]$	0.000127	0.005882	200	30	0	地类名称 = '旱地' or 贵州亚类 = '渗育型水稻土' or 贵州亚类 = '漂洗型水稻土' or 贵州亚类 = '淹育型水稻土' or 贵州亚类 = '脱潜型水稻土'
5	有机质	概念型	a	0	0	0	0	0	贵州亚类 = '潜育型水稻土'
6	有机质	戒上型	$1/[1 + a \times (u-c)^2]$	0.003179	0.022500001	40	6	0	地类名称 = '旱地' or 贵州亚类 = '渗育型水稻土' or 贵州亚类 = '漂洗型水稻土' or 贵州亚类 = '淹育型水稻土' or 贵州亚类 = '脱潜型水稻土'
7	有效磷	概念型	a	0	0	0	0	0	贵州亚类 = '潜育型水稻土'
8	有效磷	戒上型	$1/[1 + a \times (u-c)^2]$	0.002485	0.050000001	20	3	0	地类名称 = '旱地' or 贵州亚类 = '渗育型水稻土' or 贵州亚类 = '漂洗型水稻土' or 贵州亚类 = '淹育型水稻土' or 贵州亚类 = '脱潜型水稻土'
9	碱解氮	概念型	a	0	0	0	0	0	贵州亚类 = '潜育型水稻土'
10	碱解氮	戒上型	$1/[1 + a \times (u-c)^2]$	0.000301	0	150	30	0	地类名称 = '旱地' or 贵州亚类 = '渗育型水稻土' or 贵州亚类 = '漂洗型水稻土' or 贵州亚类 = '淹育型水稻土' or 贵州亚类 = '脱潜型水稻土'
11	土体厚度	概念型	a	0	0	0	0	0	贵州亚类 = '潜育型水稻土'
12	土体厚度	正直线型	$a + b \times u$	0.2	0.01	80	10	0	地类名称 = '旱地' or 贵州亚类 = '渗育型水稻土' or 贵州亚类 = '漂洗型水稻土' or 贵州亚类 = '淹育型水稻土' or 贵州亚类 = '脱潜型水稻土'
13	耕层厚度	概念型	a	0	0	0	0	0	贵州亚类 = '潜育型水稻土'

第12章 花溪区辣椒适宜性评价

续表

编号	指标名称	函数类型	函数公式	a	b	上限 c	左下限 U_{t1}	右下限 U_{t2}	条件
14	耕层厚度	正直线型	$a+b\times u$	−0.0667	0.0533	20	5	0	地类名称='旱地' or 贵州亚类='漂洗型水稻土' or 贵州亚类='淹育型水稻土' or 贵州亚类='潴育型水稻土'
15	耕层质地	概念型	a	0	0	0	0	0	贵州亚类='潴育型水稻土'
16	耕层质地	概念型	a	0.2	0	0	0	0	(耕层质地='砂土及壤质砂土') and (地类名称='旱地' or 贵州亚类='漂洗型水稻土' or 贵州亚类='淹育型水稻土' or 贵州亚类='潴育型水稻土' or 贵州亚类='脱潜型水稻土')
17	耕层质地	概念型	a	0.3	0	0	0	0	(耕层质地='重黏土') and (地类名称='旱地' or 贵州亚类='漂洗型水稻土' or 贵州亚类='淹育型水稻土' or 贵州亚类='潴育型水稻土' or 贵州亚类='脱潜型水稻土')
18	耕层质地	概念型	a	0.4	0	0	0	0	(耕层质地='黏土') and (地类亚类='漂洗型水稻土' or 贵州亚类='淹育型水稻土' or 贵州亚类='潴育型水稻土' or 贵州亚类='脱潜型水稻土')
19	耕层质地	概念型	a	0.5	0	0	0	0	(耕层质地='砂质壤土' or 耕层亚类='黏壤土') and (地类亚类='旱地' or 贵州亚类='漂洗型水稻土' or 贵州亚类='淹育型水稻土' or 贵州亚类='潴育型水稻土' or 贵州亚类='脱潜型水稻土')
20	耕层质地	概念型	a	0.6	0	0	0	0	(耕层质地='粉砂质黏壤土' or 耕层亚类='漂洗型水稻土' or 贵州亚类='淹育型水稻土' or 贵州亚类='潴育型水稻土' or 贵州亚类='脱潜型水稻土')
21	耕层质地	概念型	a	0.8	0	0	0	0	(耕层质地='粉砂质壤土' or 地类名称='旱地' or 贵州亚类='漂洗型水稻土' or 贵州亚类='淹育型水稻土' or 贵州亚类='潴育型水稻土' or 贵州亚类='脱潜型水稻土')

续表

编号	指标名称	函数类型	函数公式	a	b	上限 c	左下限 U_{t1}	右下限 U_{t2}	条件
22	耕层质地	概念型	a	1	0	0	0	0	(耕层质地 = '壤土' or 耕层质地 = '砂质黏壤土') and (地类名称 = '旱地' or 贵州亚类 = '漂洗型水稻土' or 贵州亚类 = '淹育型水稻土' or 贵州亚类 = '潴育型水稻土' or 贵州亚类 = '脱潜型水稻土')
23	灌溉能力	概念型	a	0	0	0	0	0	贵州亚类 = '潜育型水稻土'
24	灌溉能力	概念型	a	0.2	0	0	0	0	(灌溉能力 = '无灌 (不具备条件或不计发展灌溉)') and (地类名称 = '旱地' or 贵州亚类 = '漂洗型水稻土' or 贵州亚类 = '淹育型水稻土' or 贵州亚类 = '潴育型水稻土' or 贵州亚类 = '脱潜型水稻土')
25	灌溉能力	概念型	a	0.5	0	0	0	0	(灌溉能力 = '可灌 (将来可发展)') and (地类名称 = '旱地' or 贵州亚类 = '漂洗型水稻土' or 贵州亚类 = '淹育型水稻土' or 贵州亚类 = '潴育型水稻土' or 贵州亚类 = '脱潜型水稻土')
26	灌溉能力	概念型	a	0.7	0	0	0	0	(灌溉能力 = '能灌') and (地类名称 = '旱地' or 贵州亚类 = '漂洗型水稻土' or 贵州亚类 = '淹育型水稻土' or 贵州亚类 = '潴育型水稻土' or 贵州亚类 = '脱潜型水稻土')
27	灌溉能力	概念型	a	0.8	0	0	0	0	(灌溉能力 = '保灌') and (地类名称 = '旱地' or 贵州亚类 = '漂洗型水稻土' or 贵州亚类 = '淹育型水稻土' or 贵州亚类 = '潴育型水稻土' or 贵州亚类 = '脱潜型水稻土')
28	灌溉能力	概念型	a	1	0	0	0	0	(灌溉能力 = '不需') and (地类名称 = '旱地' or 贵州亚类 = '漂洗型水稻土' or 贵州亚类 = '淹育型水稻土' or 贵州亚类 = '潴育型水稻土' or 贵州亚类 = '脱潜型水稻土')
29	排水能力	概念型	a	0	0	0	0	0	贵州亚类 = '潜育型水稻土'

续表

编号	指标名称	函数类型	函数公式	a	b	上限 c	左下限 U_{t1}	右下限 U_{t2}	条件
30	排水能力	概念型	a	0	0	0	0	0	(排水能力='无') and (地类名称='旱地' or 贵州亚类='渗育型水稻土' or 贵州亚类='淹育型水稻土' or 贵州亚类='漂洗型水稻土' or 贵州亚类='潴育型水稻土' or 贵州亚类='脱潜型水稻土')
31	排水能力	概念型	a	0.1	0	0	0	0	(排水能力='弱') and (地类名称='旱地' or 贵州亚类='渗育型水稻土' or 贵州亚类='淹育型水稻土' or 贵州亚类='漂洗型水稻土' or 贵州亚类='潴育型水稻土' or 贵州亚类='脱潜型水稻土')
32	排水能力	概念型	a	0.4	0	0	0	0	(排水能力='较弱') and (地类名称='旱地' or 贵州亚类='渗育型水稻土' or 贵州亚类='淹育型水稻土' or 贵州亚类='漂洗型水稻土' or 贵州亚类='潴育型水稻土' or 贵州亚类='脱潜型水稻土')
33	排水能力	概念型	a	0.7	0	0	0	0	(排水能力='中') and (地类名称='旱地' or 贵州亚类='渗育型水稻土' or 贵州亚类='淹育型水稻土' or 贵州亚类='漂洗型水稻土' or 贵州亚类='潴育型水稻土' or 贵州亚类='脱潜型水稻土')
34	排水能力	概念型	a	0.9	0	0	0	0	(排水能力='较强') and (地类名称='旱地' or 贵州亚类='渗育型水稻土' or 贵州亚类='淹育型水稻土' or 贵州亚类='漂洗型水稻土' or 贵州亚类='潴育型水稻土' or 贵州亚类='脱潜型水稻土')
35	排水能力	概念型	a	1	0	0	0	0	(排水能力='强') and (地类名称='旱地' or 贵州亚类='渗育型水稻土' or 贵州亚类='淹育型水稻土' or 贵州亚类='漂洗型水稻土' or 贵州亚类='潴育型水稻土' or 贵州亚类='脱潜型水稻土')
36	坡度	概念型	a	0	0	0	0	0	贵州亚类='潜育型水稻土'
37	坡度	概念型	a	0	0	0	0	0	(坡度角='5') and (地类名称='旱地' or 贵州亚类='渗育型水稻土' or 贵州亚类='淹育型水稻土' or 贵州亚类='漂洗型水稻土' or 贵州亚类='潴育型水稻土' or 贵州亚类='脱潜型水稻土')

续表

编号	指标名称	函数类型	函数公式	a	b	上限 c	左下限 U_{l1}	右下限 U_{l2}	条件
38	坡度	概念型	a	0.6	0	0	0	0	（坡度角='4'）and（地类名称='旱地' or 贵州亚类='渗育型水稻土' or 贵州亚类='潴育型水稻土'）or 贵州亚类='漂洗型水稻土' or 贵州亚类='淹育型水稻土' or 贵州亚类='脱潜型水稻土'）
39	坡度	概念型	a	0.8	0	0	0	0	（坡度角='3' or 贵州亚类='漂洗型水稻土' or 贵州亚类='淹育型水稻土' or 贵州亚类='脱潜型水稻土'）
40	坡度	概念型	a	1	0	0	0	0	（坡度角='2'）and（地类名称='旱地' or 贵州亚类='渗育型水稻土' or 贵州亚类='潴育型水稻土'）or 贵州亚类='漂洗型水稻土' or 贵州亚类='淹育型水稻土' or 贵州亚类='脱潜型水稻土'）

适宜的分界值;采用同样的方法,找出曲线由大到小的最大变化斜率,以此 IFI 值作为高度适宜与适宜的分界值;确定高度适宜和不适宜的 IFI 的分界值后,适宜和勉强适宜采用等距划分中间 IFI 值的方法进行划定。

花溪区辣椒适宜性评价结果,以 0.6500 为不适宜最大值,0.9100 为高度适宜最小值,适宜和勉强适宜按 0.1300 为间距等距离划分。详见表 12.6。

表 12.6 综合评分值划分地力等级

等级	IFI
高度适宜	>0.9100
适宜	0.7800~0.9100
勉强适宜	0.6500~0.7800
不适宜	<0.6500

12.5 耕地辣椒适宜性评价结果

12.5.1 耕地辣椒适宜性评价结果

对花溪区耕地进行辣椒适宜性评价,其评价结果见表 12.7。在全区 35620.22hm² 耕地中,高度适宜种植辣椒的面积有 17535.05hm²,占耕地面积的 49.23%;适宜种植辣椒的面积有 10212.22hm²,占耕地面积的 28.67%;勉强适宜种植辣椒的面积有 3622.59hm²,占耕地面积的 10.17%;不适宜种植辣椒的面积有 4250.36hm²,占耕地面积的 11.93%。这说明花溪区有 77.90% 的耕地是适合种植辣椒的,勉强适宜的区域主要是坡度较大、土层较薄、土壤碱性大的耕地,不适宜种植辣椒的区域中,绝大部分都是分布在坡度大于 25°的坡耕地和排水能力差的烂泥田等。

表 12.7 花溪区耕地辣椒适宜性评价结果表

适宜性等级	面积/hm²	比例/%
高度适宜	17535.05	49.23
适宜	10212.22	28.67
勉强适宜	3622.59	10.17
不适宜	4250.36	11.93
全区耕地面积	35620.22	100.00

12.5.2 耕地辣椒适宜性特性

1. 高度适宜区域

高度适宜区域主要分布在丘陵坡腰、坡脚的开阔平缓地段。成土母质为白云岩/石灰岩坡残积物、老风化壳/黏土岩/泥页岩/板岩坡残积物、泥质白云岩/石灰岩坡残积物；剖面构型一般为 A-B-C 或 Aa-Ap-Wp；土体厚度为 40~100cm；耕层厚度为 20cm；水土流失强度为微度-轻度侵蚀；土壤类型为砂质黏壤土、黏壤土和壤土；地面坡度划分上，主要是坡度在 6°~15°排水能力强的缓坡梯土、梯土、坝土和坡度在 2°~6°排水能力强的坝田；灌溉能力为保灌或无灌；抗旱能力以大于 30 天的水浇地为主；结构和耕性好，宜耕期长，宜肥性和宜种性广，具有松、深、肥和返潮回润的特点，保水肥力强，供肥性强，肥劲稳足而长。熟制为一年二至三熟，辣椒（鲜线椒）产量大于 8250kg/hm²。

2. 适宜区域

适宜区域主要分布在不同海拔的丘陵中下部、平地及中山上的开阔至半开阔平缓地段和岩溶中低中山丘陵坡脚的开阔平坦地段。成土母质为白云岩/石灰岩坡残积物、砂页岩坡残积物等各类岩石风化坡残积物；剖面构型一般为 A-B-C；土体厚度为 40~100cm；耕层厚度为 15~25cm；水土流失强度为微度-强度侵蚀；土壤类型为黏壤土；地面坡度划分上，多是坡度为 6°~15°的缓坡梯土、梯土、坝土、沟槽土和排水能力好的坝田、梯田；抗旱能力以>20 天的水浇地为主；结构和耕性较好，宜肥性和宜种性广，保水肥力强，供肥性强，热量条件稍差；熟制为一年二熟，辣椒（鲜线椒）产量为 6000~8250kg/hm²。

3. 勉强适宜区域

勉强适宜区域主要分布在中山下部半开阔的平缓地段及低中山上部鞍形地段和坡度相对较陡的中山中上部以及低山缓坡的开阔坝地。成土母质为白云岩/石灰岩坡残积物、砂页岩坡残积物、变余砂岩/砂岩/石英砂岩风化残积物；剖面构型一般为 A-B-C、Aa-Ap-Pp、Aa-Ap-W-C；土体厚度为 40~60cm；耕层厚度为 10~15cm；水土流失程度主要为中度-极强度侵蚀，极少数为微度侵蚀；土壤类型包括砂土、壤质砂土、黏壤土、黏土，其中部分土壤（主要是砂土及壤质砂土-砂质壤土）含砾石 0~30%；地面坡度划分上，部分是坡度为 15°以下的缓坡土、缓坡梯土、梯土、坝土和排水能力较差的坝田、梯田，多数是坡度为 10°~30°的坡土和坡式梯土，少数是坡度大于 25°的陡坡土和陡坡梯土；抗旱能力一般为 12~15 天；多数结构和耕性较差，宜耕期短，宜肥性和宜种性较广，保水肥力较弱，供肥性较弱，肥劲不足且易脱肥。部分结构和耕性较好，宜耕期较长，宜肥性和宜种性广，保水肥力和供肥性较强，肥劲稳长。熟制一般为一年二熟；辣椒（鲜线椒）产量 3750~6000kg/hm²。

4. 不适宜区域

不适宜区域主要分布在高海拔区域的丘陵中上部半开阔的缓坡山脊和顶部台地、丘陵和低中山坡腰和坡脚的平缓地带；成土母质为白云岩/石灰岩坡残积物、变余砂岩/砂岩/石英砂岩等风化残积物；剖面构型一般为 A 型（受英砂岩等影响）或 Aa 型（受砂岩等影响）风化构型，少数为其他特殊风化残积构型；土体厚度小于 60cm；耕层厚度为 10~15cm；水土流失程度为强度-剧烈侵蚀；土壤类型为砂土及壤质砂土-黏土，多数含砾石 0~30%，少数含砾石 20%~50%；地面坡度划分，少数是坡度为 10°以下的缓坡土、梯土、坝土、台土，部分是坡度大于 25°的斜坡土、陡坡梯土和排水能力很差的坝田、梯田，多数是 10°～25°的坡土和梯化坡土；抗旱能力一般为 7～12 天，部分为 7 天以下；结构和耕性差，宜耕期短，宜肥性和宜种性窄，保水肥力较强，供肥力弱，肥劲不足，具有黏、酸、瘦的特点。熟制一般为一年一熟；辣椒（鲜线椒）产量小于 3750kg/hm^2。

12.5.3 耕地辣椒适宜性区域分布概况

1. 高度适宜区域分布及面积概况

花溪区耕地高度适宜种植辣椒区总面积 17535.05hm^2，在花溪 15 个乡（镇、街道）均有分布。最适宜种植辣椒的面积以湖潮乡为最大，面积为 3249.10hm^2，占高度适宜区总面积的 18.53%；其次是青岩镇，面积是 2549.94hm^2，占高度适宜区总面积的 14.54%；高度适宜种植辣椒总面积最小的乡镇是黔陶乡，面积为 169.80hm^2，占高度适宜总面积的 0.97%。各乡（镇、街道）高度适宜种植辣椒面积统计见表 12.8。

表 12.8 各乡（镇、街道）高度适宜种植辣椒面积统计表

乡（镇、街道）	面积/hm^2	比例/%
贵筑街道	793.32	4.52
清溪街道	418.44	2.39
溪北街道	621.14	3.54
青岩镇	2549.94	14.54
石板镇	997.20	5.69
孟关乡	735.64	4.20
党武乡	1135.77	6.48
湖潮乡	3249.10	18.53
久安乡	906.53	5.17
麦坪乡	2037.62	11.62
高坡乡	667.40	3.80
黔陶乡	169.80	0.97
马铃乡	917.04	5.23
燕楼乡	1534.47	8.75
小碧乡	801.64	4.57
合计	17535.05	100.00

2. 适宜区域分布及面积概况

花溪区耕地适宜种植辣椒区总面积为 10212.22hm^2，在花溪区 15 个乡（镇、街道）均有分布。适宜种植辣椒面积最大的是党武乡，面积为 1570.64hm^2，占适宜总面积的

15.38%；其次是高坡乡，面积为1094.94hm²，占适宜总面积的10.72%；适宜种植辣椒总面积最小的乡镇是溪北街道，面积为15.20hm²，占适宜总面积的0.15%。各乡（镇、街道）适宜种植辣椒面积统计见表12.9。

表 12.9　各乡（镇、街道）适宜种植辣椒面积统计表

乡（镇、街道）	面积/hm²	比例/%
贵筑街道	610.90	5.98
清溪街道	334.52	3.28
溪北街道	15.20	0.15
青岩镇	735.91	7.21
石板镇	847.50	8.30
孟关乡	664.89	6.51
党武乡	1570.64	15.38
湖潮乡	676.63	6.63
久安乡	583.24	5.71
麦坪乡	563.10	5.51
高坡乡	1094.94	10.72
黔陶乡	417.78	4.09
马铃乡	1038.03	10.16
燕楼乡	979.76	9.59
小碧乡	79.18	0.78
合计	10212.22	100.00

3. 勉强适宜区域分布及面积概况

花溪区耕地勉强适宜种植辣椒区总面积3622.59hm²，在花溪区15个乡（镇、街道）均有分布。勉强适宜种植辣椒面积最大的是黔陶乡，面积为518.86hm²，占勉强适宜总面积的14.32%；其次是孟关乡，面积为497.89hm²，占勉强适宜总面积的13.74%；勉强适宜种植辣椒总面积最小的乡镇是溪北街道，面积为5.15hm²，占总面积的0.14%。各乡（镇、街道）勉强适宜种植辣椒面积统计见表12.10。

表 12.10　各乡（镇、街道）勉强适宜种植辣椒面积统计表

乡（镇、街道）	面积/hm²	比例/%
贵筑街道	221.46	6.11
清溪街道	128.42	3.54
溪北街道	5.15	0.14
青岩镇	120.86	3.34

续表

乡（镇、街道）	面积/hm²	比例/%
石板镇	244.63	6.75
孟关乡	497.89	13.74
党武乡	321.20	8.87
湖潮乡	77.92	2.15
久安乡	299.57	8.28
麦坪乡	51.32	1.42
高坡乡	449.48	12.41
黔陶乡	518.86	14.32
马铃乡	182.12	5.03
燕楼乡	234.05	6.46
小碧乡	269.66	7.44
合计	3622.59	100.00

4. 不适宜区域分布及面积概况

花溪区耕地不适宜种植辣椒区总面积为4250.36hm²，在花溪区15个乡（镇、街道）均有分布。不适宜种植辣椒面积以高坡乡最大，面积为1066.42hm²，占不适宜总面积的25.09%；其次是小碧乡，面积是904.41hm²，占不适宜总面积的21.28%；不适宜种植辣椒总面积最小的是溪北街道，面积为11.51hm²，占不适宜总面积的0.27%。各乡（镇、街道）不适宜种植辣椒面积统计见表12.11。

表12.11 各乡（镇、街道）不适宜种植辣椒面积统计表

乡（镇、街道）	面积/hm²	比例/%
贵筑街道	98.81	2.32
清溪街道	60.64	1.42
溪北街道	11.51	0.27
青岩镇	466.40	10.97
石板镇	50.57	1.19
孟关乡	346.85	8.16
党武乡	95.85	2.26
湖潮乡	185.87	4.37
久安乡	267.20	6.29
麦坪乡	70.57	1.66
高坡乡	1066.42	25.09
黔陶乡	486.08	11.44

续表

乡（镇、街道）	面积/hm²	比例/%
马铃乡	50.90	1.20
燕楼乡	88.28	2.08
小碧乡	904.41	21.28
合计	4250.36	100.00

12.6 各乡（镇、街道）辣椒适宜性概况

对花溪区不同乡（镇、街道）的耕地进行辣椒适宜性评价，从表 12.12 的统计结果可以看出，花溪区高度适宜和适宜辣椒种植区域分布在贵筑街道、清溪街道、溪北街道、党武乡、湖潮乡、久安乡、马铃乡、麦坪乡、孟关乡、青岩镇、石板镇、燕楼乡等地。花溪区不适宜和勉强适宜辣椒种植区域分布在黔陶乡、小碧乡、高坡乡等地。

表 12.12 各乡（镇、街道）辣椒适宜性概况表

乡（镇、街道）	评价等级	面积/hm²	比例/%
党武乡	高度适宜	1135.77	36.36
	适宜	1570.64	50.29
	勉强适宜	321.20	10.28
	不适宜	95.85	3.07
党武乡汇总		3123.46	100.00
高坡乡	高度适宜	667.40	20.36
	适宜	1094.94	33.40
	勉强适宜	449.48	13.71
	不适宜	1066.42	32.53
高坡乡汇总		3278.24	100.00
贵筑街道	高度适宜	793.32	46.00
	适宜	610.90	35.43
	勉强适宜	221.46	12.84
	不适宜	98.81	5.73
贵筑街道汇总		1724.49	100.00
湖潮乡	高度适宜	3249.10	77.55
	适宜	676.63	16.15
	勉强适宜	77.92	1.86
	不适宜	185.87	4.44
湖潮乡汇总		4189.52	100.00

续表

乡（镇、街道）	评价等级	面积/hm²	比例/%
久安乡	高度适宜	906.53	44.08
	适宜	583.24	28.36
	勉强适宜	299.57	14.57
	不适宜	267.20	12.99
久安乡汇总		2056.54	100.00
马铃乡	高度适宜	917.04	41.91
	适宜	1038.03	47.44
	勉强适宜	182.12	8.32
	不适宜	50.90	2.33
马铃乡汇总		2188.09	100.00
麦坪乡	高度适宜	2037.62	74.84
	适宜	563.10	20.68
	勉强适宜	51.32	1.89
	不适宜	70.57	2.59
麦坪乡汇总		2722.61	100.00
孟关乡	高度适宜	735.64	32.76
	适宜	664.89	29.61
	勉强适宜	497.89	22.18
	不适宜	346.85	15.45
孟关乡汇总		2245.27	100.00
黔陶乡	高度适宜	169.80	10.66
	适宜	417.78	26.23
	勉强适宜	518.86	32.58
	不适宜	486.08	30.53
黔陶乡汇总		1592.52	100.00
青岩镇	高度适宜	2549.94	65.84
	适宜	735.91	19.00
	勉强适宜	120.86	3.12
	不适宜	466.40	12.04
青岩镇汇总		3873.11	100.00
清溪街道	高度适宜	418.44	44.42
	适宜	334.52	35.51
	勉强适宜	128.42	13.63
	不适宜	60.64	6.44
清溪街道汇总		942.02	100.00

续表

乡（镇、街道）	评价等级	面积/hm²	比例/%
石板镇	高度适宜	997.20	46.60
	适宜	847.50	39.60
	勉强适宜	244.63	11.44
	不适宜	50.57	2.36
石板镇汇总		2139.90	100.00
溪北街道	高度适宜	621.14	95.12
	适宜	15.20	2.33
	勉强适宜	5.15	0.79
	不适宜	11.51	1.76
溪北街道汇总		653.00	100.00
小碧乡	高度适宜	801.64	39.01
	适宜	79.18	3.85
	勉强适宜	269.66	13.13
	不适宜	904.41	44.01
小碧乡汇总		2054.89	100.00
燕楼乡	高度适宜	1534.47	54.10
	适宜	979.76	34.54
	勉强适宜	234.05	8.25
	不适宜	88.28	3.11
燕楼乡汇总		2836.56	100.00
总计		35620.22	—

12.7 辣椒发展方向及区域布局

12.7.1 发展方向

优质、高产、高效是辣椒生产发展的核心任务，围绕这一核心问题，未来，花溪区在辣椒新品种推广上，应选择优质、高产、高效，生育期适中的品种，以最大化地优化花溪区辣椒的品质结构，提高优质辣椒占辣椒总面积的百分比；在技术上，应围绕提高单产、改善品质结构，着力推广配方施肥技术、旱育稀植技术、机械化耕作与收获技术、病虫害综合防治技术等综合配套技术。

12.7.2 区域布局

根据辣椒适宜性评价结果，花溪区辣椒生产宜采取如下布局。

1. 辣椒中西部主种植区

该区包括花溪区的贵筑街道、清溪街道、溪北街道、党武乡、湖潮乡、久安乡、马铃乡、麦坪乡、孟关乡、青岩镇、石板镇、燕楼乡。

该区地貌属于平地、丘陵坡腰及坡脚，气候温和，雨量充沛，年降水量1120mm，并且多集中在4~8月，特别利于秋收作物的生长，热能资源丰富，光照条件好，年平均温度14.5℃，≥10℃的积温3400~4400℃，熟制多以一年两熟为主，少数地方也有少量的一年三熟。

该区耕地较为连片集中，河谷坝地较多，河流沟溪和山塘水库多，灌溉水资源丰富。此区域耕地土壤对辣椒正常生长比较适宜，重点推广优质、抗病的辣椒品种。

2. 辣椒东部次种植区

该区包括花溪区东南部的小碧乡、黔陶乡和高坡乡。

该区地貌属于中山、低中山丘陵地貌，海拔多在1060~1698m，雨量较多，年降水量1120~1200mm，气候冷凉多湿，雾罩多，凌冻大、霜期长、范围虽小，但垂直气候差异较大，坡上、坡腰、坡脚气候各异，具有典型的高原山地小气候特征，光照条件差，年日照时数只有900~1000h。该区全年平均温度12.5~14.0℃，≥10℃的积温3400~4400℃。

由于该区气候冷凉，降雨偏少，同时，由于地质岩性的影响，耕地的抗旱能力低。此区耕地土壤基本能满足辣椒生长的需要，但辣椒的产量较低，重点推广抗病、耐旱的辣椒品种。

第 13 章　对策与建议

花溪区自改革开放以来，农业基础设施建设得到了很大的改善，对提高耕地地力起到了促进作用。但影响耕地地力的诸多因子依然存在，如耕地土壤养分不平衡、施肥不够合理、农田基础设施建设发展不平衡、地区间自然条件差异较大，部分土壤瘦、薄、冷、阴、烂、锈仍然存在等。根据花溪区耕地地力特点，结合花溪区"十二五"规划，在稳定粮食播种面积，确保粮食安全增产，保持主要农产品生产稳定增长的前提下，为实现加快产业结构调整，发展高产、优质、高效、安全的可持续发展生态农业，促进农业增产、农民增收，提出以下对策和建议。

13.1　加强农田基础设施建设

搞好农田基本建设，因地制宜进行农、林、牧、副统筹安排，是改善生产条件，培养肥沃耕地，扩大高产稳产面积，增强抵抗自然灾害的能力，争取旱涝保收全面发展的战略性措施。在农田基本建设中，通过平整土地，建立排灌系统，造林绿化等措施，使渠成网，田成方，渠、路、林配套，为适应现代化所需求的机械化、水利、田园化和科学种田提供必要的条件。

13.1.1　完善排灌渠道建设

对水源丰富的山区，要改善灌溉条件，消除串灌、漫灌。在水源缺乏地区，通过建设排洪沟渠，整修、疏通河（溪）道，加固河（溪）堤，堵塞渗漏，确保洪水不进田，肥水不出田。同时推广节水农业技术，提高抗御旱灾能力；通过兴修、维修、改造田间小型排灌站，恢复和提高工程排灌能力，提高干旱地区排灌标准。对田间土沟渠进行硬化补砌、疏浚、溃淤扩挖及防渗处理，适当新建田间排灌渠道，保证排灌水系的畅通。

13.1.2　完善配套田间道路

花溪区境内普遍存在道路质量差、机械出入不便、绕道多、田间物质运输难度大、基础设施老化等问题。在适宜的地区，要合理布局田间道路及相关设施，为物质运输、机械下田操作、田间管理等提供条件。具体措施为：①兴修田间道路，做到机耕和田间道路配套，减少农民劳动强度；②建设机械出入农田的专门通道，使机械顺利下田作业；③平整路面，修好便行桥，做到路面平整，不积水，保证通行和物质运输顺畅。

13.2　因地制宜加大土壤改良措施

根据花溪区的自然条件和耕地特点合理利用现有耕地，在稳定现有耕地的基础上，进行合理轮作套种，提高农作物复种指数，是合理利用耕地的重要途径。在稳定粮食生产的基础上，积极发展多种经济作物，是耕地合理利用的主要方向。

花溪区坡度大于 25°的耕地面积为 1474.85hm^2，占全区耕地面积的 4.14%，而坡度在 15°~25°的耕地面积为 7222.47hm^2，占全区耕地面积的 20.28%。坡度大于 25°的耕地按规定应退耕还林还草，而坡度在 15°~25°这部分耕地多半是低中山丘陵坡脚、低中山丘陵坡腰、低中山丘陵坡顶、低中山沟谷坡脚、低中山沟谷坡腰、低中山沟谷坡顶、中山坡脚等区域。土层浅薄，水土流失严重，属于花溪区低产耕地。随着人口的不断增长和人们对粮食质量的要求逐步提高，花溪区粮食生产面临巨大的压力。在逐步实行退耕还林的过程中，必须努力稳定花溪区粮食产量，这要求我们不能只着眼于少数高产田地上，而更应致力于大面积的中低产耕地上，这是农业生产的战略决策。为此，需日益完善农田基本建设，山、水、林、田、路统一规划和实施，逐步改善土壤条件，消除耕地土壤障碍因素，建成高标准的水田、旱地成为必然。

花溪区低产土壤比重较大，约占全区耕地面积的 50%，单位面积粮食产量在 300kg 以下，增产潜力很大。花溪区有冷浸田 974.95hm^2，冷水田 15.25hm^2，烂锈田 126.03hm^2，浅脚烂泥田 288.27hm^2，深脚烂泥田 489.48hm^2，锈水田 77.91hm^2，干鸭屎泥田 63.10hm^2，轻白胶泥田 43.53hm^2，浅血泥田 66.85hm^2，幼黄砂田 94.12hm^2；另外旱地土壤中，有幼黄砂土 1060.16hm^2，死黄泥土 53.87hm^2，黄胶泥土 197.83hm^2 等。这些耕地多为花溪区低产耕地，是花溪区耕地冷、烂、锈、黏、砂的重要体现。根据低产田土的特性，将花溪区低产土壤分类为冷烂锈毒类、酸黏瘦薄类、水打沙壅类、易干旱涝类等不同类型，针对不同类型采取以下改良措施。

1. 酸黏瘦薄类低产土壤的改良

这类低产田土的特点是：有机质缺乏，黏重板结，耕性差，有效养分含量低。可以采取以下改良措施。

（1）积极发展绿肥，大力增施有机肥料。

（2）合理施用石灰：在花溪区久安乡、黔陶乡有施用石灰的习惯，施用石灰的作用一是可改良酸碱度，二是能提高土壤温度，三是能增加土壤钙的含量。但石灰不能施用过多，过多会引起土壤板结变硬。

（3）适当深耕，能使耕层疏松，改良土壤结构，提高土壤的保肥供肥能力，改善土壤的水肥气热状况。

（4）客土法改良土壤的砂黏性，即砂性重的土掺黏重土改良，黏重的土掺砂改良。

（5）用电石灰、煤灰等改良酸性土壤也有一定效果，但不宜施用过多。

2. 砂、薄类土壤的改良

花溪区砂性重的坡地，易受冲刷、土层较薄、砂多泥少。既不保水也不保肥，土壤肥力低，作物产量不稳。改良这类土壤的主要措施如下。

（1）修筑梯田，加厚土层，改变生产条件。

（2）增加土壤有机质，改良土壤结构。

（3）用客土法掺黏性重的土壤，提高土壤保水保肥能力，也可掺入大量沟泥、塘泥和山林中的肥泥改良这类土壤。

（4）推广"大窝苞谷"或起垄种植，克服土层薄的矛盾。

3. 冷烂锈田的改良

冷、烂、锈田存在一个共同问题：有冷水和锈水入田。冷水、锈毒和排水不良是低产的主要原因，在改良这类土壤时，应对症下药进行改良：

（1）防除冷水或锈水入田：在田的附近排除冷水、锈水，另有灌田的水源时，可以在田背坎脚或附近山坡脚出冷锈水的地方，再开一条深背沟，把锈水引往别处。排除冷锈水后，要用清水灌田，再进行犁耙，反复多次排洗锈水。

（2）提高土温、水温、改良水质：①砍去田附近坡上的灌丛杂草烧田；②挖塘蓄水、晒水、洗锈，塘里加石灰以中和水的酸度；③延长水沟，晒水滤锈；④实行浅水灌溉，定期晒田；⑤多施马粪、生牛粪、石灰、秧清油枯、草木灰等热性肥料。

（3）改良深脚泥田：最有效的办法是在田中掺砂，搬出烂泥。

（4）改良土壤结构：①晒田炕冬；②施用草皮、岩泥、肥泥、砂泥等；③少犁少耙或只犁不耙。

（5）施用磷肥：冷烂锈田施用钙镁磷肥增产效果很显著。

4. 大泥田的改良

花溪区石灰土地的干旱地区，往往有小面积的大泥田出现，这类田缺水、板结、碱性重。插秧后常出现坐兜化苗，亩产 100kg 以下。改良途径是：①兴修水利；②增施有机肥和磷肥，最好实行坐粪栽秧；③施用酸性肥料；④栽老壮秧。

通过坡改梯、完善排灌系统、客土、排涝、增施有机肥等措施改良土壤后，原有耕地质量得到进一步的提高，逐步成为标准粮田，为花溪区确保粮食安全作出贡献。

13.3 科 学 施 肥

自第二次土壤普查以来，花溪区耕作土壤养分发生了较大变化，有机质、全氮和钾素有一定程度的提高，磷素有大幅度增加。耕作土壤养分总体状态为：有机质和碱解氮处于丰富水平，速效钾和有效磷处于中等级水平。造成花溪区土壤养分含量变化的因子主要是农业生产习惯和自然因素。为保护耕地、减少环境污染、降低生产成本并达到节本增效目的，必须提倡科学施肥。根据花溪区土壤养分含量状况和施肥习惯，提出以下施肥建议。

13.3.1　控制氮肥

氮对作物生长至关重要，它是植物体内氨基酸、蛋白质的组成成分，也是叶绿素的重要成分，氮还能帮助作物分殖。施用氮肥不仅能提高农产品产量，还能提高农产品的质量。但是，如果农作物氮营养过量，会造成作物生长过于繁茂，腋芽丛生、分蘖过多，妨碍生殖器官的正常发育，以致推迟成熟；叶呈浓绿色，茎叶柔嫩多汁，体内可溶性非蛋白态氮含量过高，易遭病虫为害，容易倒伏；禾谷类作物谷粒不饱满，秕粒多；薯类薯块变小；豆科作物枝叶繁茂，结荚少，作物产量降低。

花溪区耕作土碱解氮含量在大部分地区处于丰富水平，但砂性和砂壤性耕地土壤较缺氮。因此，在总体保持氮肥用量的同时，需注重氮缺乏地区氮肥的合理施用，以提高氮肥利用效率。

13.3.2　稳施磷肥

磷肥可增加作物产量，改善作物品质，加速谷类作物分蘖和促进籽粒饱满；促进瓜类、茄果类蔬菜及果树开花结果，提高结果率；增加花生、甜菜、油菜籽的含油量。但过量施用磷肥会造成土壤中的硅被固定，不能吸收，引发作物缺硅；土壤含磷量过高会使作物呼吸作用过于旺盛，消耗的干物质大于积累，造成繁殖器官提前发育，引起作物过早成熟，籽粒小，产量低，还会造成农业面源污染，引起水体富营养化。

花溪区大部分乡镇耕地的有效磷含量处于中等水平，总体适宜植物生长，只需稳定现有磷肥施肥水平，以补充作物生长对磷素的消耗。但黔陶乡、麦坪乡、石板镇、小碧乡等乡镇耕地土壤较缺磷，需要在这些乡镇加大宣传力度，让农民清楚地认识到土壤缺磷对农业生产造成的不利影响，改变农民"重氮轻磷钾"的施肥习惯，适当增加磷肥的施用量，以提高全区耕地土壤磷素含量水平，增加作物产量并改善品质。

13.3.3　稳施钾肥

钾素是作物生长必需的营养元素，是植物的三大元素之一。钾素可促进纤维素的合成，使作物生长健壮、茎秆粗硬，增强对病虫害和倒伏的抵抗能力；促进光合作用，增加作物对二氧化碳的吸收和转化；促进糖和脂肪的合成，提高产品质量；调节细胞液浓度和细胞壁渗透性，提高作物抗病虫害、抗干旱和抗寒的能力。

花溪区大部分乡镇耕地的速效钾含量处于中等水平，总体适宜植物生长，只需稳定现有钾肥的施肥水平，以补充作物生长对钾素的消耗。但黔陶乡耕地土壤较缺钾，需加大宣传，适当增加钾肥的施用量。

13.3.4　增施有机肥

一直以来，花溪区具有种植绿肥、增施圈肥的习惯，耕作土壤有机质含量始终保持较高水平,这对平衡土壤养分、提高地力发挥了积极作用。今后需继续保持这一生产习惯,同时加大秸秆还田力度,减少焚烧,增施各类有机肥,以保持和提高土壤有机质含量水平,改善钾、磷养分失衡的状态,提升耕地地力。

13.4 合理配置耕地资源加快农业产业结构调整

13.4.1 耕地资源合理配置

根据《中华人民共和国土地管理法》和《贵州省基本农田保护条例》,划定花溪区基本农田保护区,将水利条件优、土壤肥力条件好、自然生态环境适宜的耕地划为粮食生产基地,长期不许占用。必须坚持基本农田总量平衡的原则,在耕地资源配置上,以粮食生产安全为前提,以农业增效、农民增收为目标,逐步提高耕地质量,调整种植业结构,推广优质农产品,应用优质、高产、高效、生态、安全的栽培技术,提高耕地利用率。耕地资源合理配置的原则是在保证粮食生产安全和无公害生产的基础上,合理配置粮食种植面积和其他作物占地比例。针对花溪区农产品生产区域,需在开展耕地地力调查与质量评价、准确掌握区域耕地地力和耕地质量的基础上,提出耕地资源合理配置、农业结构调整、耕地适宜种植、科学配方施肥及土壤退化修复的意见和方法。

按不同年度人口的需求,2013年对花溪区耕地资源进行如下配置:全区现有耕地35620.22hm^2,其中40%用于种植玉米、水稻等粮食作物,以满足全区人口粮食需求;60%用于种植油菜、烤烟、蔬菜等其他作物,以发展农村经济、提高农户收入。可根据经济发展的需要,对各作物种植面积做相应的调整。

13.4.2 搞好区域布局,合理配置耕地资源

花溪区耕地资源丰富,类型多样。以水田为例,处于平缓地势的坝田,自然条件好,土层深厚,水源充足,土壤性状良好;处于山坡上的梯田,零星分散,地块小而多,水源缺乏,土壤厚薄不一,肥力偏低;槽谷田地势开阔,地块集中,自然条件好,土壤性质优良,但部分分布于谷地,水源缺乏。因此,针对不同类型的耕地,要有针对性地布局作物,发展多样化种植结构,合理配置已有的耕地资源。在河谷沿岸等地,应以水土保持防护林为主,实行林、农、牧结合。坡度在25°以上的坡地应逐步退耕还林、植树造林,建成防护林带,防止水土流失,发展果木类等经济林;缓坡地带可种草发展畜牧业生产。坡度在25°以下的坡土应逐步改坡土为梯土,适当调整作物布局,对干旱缺水、田水路不通的田块,可走旱路,发展经济作物。

13.4.3 实行集约化经营

所谓集约化经营,是指在单位面积土地上投入较多的劳力、技术和肥料,以获得较高产量和较好经济效益的经营方式。花溪区人多地少,土地负荷重,只有实行集约化经

营，才能充分挖掘土地的生产潜力，获得粮食和经济作物的丰收，尽快减少粮食的调入量，减轻国家和地方财政负担，同时满足人民生活与社会需求。农作物产量的提高，需从以下方面着手：一是依靠现代化农业科学技术，促使作物生长对光、热、水、肥、气五大因子的充分利用；二是采取多种途径，增加适量的物质能量的投入，特别是要合理布局绿肥、增施有机肥、钾肥、磷肥和微肥，以保持地力不衰，持续增产，达到种地养地的目的；三是发挥充裕的劳动力资源，发扬精耕细作的传统耕作方法，对耕地实行深度的开发和利用，充分利用自然资源，以小投入获取最大的经济效益；四是认真总结经验，不断探索高产栽培技术，推广间作套种、地膜覆盖、旱地分带轮作多熟制，以提高复种指数；做好农作物病虫防治，加强横向经济技术联系，探索一条因地制宜，因土种植，适合花溪区农作物高产的新途径。

13.5 耕地资源合理配置与高效农业发展

13.5.1 高度重视农业信息化建设

农业信息化是通信技术和计算机技术在农村生产、生活和社会管理中实现普遍应用和推广的过程。作为发展现代农业的重要内容，农业信息化建设是新时期农业和农村发展的重要任务。在经济全球化进程加快和科学技术迅猛发展的形势下，我国农业已经进入工业反哺农业、城市支持农村的历史发展新阶段。加快农业信息化建设，对于推进新阶段农业和农村经济发展，促进农业增效、农民增收和农产品竞争力增强，统筹城乡经济社会发展，实现全面建成小康社会的目标具有重要意义。

近年来，全国农村信息服务网络在为农民提供种养技术、市场信息、产销沟通等方面发挥了重要的作用，取得了良好的经济效益和社会效益。但花溪区仍存在农业发展滞后、农民收入不高、农业信息化基础设施薄弱、农民科学文化素质不高、农村信息技术人员缺乏等问题。必须下大力气推进农业信息化建设，除提供适用的综合信息服务、帮助当地农民以现代科技手段进行生产外，还需让当地农民学会使用信息技术手段具体措施如下：一是进一步加强农业信息化建设，着力建立、发展和完善农业信息体系。二是积极开展农村公共信息服务，推动农村综合信息服务体系的建立和完善。三是加强信息技术在农业、农村中的应用。四是积极培养农业信息服务组织和农业信息人员，不断提高农业信息的质量，同时有针对性地对农民进行培训，努力提高农民信息运用能力。

13.5.2 以农业机械化作为重要保障

农业机械化，是指运用先进适用的农业机械装备农业，改善农业生产经营条件，不断提高农业的生产技术水平和经济效益、生态效益的过程。农业机械化是农业现代化的基本内容之一，旨在农业各部门中最大限度地使用各种机械代替手工工具进行生产。例如在种植业中，使用拖拉机、播种机、收割机、动力排灌机、机动车辆等进行土地翻耕、播种、收割、灌溉、田间管理、运输等各项作业，使全部生产过程主要依靠机械动力和电力，而不是依靠人力、畜力来完成。实现农业机械化可以节省劳动力，减轻劳动强度，提高农业劳动生产率，增强抵御自然灾害的能力。

实现农业机械化是世界各国农业发展的必经阶段。随着农业和农村经济的不断发展，农村劳动力大量转移，农民群众对农业机械的需求越来越强烈，加快推广运用农业机械，尽快提高农业机械化水平，以提高农业劳动生产率、增加农民收入、改善农民生产和生活环境已经成为十分迫切的任务。近几年，我国通过国家财政政策大力支持农民提高农业装备水平，为推进农业机械化创造了良好的物质基础。尽管全国农业机械化有了良好且平稳的发展，但是花溪区农业机械化还较为滞后。

加快实现农业机械化需从以下方面着手：一是狠抓《中华人民共和国农业机械化促进法》的学习宣传，为加快发展农业机械化提供坚实的政策保障。二是依靠国家对农机具的补贴政策，大力发展农业机械化。三是建立健全农机推广服务体系，促进农机健康发展。全面发展农机作业服务组织，培育农机大户，建立健全农机化社会服务体系，逐步建立起一个以农民为主体，以农机专业户和农机大户为骨干，以区、乡、村三级农机服务组织为依托，开展农机作业、农机供应、维修、培训、信息和技术咨询等多层次、多元化的农机社会化跨区服务体系，以进一步增强农机化服务功能，营造和维护良好的农机发展环境，提高农机服务组织化程度和集约化水平，推动农业机械化又快又好地发展。

13.5.3 依靠科技进步与创新

坚持将农技推广服务作为推动现代农业发展的重要举措，把提高农民科技水平作为农业增收的支撑点。具体措施如下：一是采取"走出去"的办法，鼓励农民参加农广校学习，组织农民到发展快的地区实地参观学习。二是采取"请进来"的办法，聘请专家教授到当地开展培训或进行现场指导，或聘请专业技术员长期巡回指导生产，传授科学技术。三是根据农时季节，利用明白纸、黑板报等形式，向广大群众宣传各类实用、便于操作的技术要点。四是建立各种生产协会，充分发挥技术带头人的作用，在生产中互相学习，进行宣传帮带，全面提高农民的技术水平，推动产业结构的均衡发展。五是充分发挥科技服务中心的作用，为提高农民收入开辟新途径，帮助农民了解市场经济的有关法规，提高鉴别农药、种子、化肥等生产资料真伪的能力；同时，指导农民生产适销对路的产品，帮助解决农产品销售问题。

13.5.4 发挥资源优势，培育和壮大主导产业

发展现代农业，就要充分发挥独特的农产品资源优势，挖掘内部潜能，大力发展农产品加工业，培育和壮大主导产业，提高农业产业化水平，这是发展农业产业化的重要途径。因此，各地应充分发挥区域比较优势，依据各自农产品资源特点，进一步完善发展规划，理清发展思路，明确产业定位，大力营造特色乡、特色村，形成"一村一品"特色经济，从提升产业层次上求突破。本着"统一规划、集中建棚、连片发展、提高效

益"的原则，各地出台各项优惠政策，吸引能人通过土地流转发展设施农业。培育扶持壮大龙头企业，发挥龙头带动作用。培育和发展一批经济技术实力雄厚、市场影响力大、能带动一方经济发展的龙头企业是推进农业产业化的关键。对于在花溪区大米、油料、蔬菜、家禽、水产品等领域中具有龙头作用和极具潜力的企业，各级政府要予以政策、资金、技术、项目、物资、股份制改造等方面的倾斜扶持，支持骨干企业加大技改力度，推动产学研合作，加快农业科技成果转化，使一批经济实力雄厚、带动能力强、经营机制灵活、有较强市场竞争力的龙头企业脱颖而出，尽快起到强有力的牵引带动作用。

13.5.5 优化种植结构，改进品质，因地制宜，选用良种

以市场为导向，进一步优化农业结构，满足群众日益增长的消费需求，调整种植业结构，在保证总产稳定增长的基础上，扩大市场适销对路的优质高效作物种植面积，增加优质农产品产量，按地域特点，实行分区种植，并逐步向粮、经、饲三元结构发展，引导农民把自己的农产品推向市场，大幅度增加农民收入。

培育、引进、推广优良品种是高产优质高效农业的一项重要工程，其投资少，见效快，工省效宏。要以高产优质高效为育种目标，加快优良品种的培育。尽快筛选出更多的高产优质高效品种；同时要建立激励机制，将科研、推广、种子部门的利益紧密结合，加快良种更新换代的步伐。

根据作物对自然条件（土壤类型、肥力等）的要求，因地制宜地种植作物，并要选用适宜当地种植的高产、稳产、优质、抗逆性强的优良品种。

13.6 加强耕地质量管理

13.6.1 科学制定耕地地力建设与土壤改良规划

通过耕地地力评价，根据不同耕地的立地条件、土壤属性、土壤养分状况和农田基础设施建设情况，制定切实可行的耕地地力建设与土壤改良的中、长期规划和年度实施报告，报政府批准实施。

13.6.2 加强耕地管理法律法规体系建设，健全耕地质量管理法规

根据《中华人民共和国农业法》《中华人民共和国土地管理法》《贵州省基本农田保护条例》和中共中央、国务院、贵州省人民政府关于加强耕地保护、提高粮食综合生产能力的有关政策，切实加强耕地质量管理，按照耕地管理的有关法律法规，耕地管理部门按照各自的职责分工，加强耕地的保护和管理。坚决制止个别乡镇农民占用良田造房盖屋的违法行为，凡涉及耕地质量建设和占用耕地作为其他农业用地等行为，农业和土地管理部门要依法履行职责，加强项目的预审、实施和验收管理，切实保护耕地。对占用耕地和破坏耕地质量的违法行为，要依法进行处理。

13.6.3 加强耕地质量动态监测管理

一方面，在全区范围内根据不同种植制度和耕地地力状况，建立耕地地力长期定位监测网点，建立和健全耕地质量监测体系和预警预报系统，对耕地地力、墒性和环境状况进行监测和评价，对耕地地力进行动态监测，分析整理和更新耕地地力基础数据，为耕地质量管理提供准确依据。另一方面，建立和健全耕地资源管理信息系统，积极创造条件，加强耕地土壤调查，进一步细化工作单元，增加耕地资源基础信息，提高系统的可操作性和实用性。

13.6.4 加大土地用途管制力度

土地用途管制是依法对土地的使用和土地的用途变更进行管理与限制，具有一定的强制性，其目的在于限制农地转为非农用地，特别是严格限制农用地转为非农用地。必须严格按照土地利用总体规划确定的农用地用途使用土地。严禁基本农田保护区内的耕地转为其他用地；严禁陡坡开荒，切实保护脆弱的山区生态环境；严禁不符合土地利用总体规划的土地开发。

13.6.5 加强基础设施建设，改善农业生产条件

加强农田水利等基础设施建设，实施"沃土工程"，加大中低产田土改造力度，改善耕地生产条件，增强耕地可持续利用的能力。中低产田土改造应结合实施"沃土工程"，与农田基础建设协同进行，通过加强农田水利基础建设，建设优质、高产、稳产、节水、高效的农田，增强农业抗御自然灾害的能力，提高基本农田的生产能力。大力推广测土配方施肥技术，大幅度调整施肥结构，控氮、稳磷、补钾，增施有机肥，大力提高秸秆还田率，培肥地力。

13.6.6 强化农业生态环境保护和治理

为进一步遏制耕地环境质量状况恶化的趋势，一方面要对污染的耕地进行治理，另一方面应对耕地环境进行监测与评价。同时，在利用耕地进行生产的过程中，应该加强对耕地投入肥料、农药、地膜等生产资料的用量及使用方法的管理，严格控制农村生活垃圾、废气、有机废物向耕地环境的排放，预防耕地环境的污染，以满足经济、社会可持续发展对良好耕地环境的需要。

参 考 文 献

[1] 周俊，杨子凡. 高台县耕地地力评价[J]. 中国农业资源与区划，2018，39（6）：74-78.
[2] 朱海娣，王丽，马友华，等. 基于GIS的合肥市耕地地力评价[J]. 中国农业资源与区划，2019，40（8）：64-73.
[3] 鲁明星，贺立源，吴礼树. 我国耕地地力评价研究进展[J]. 生态环境，2006，15（4）：866-871.
[4] 谢国雄. 基于GIS的杭州市耕地质量评价研究[J]. 中国农学通报，2014，30（20）：276-283.
[5] 李秀彬. 中国近20年来耕地面积的变化及其政策启示[J]. 自然资源学报，1999，14（4）：329-333.
[6] 付国珍，摆万奇. 耕地质量评价研究进展及发展趋势[J]. 资源科学，2015，37（2）：226-236.
[7] 李静恒. 我国农产品对外贸易竞争优势探讨[J]. 价格月刊，2015（1）：40-42.
[8] 马永锋. 探讨耕地撂荒问题成因及其对策[J]. 中国集体经济，2013（7）：9-10.
[9] 周勇，田有国，任意，等. 基于GIS的区域土壤资源管理决策支持系统[J]. 系统工程理论与实践，2003，23（3）：140-144.
[10] 吴晓光，郝润梅，苏根成，等. 农用土地质量评价研究进展[J]. 西部资源，2014（1）：98-101.
[11] 李孝芳. 我国土地资源评价研究及其展望[J]. 自然资源，1986，8（3）：16-20.
[12] 彭补拙，周生路，等. 土地利用规划学[M]. 南京：东南大学出版社，2003.
[13] 倪绍祥. 土地类型与土地评价概论[M]. 2版. 北京：高等教育出版社，1999.
[14] 张善金. 耕地等别划分方法研究：以福建省福清市为例[D]. 福州：福建师范大学，2004.
[15] 倪绍祥，陈传康. 我国土地评价研究的近今进展[J]. 地理学报，1993，48（1）：75-83.
[16] 徐盛荣. 土地资源评价[M]. 北京：中国农业出版社，1997.
[17] 张学雷，张甘霖，龚子同. SOTER数据库支持下的土壤质量综合评价：以海南岛为例[J]. 山地学报，2001，19（4）：377-380.
[18] 周勇，聂艳. 土地信息系统：理论·方法·实践[M]. 北京：化学工业出版社，2005.